孔斯特艺术蕾丝编织

〔日〕北尾惠以子　著
陈　新　译

THE WORLD

OF

河南科学技术出版社
·郑州·

寻访孔斯特艺术蕾丝的德国之旅

北尾惠以子

在德国弗里茨拉尔举办“针织展会”蕾丝花样作品展

2012年5月16日在德国弗里茨拉尔地方博物馆，举办了为期两周的“针织展会”蕾丝花样作品展。

那个时候，才知道竟然有两名男性设计者用完美的艺术感创作出了精美的棒针蕾丝花样作品。

当时，想到我们创作的蕾丝花样作品要在其发源地欧洲展出，我就非常担心能不能被接受。正式展出的前一日，在布置会场的兴奋氛围中，我们接受了当地两家报社的采访。他们在第二天相关版面的头条位置上刊登了我们作品展的报道，并写道：“学习全世界孔斯特艺术蕾丝编织的日本创作者要举办其作品展。”看到这个，我们更加不安。

弗里茨拉尔风情的街道

弗里茨拉尔地方博物馆入口处粘贴的作品展宣传海报

接受当地报社的采访

与弗里茨拉尔地方博物馆馆长、副馆长的合影

孔斯特艺术蕾丝的展示作品

邂逅真正的孔斯特艺术蕾丝

蕾丝花样作品展的开幕日，馆长和副馆长穿着中世纪的衣服，让人惊喜不已，感动万分。不仅是馆长、副馆长，一些著名的孔斯特艺术蕾丝的创作家也莅临开幕典礼。得到大家的肯定与鼓励，我们稍微松了一口气，心情也慢慢变得平静。

第二天，我们十分荣幸地看到英格丽特·维露尼卡的作品。当看到她的设计作品和编织网眼时，我们不禁一同感叹：这才是编织艺术。维露尼卡现场向我们展示编织过程，让我们接触到了真正的德国孔斯特艺术蕾丝。

维露尼卡的藏品

维露尼卡的藏书

孔斯特艺术蕾丝的完成方法

维露尼卡女士

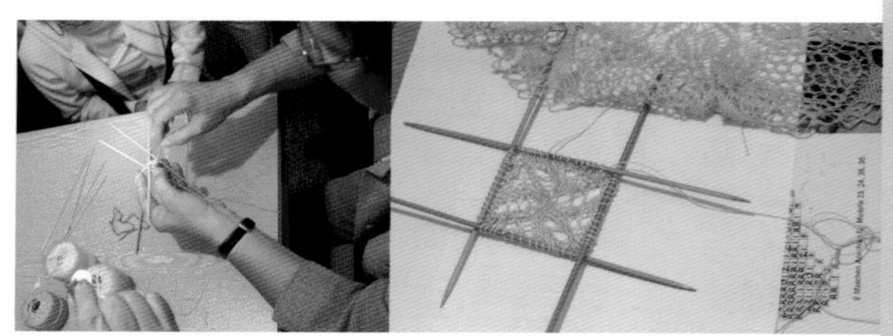

现场交流编织技巧的情形

第二天我们来到布劳恩史维希，孔斯特艺术蕾丝指导家玛丽珍·维露特曼女士现场为我们展示了编织过程，也让我们看到了许多艺术作品，真的是十分感动。德国的孔斯特艺术蕾丝使用的是双符号图，我们看起来十分不便，所以她特意为我们展示了那本属于她自己流派的、已成深褐色的厚厚笔记本。

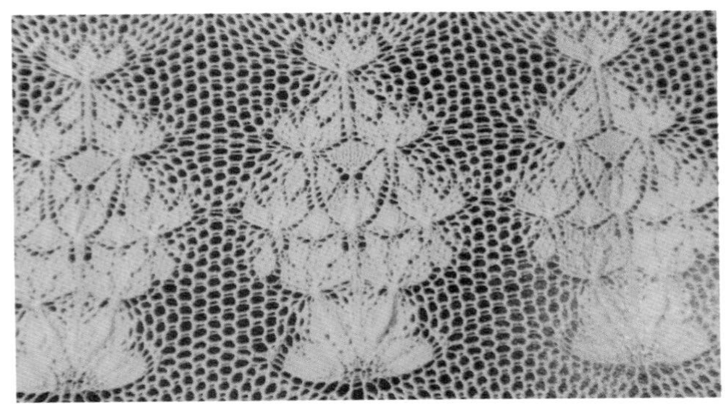
维露特曼珍藏的孔斯特艺术蕾丝作品 2

展示编织过程的情形

维露特曼珍藏的孔斯特艺术蕾丝作品 1

两名男性孔斯特艺术蕾丝设计者

在与维露特曼的交流研讨会上，我们第一次知道有男性作家用符号图来展示创作过程。回国后，调查发现其中一位是赫伯特·尼伯林格。

据说他 6 岁的时候，编织了自己的袜子，9 岁时可以看着作品图数出针数和行数，并设计出戈布兰挂毯的刺绣图样，这让大家惊叹不已。从学校毕业后，他初次编织孔斯特艺术蕾丝桌布，在当时获得了极高的评价。

赫伯特·尼伯林格第一次看到出版社出版的有关孔斯特艺术蕾丝的图书后，就带着自己的设计和作品来到了出版社。之后他的作品就出现在了图书上。并且他非常喜爱自然，热爱旅行。从旅行地带回的植物（花、叶子）常作为设计参考。像作曲家书写五线谱那样，他创作出编织符号图。他的作品常刊登在国内外的专业杂志上。每年，他都会用极细的线编织出大小不同的作品。听说最精致的作品是，用重 30 g 的 200 号细线编织出边长 100 cm 的正方形桌布，并且能穿过戒指。据说，目前还没有人能超越他。

另一名男性设计家叫艾利特·恩格尔。他是一名非常活跃的多产的设计者，他的作品广为人知。艾利特·恩格尔第一次与孔斯特艺术蕾丝编织接触是在第二次世界大战后。当他得知失去丈夫的好友为了养育孩子而开始孔斯特艺术蕾丝编织时，身为纺织品设计者的他意识到孔斯特艺术蕾丝可以最大程度发挥出他的艺术能力。于是他就开始了制作和设计的工作。这件事情在介绍他个人经历和作品的书中也被提到。

可以说，在德国的这些宝贵经历和这本书的出版有着不解之缘。

赫伯特·尼伯林格夫妇

艾利特·恩格尔

目 录

No.1

·初级篇· 开启孔斯特艺术蕾丝编织的大门

No.5

STEP 2

No.9

·中级篇· 熟练操作孔斯特艺术蕾丝编织

No.17

No.23

·高级篇· 畅享孔斯特艺术蕾丝编织

No.21

·创意篇· 拓展孔斯特艺术蕾丝编织的世界

No.27

No.30

STEP 1 ·初级篇· 开启孔斯特艺术蕾丝编织的大门

棒针编织的孔斯特艺术蕾丝花样，灵巧细腻，看似编织困难，但实际上，只需用棒针编织出轮廓即可。可以从编织简单的作品入门。从简单的基础款开始，慢慢地编织出花样复杂的编织物也不再是遥不可及的梦想。

THE WORLD
OF
KUNSTSTRICKEN

No. 1

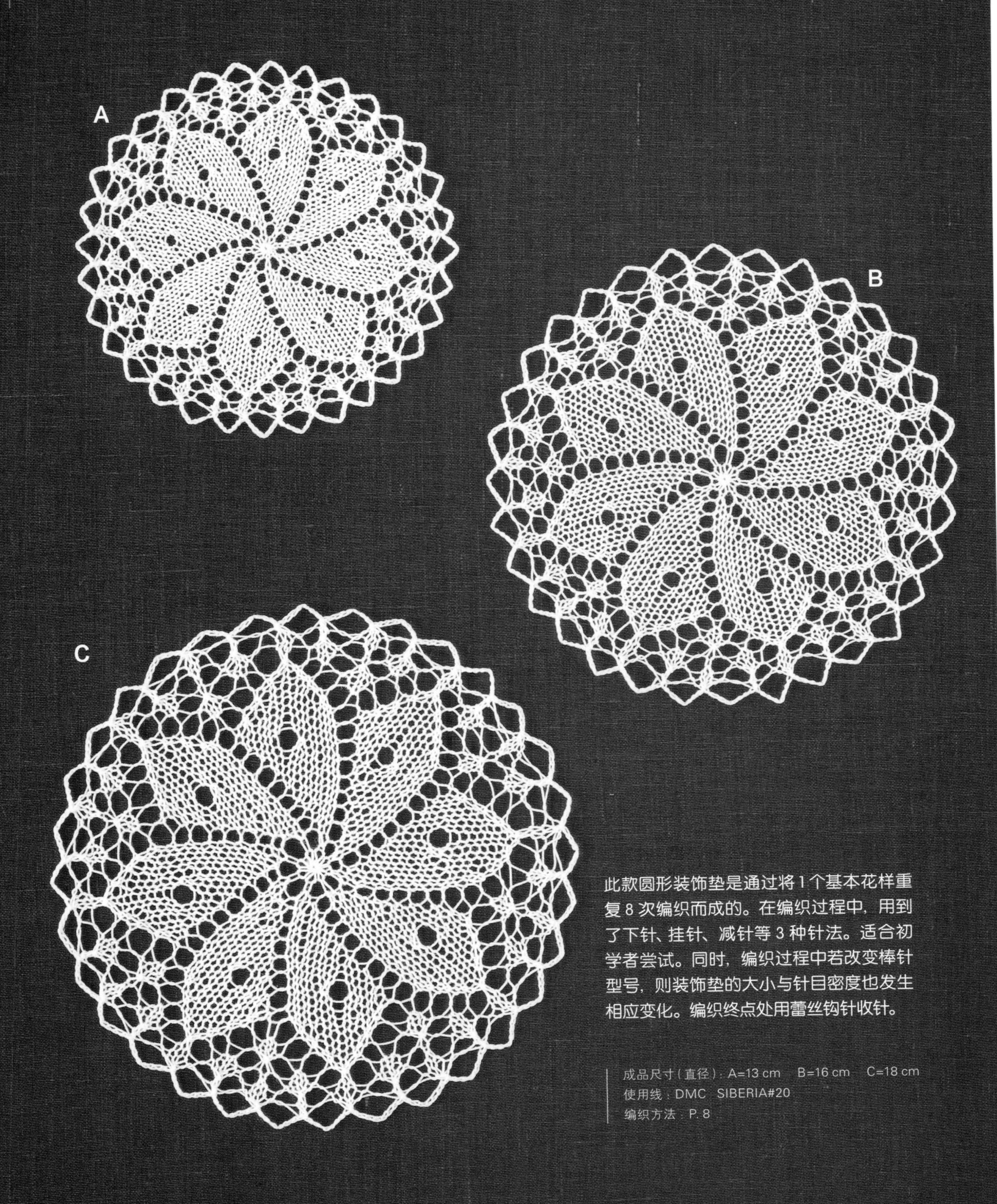

此款圆形装饰垫是通过将 1 个基本花样重复 8 次编织而成的。在编织过程中，用到了下针、挂针、减针等 3 种针法。适合初学者尝试。同时，编织过程中若改变棒针型号，则装饰垫的大小与针目密度也发生相应变化。编织终点处用蕾丝钩针收针。

成品尺寸（直径）：A=13 cm　B=16 cm　C=18 cm
使用线：DMC　SIBERIA#20
编织方法：P. 8

No.1 Page 6 让我们一起编织基础款装饰垫吧!

让我们先从最基础、最简单的圆形装饰垫开始编织。用“下针、挂针、左上 2 针并 1 针、右上 2 针并 1 针、右上 3 针并 1 针”能编织出 1 个基本花样。重复 8 次这样的编织即可完成装饰垫。通过使用不同型号的棒针，来改变编织物的直径大小。

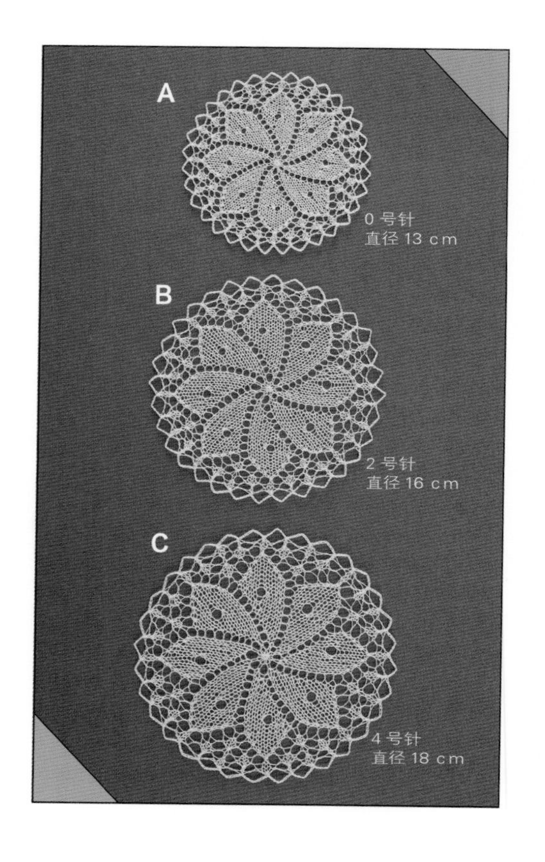

材料及工具

线 DMC SIBERIA#20 灰白色(BLANC)
A=2g B=3g C=4g

针 5根棒针 A=0号 B=2号 C=4号
蕾丝钩针 A=4号 B=2号 C=0号

成品尺寸(直径) A=13 cm B=16 cm C=18 cm

编织要点

从中心起针开始编织。起针 8 针，然后均分到 4 根棒针上。起针圈算作 1 圈。从第 2 圈开始环形编织。从中心开始编织时，有时所需棒针较多，会形成干扰，编织起来不太容易。但如果灵巧地避开那些不编织的棒针的话，则会方便很多。符号图中标记的为奇数圈，未标记的偶数圈一律编织下针。第 3 圈按照“下针、挂针”的方法重复编织 8 次。第 17 圈是左上 2 针并 1 针和挂针的编织组合。之后，继续按符号图所示编织。编织完第 30 圈时，用蕾丝钩针收针。编织终点处则需先剪断线，然后引拔最后的针目，用毛线缝针在编织起点处织锁针。处理线头时，须在反面把线穿过针目。然后插上珠针来定型(参见 P. 97)。

孔斯特艺术蕾丝编织的起针

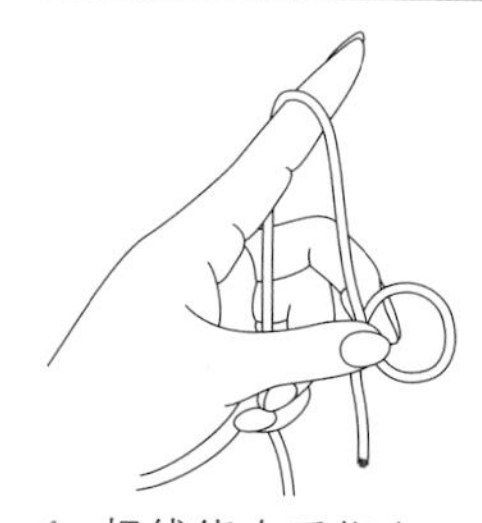

1 把线绕在手指上，制作出环形，然后用手指按压着交合点。

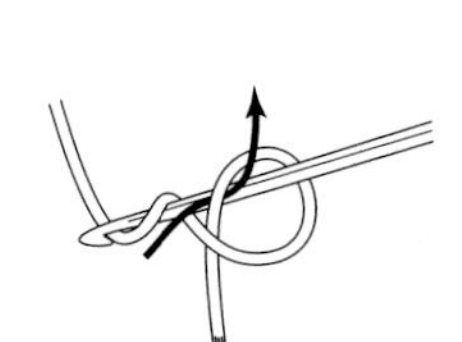

2 把蕾丝钩针插入环中，绕上线后拉出。

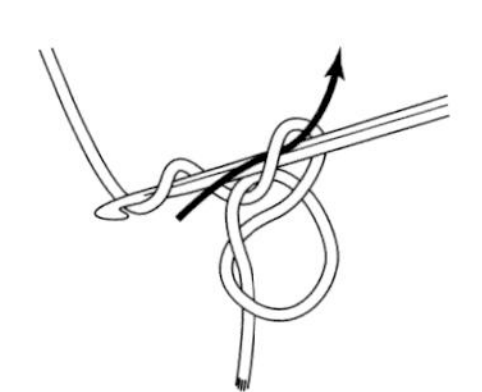

3 再次把线绕在蕾丝钩针上，并拉出。

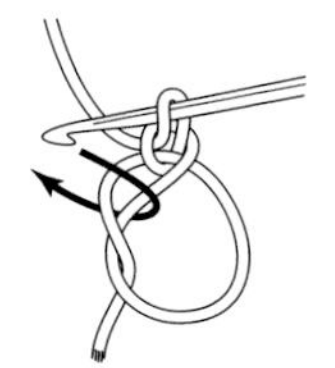

4 下一针也是把蕾丝钩针插入环中，绕上线后拉出。

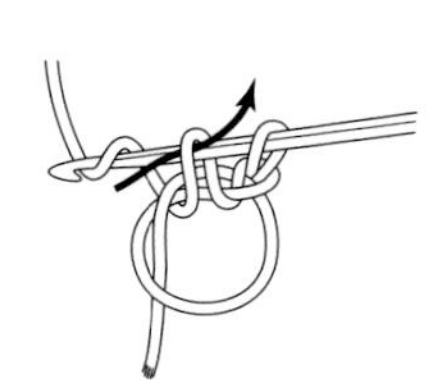

5 再次把线绕在蕾丝钩针上，并拉出。

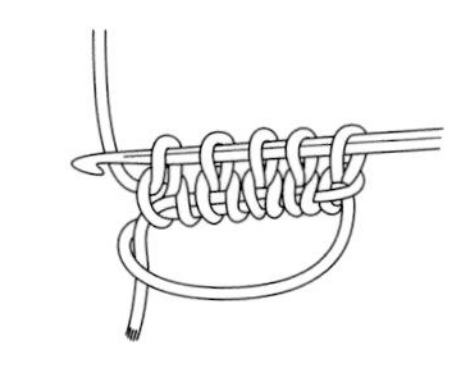

6 重复步骤 4、5。织 5 针后的情形。

第 1 圈(起针)

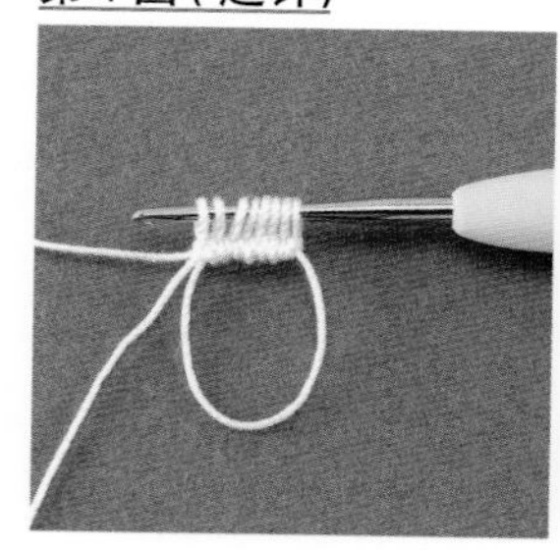

1 织 8 针起针针目后的情形。

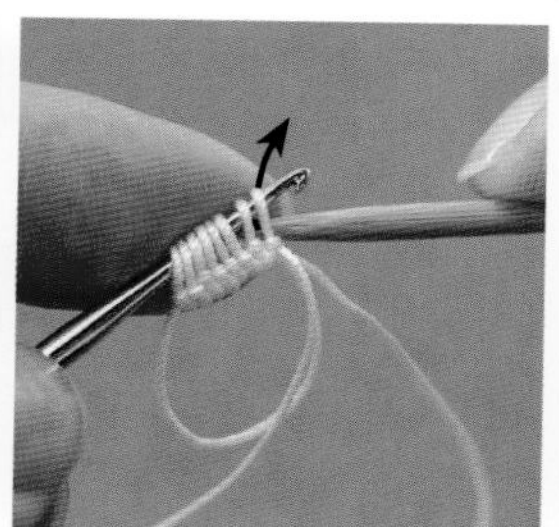

2 改变针线的方向，把这 8 针全部移到棒针上。

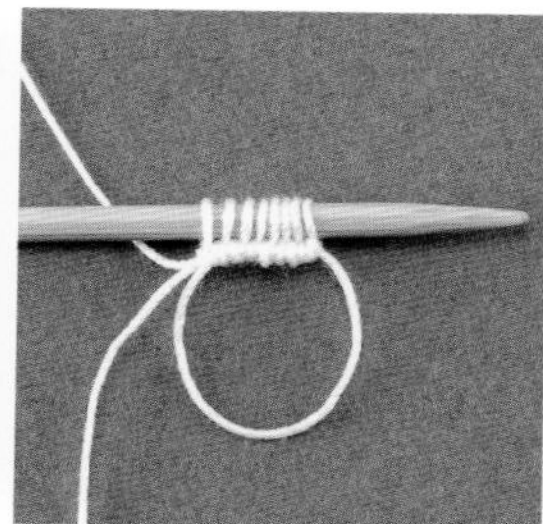

3 移到棒针上后的情形。

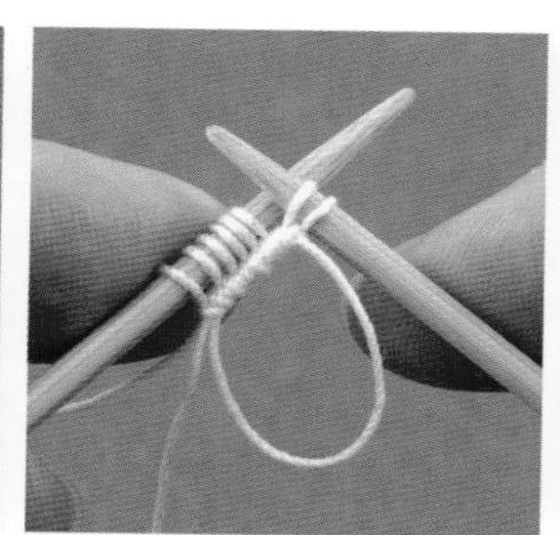

4 把这 8 针均分到 4 根棒针上。

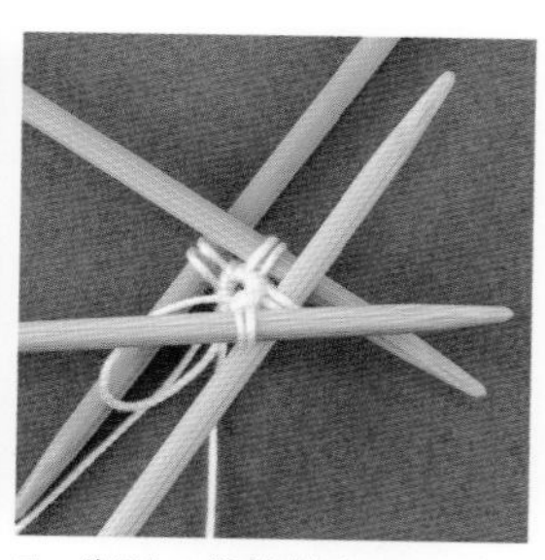

5 分到 4 根棒针上后的情形。呈环形，注意不要拧绕。

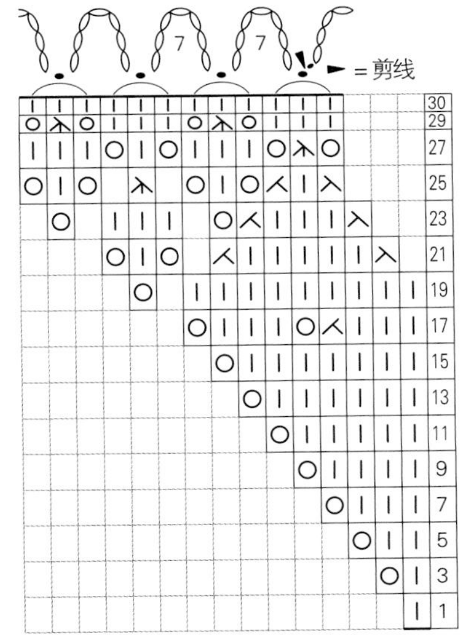

□=无针目部分　（1针）×8个花样=（8针）起针

※未标记的偶数圈一律编织下针

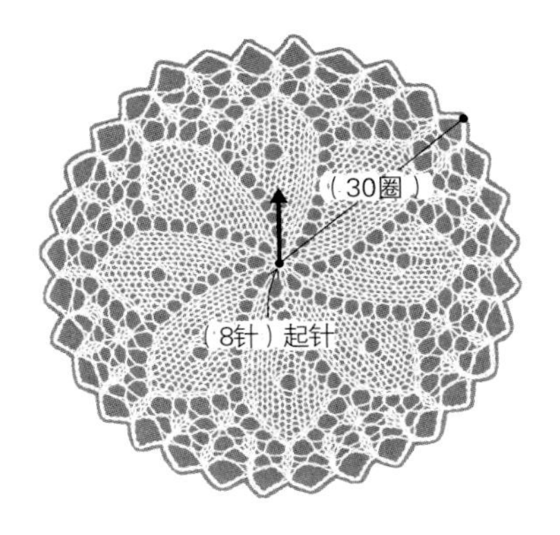

第 2 圈

1 拉出编织起点的线头并收紧。把棒针插入第 1 针中，织下针。

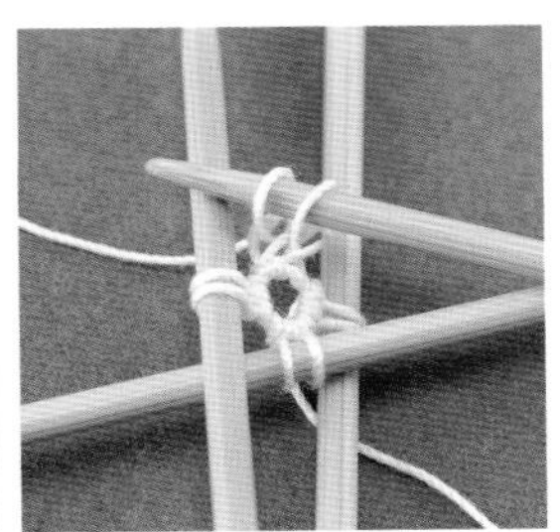

2 第 2 针也织下针。

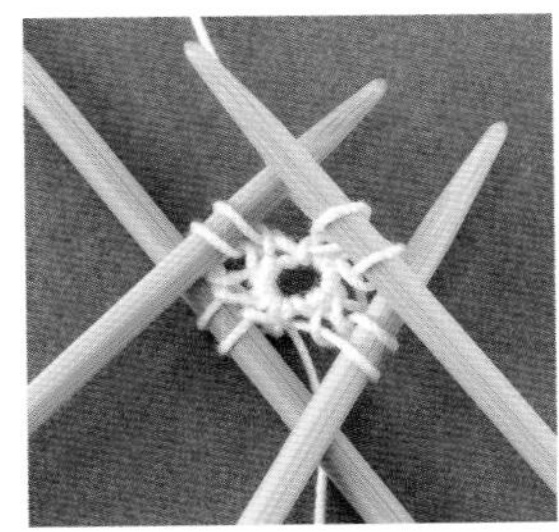

3 分别编织 4 根棒针上的针目，编织 1 圈。

第 3 圈

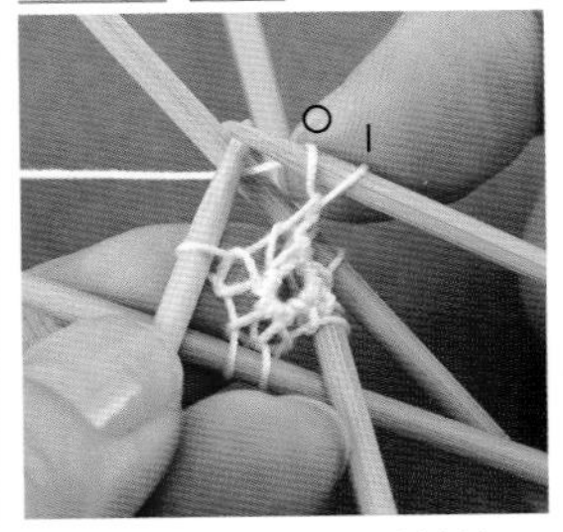

1 织 1 针下针、1 针挂针。

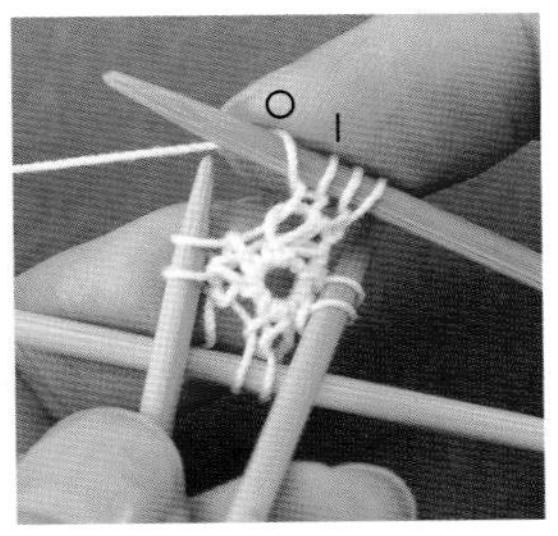

2 再次织 1 针下针、1 针挂针。

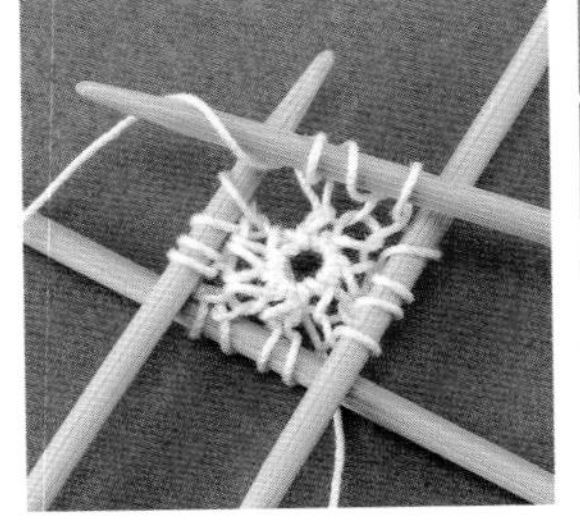

3 重复步骤 1、2，编织 1 圈。

第 4 圈以后

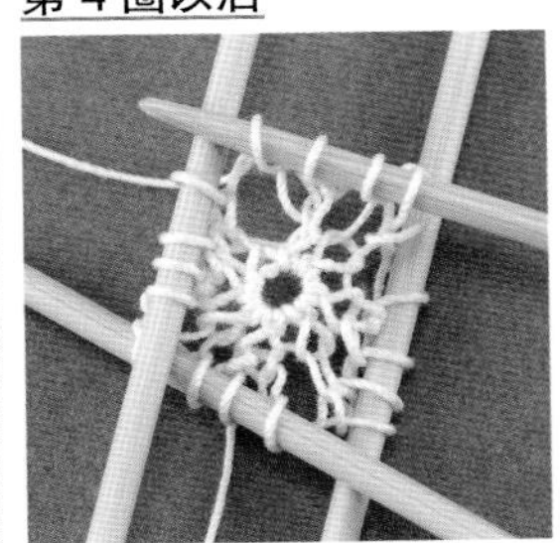

1 第 4 圈全部织下针。

2 按符号图所示编织到第 16 圈。

插入记号环

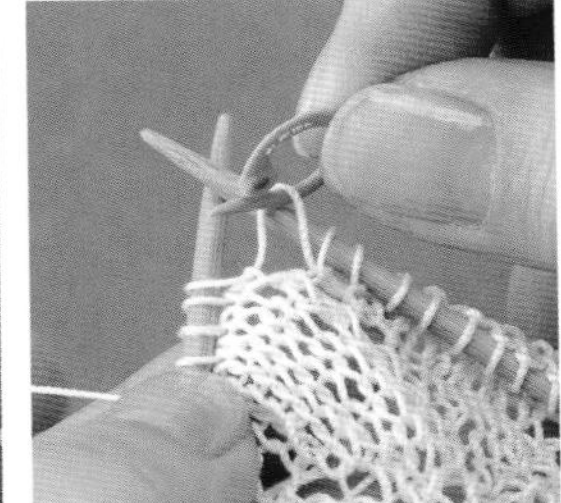

当编织一定圈数后，可以在圈与圈的交界处插入记号环。

第 17 圈

左上 2 针并 1 针

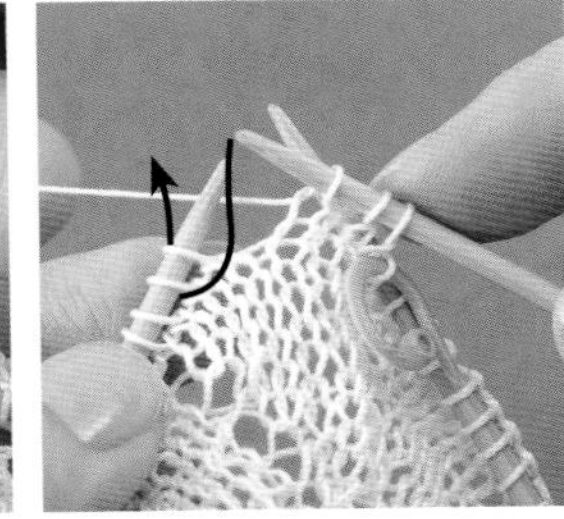

1 按箭头所示把右棒针从左侧插入左棒针右侧的 2 针中。

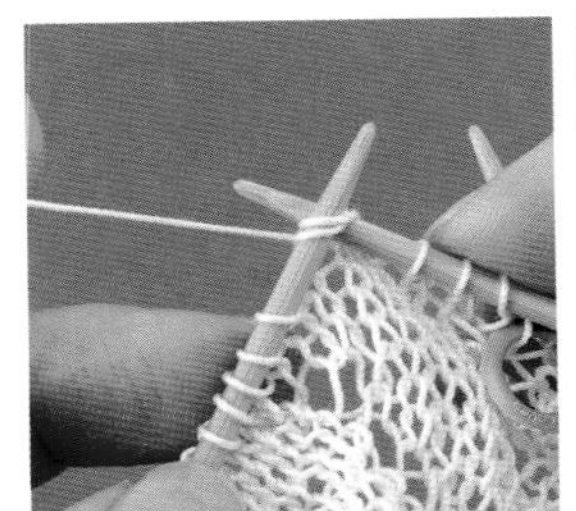

2 插入右棒针后的情形。

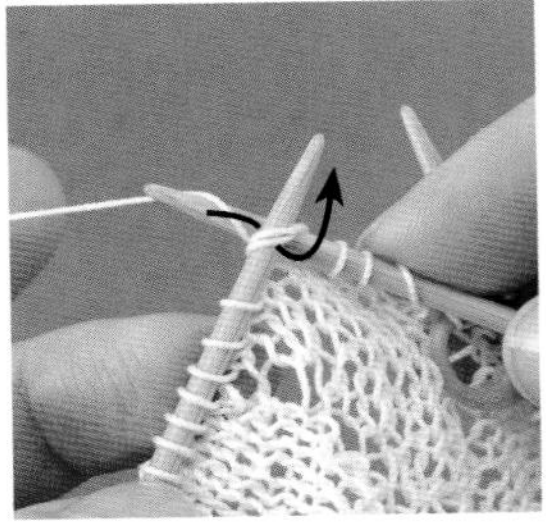

3 把线挂在右棒针上，按箭头所示把线拉至编织物的前面。

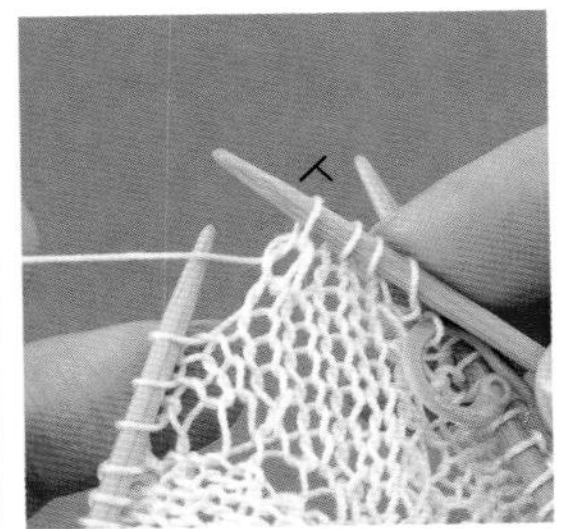

4 完成左上 2 针并 1 针的编织。

挂针

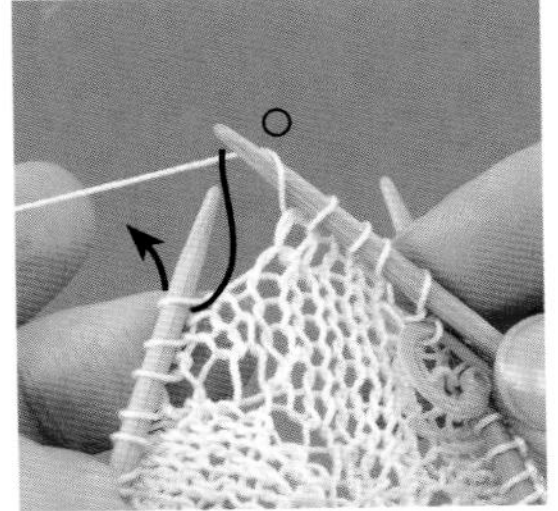

5 按箭头所示把线从前往后挂在右棒针上。下一针织下针。

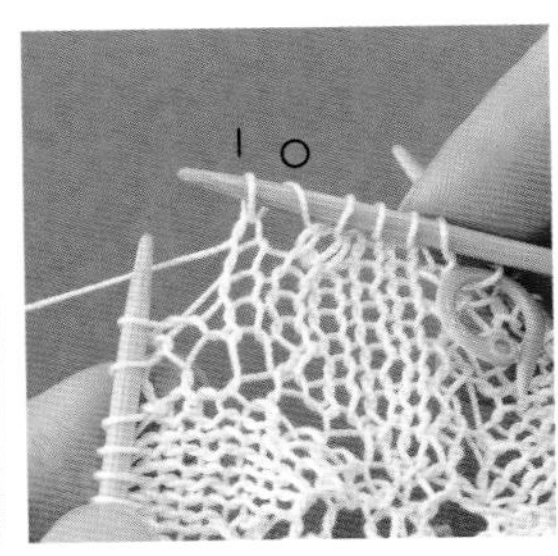

6 完成下针的编织。之后再织 2 针下针。

No.1

第 21 圈

右上 2 针并 1 针

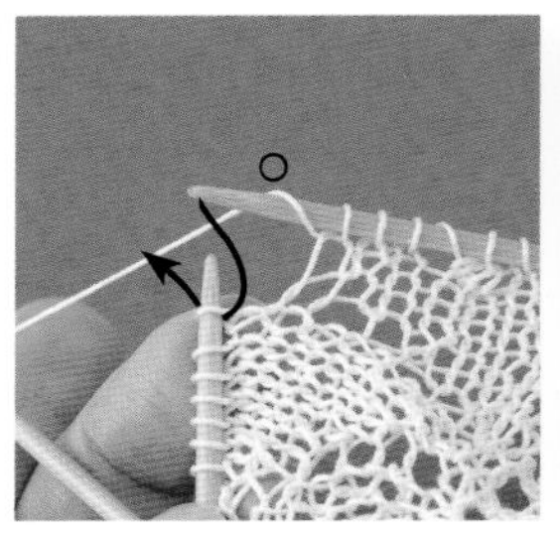

7 1 个花样的编织终点，织 1 针挂针。下一针用另一根棒针织下针。

8 编织完第 17 圈的情形。

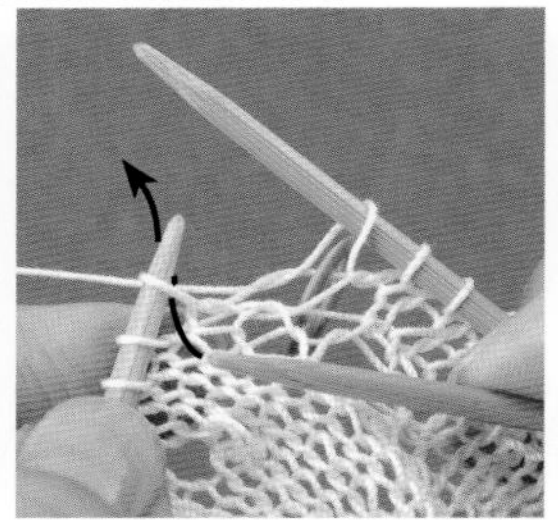

1 按箭头所示把右棒针插入左棒针的第 1 针中。

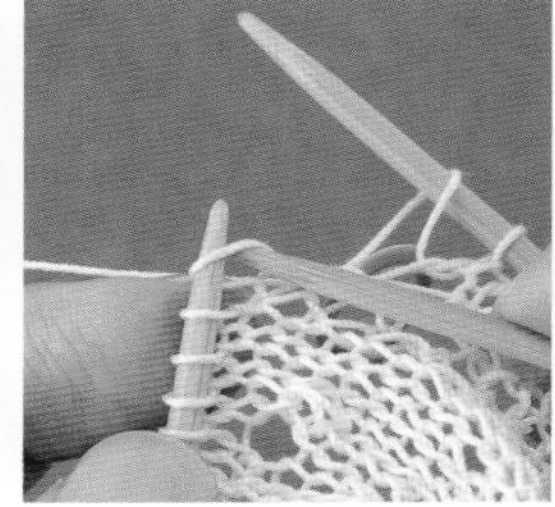

2 不编织，直接把线圈移到右棒针上。

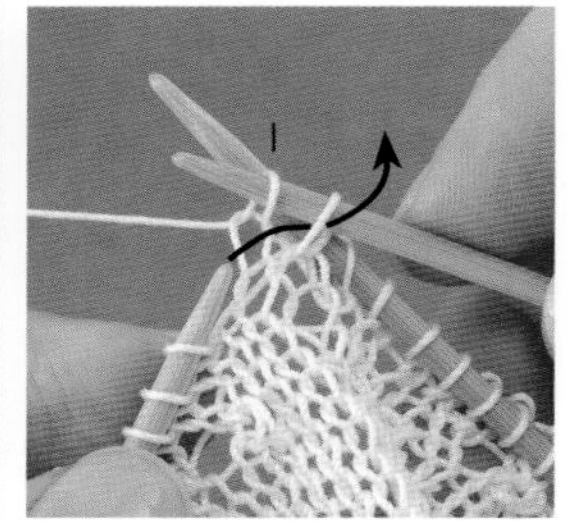

3 下一针（左棒针的第 2 针）织下针。如箭头所示，把左棒针插入直接移至右棒针上的线圈中。

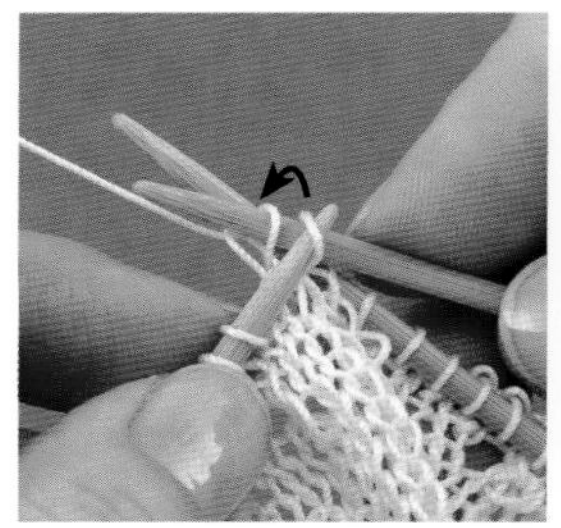

4 将这一针盖在其左侧的 1 针上。

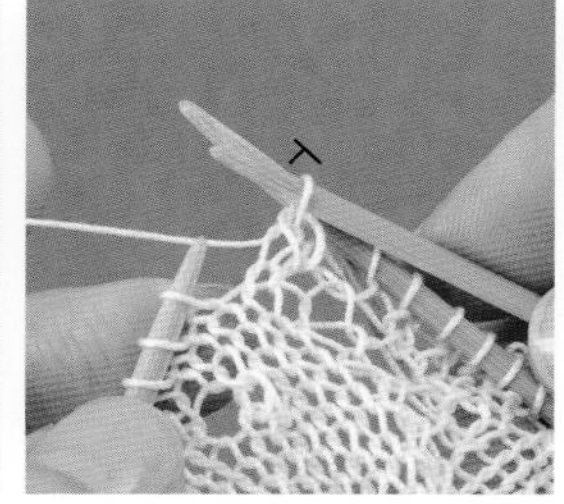

5 完成右上 2 针并 1 针的编织。

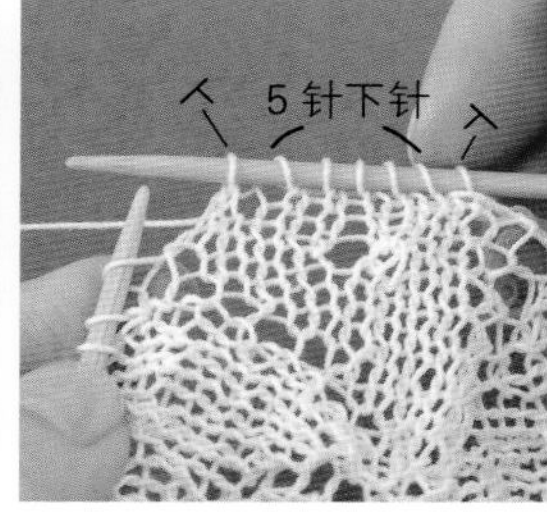

6 右上 2 针并 1 针、5 针下针、左上 2 针并 1 针编织完成后的情形。

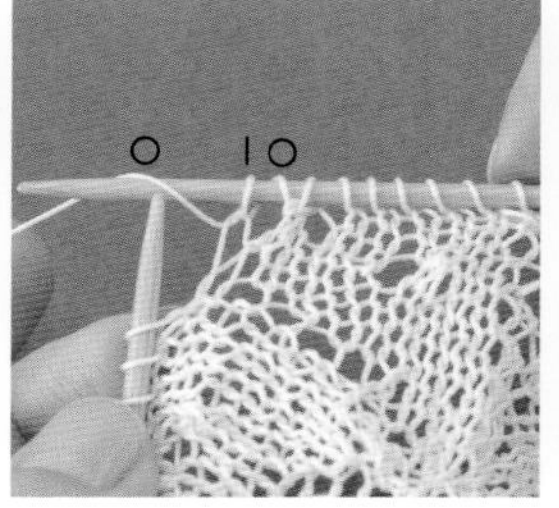

7 织 1 针挂针、1 针下针、1 针挂针。编织出 1 个花样。

8 织完第 21 圈的情形。

第 25 圈

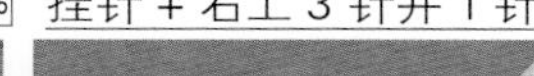

挂针 + 右上 3 针并 1 针

1 织右上 2 针并 1 针、1 针下针、左上 2 针并 1 针、1 针挂针、1 针下针。

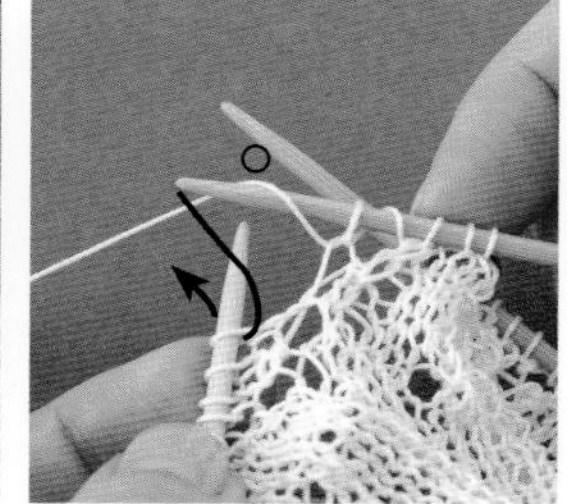

2 挂针，按箭头所示把右棒针插入左棒针的第 1 针中。

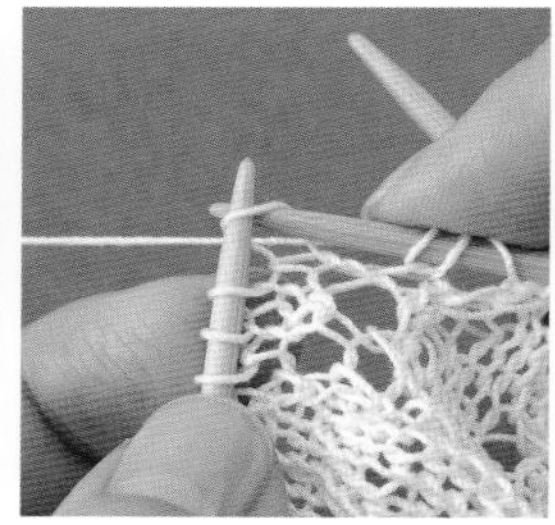

3 不编织，直接把线圈移到右棒针上。

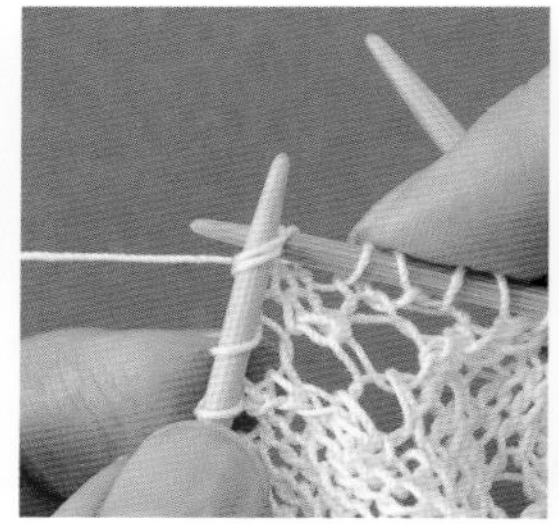

4 把右棒针插入下 2 针中。

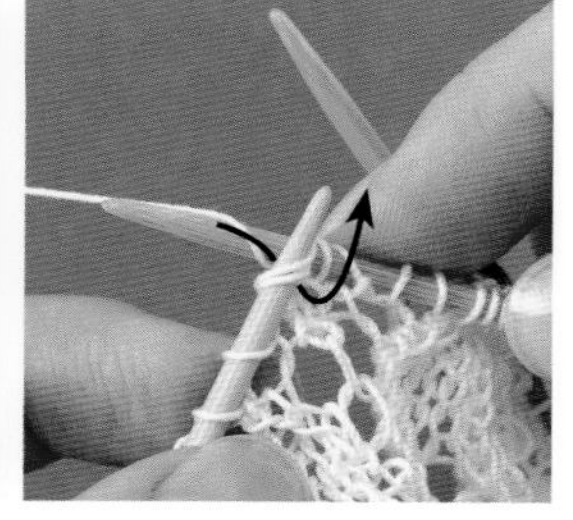

5 把线挂在右棒针上并按箭头所示拉出线。

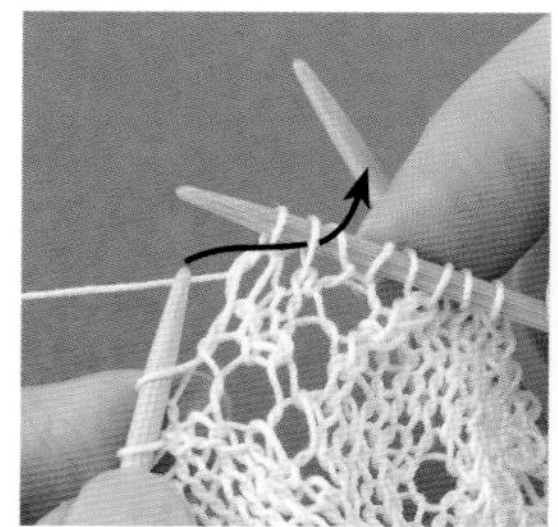

6 把左棒针插入直接移至右棒针的线圈中。

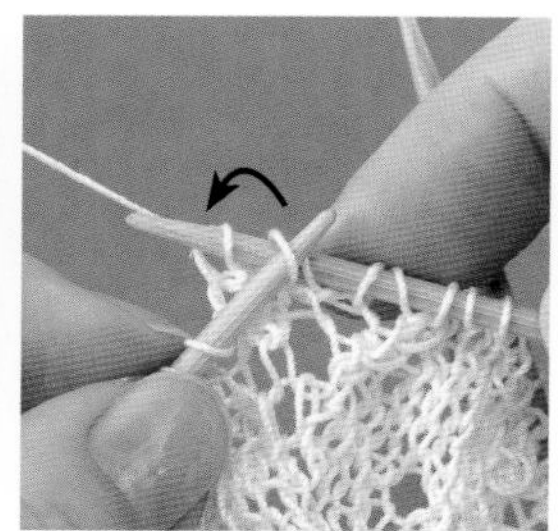

7 将这一针盖在其左侧的 1 针上。

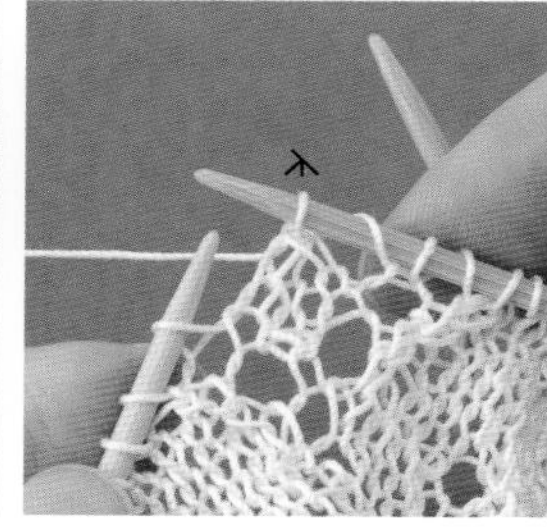

8 完成了右上 3 针并 1 针的编织。

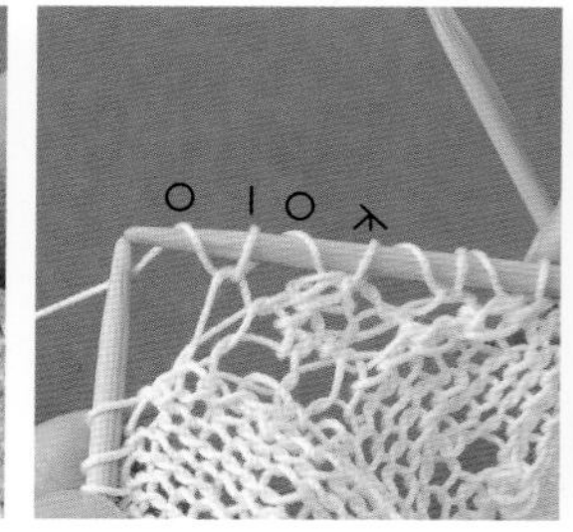

9 织 1 针挂针、1 针下针、1 针挂针。编织出 1 个花样。

10 织完第 25 圈的情形。

织完第 30 圈的情形。

收针

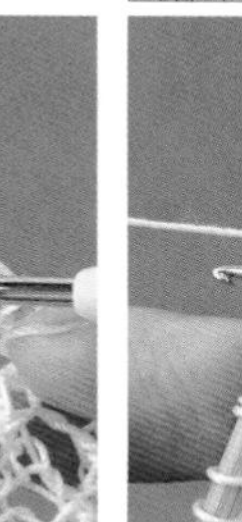

1 按箭头所示把蕾丝钩针插入左棒针的第 1 针中。

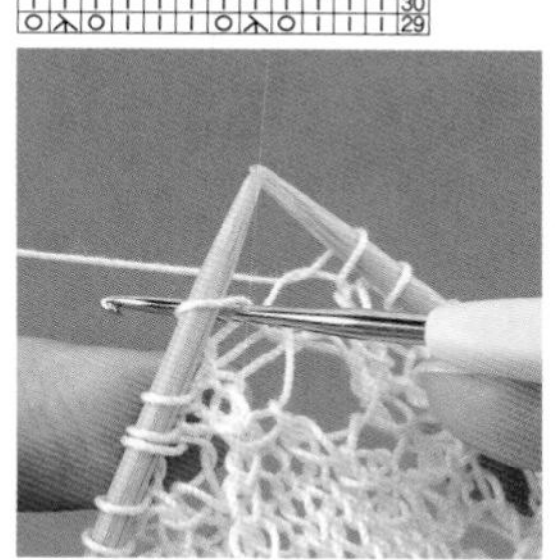

2 把这一针移到蕾丝钩针上。

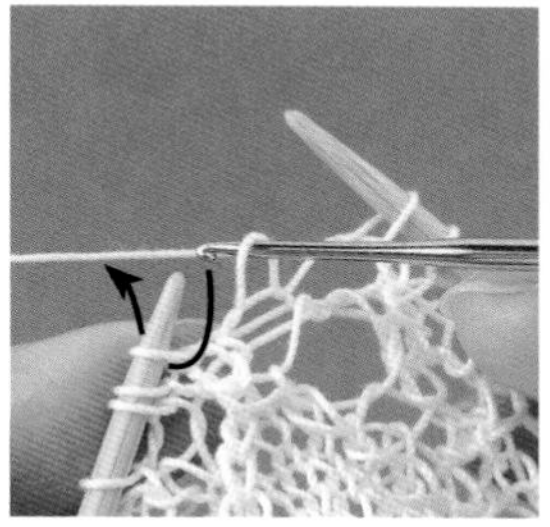

3 下一针也如上移到蕾丝钩针上。

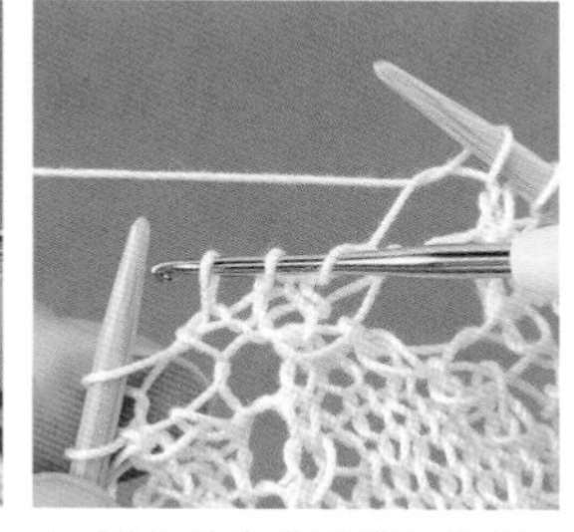

4 第 3 针也移到蕾丝钩针上。

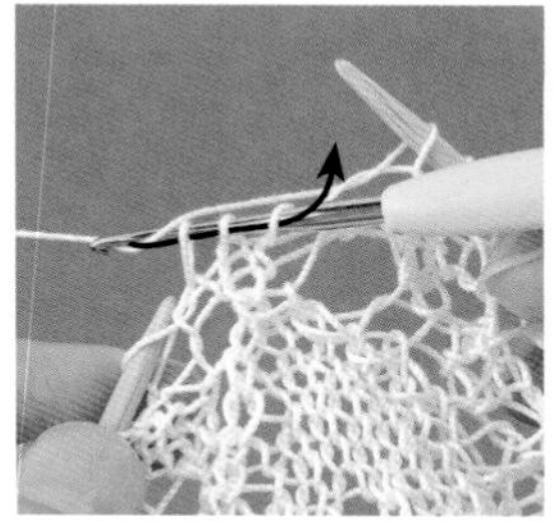

5 把线绕在蕾丝钩针上，从 3 针中引拔出。

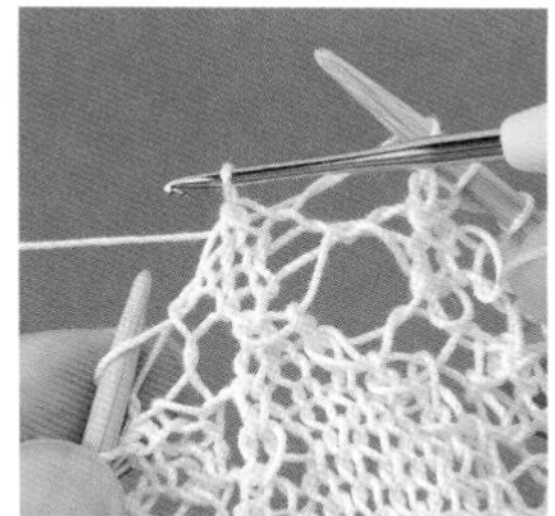

6 引拔后的情形。

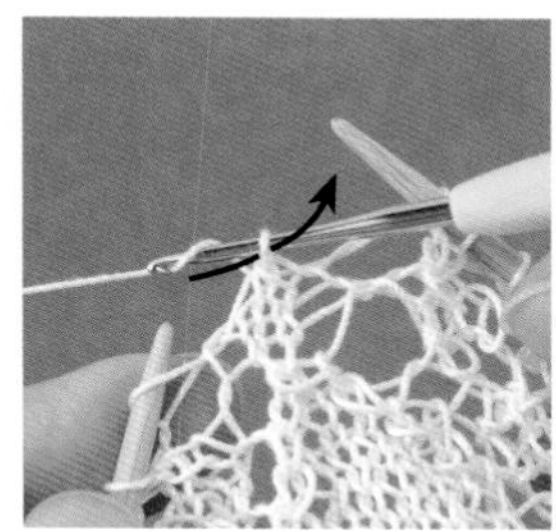

7 把线绕在蕾丝钩针上。

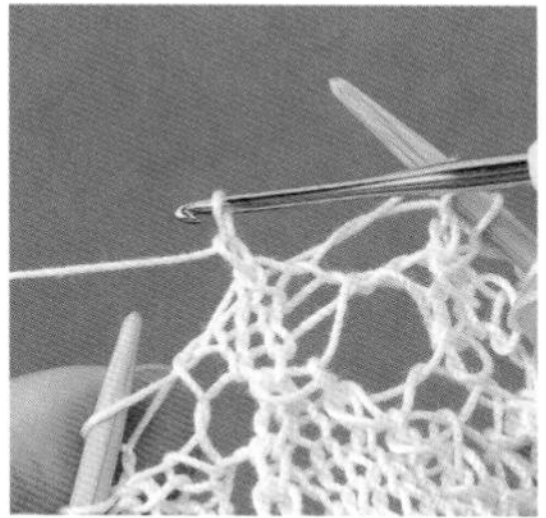

8 引拔钩织 1 针锁针。

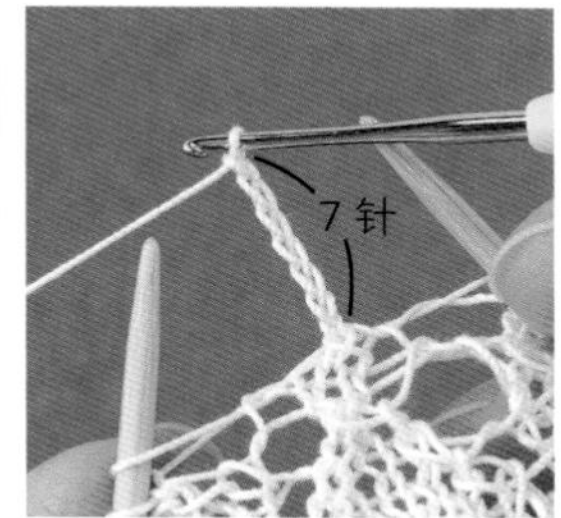

9 再钩织 6 针锁针。

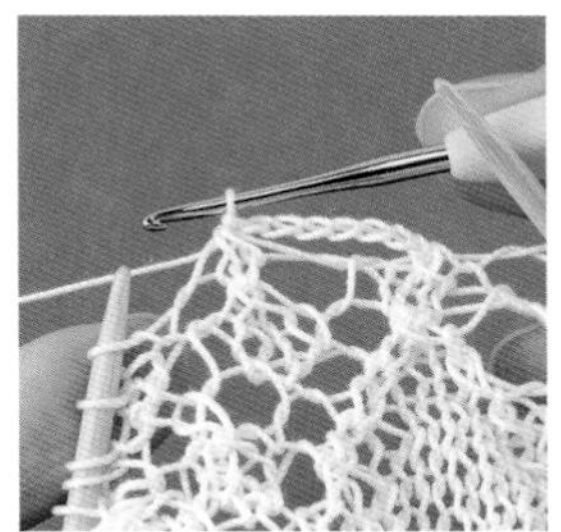

10 左棒针上的下 3 针也按照步骤 1~5 的操作收针。

11 收针到最后，钩织 7 针锁针。

线头的处理

留出 10 cm 长的线头后剪线，从针目中引拔出线并穿入毛线缝针的针眼中。

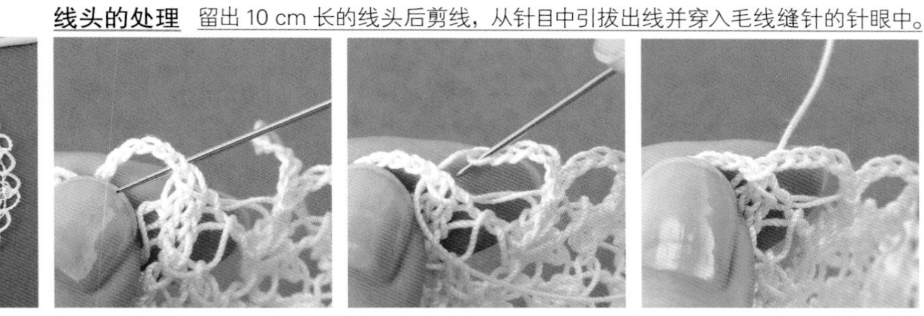

1 把毛线缝针插入编织起点锁针的根部中，拉出线。

2 拉回到编织终点的锁针里。

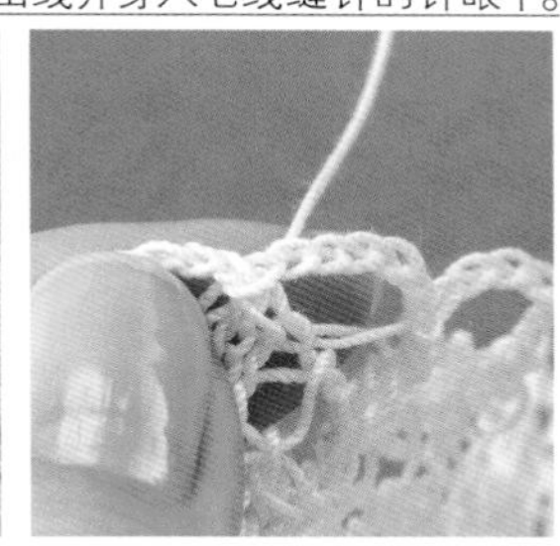

3 制作 1 针锁针。

4 把编织物翻过来，把毛线缝针插入锁针的里山中，拉出线。

5 挑起每一针的里山，拉出线。

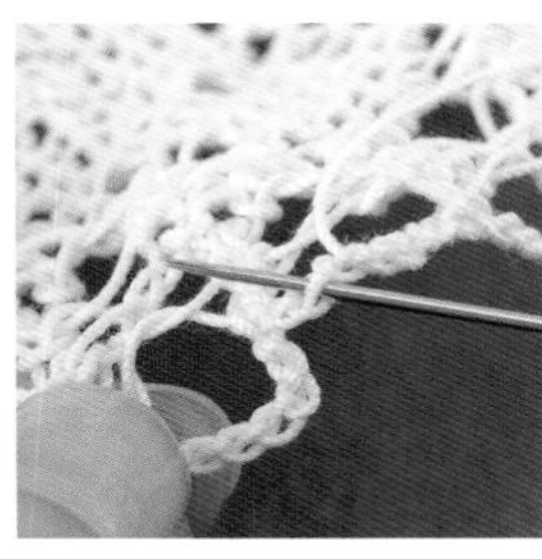

6 穿过 7 针后，剪线。

7 编织起点处把线穿进编织物的反面。

编织完成。

No. 2

No. 3

1个花样重复编织 4 次后，1个正方形装饰垫就大功告成了。面积较小的装饰垫中只有叶形花样，而面积较大的装饰垫的中心则有花形花样。No.3、No.4 虽款式相同，但 No.4 中叶形花样的数量多一些。

No. 4

成品尺寸：
No.2=15 cm×15 cm
No.3=20 cm×20 cm
No.4=28 cm×28 cm
使用线：No.2=DMC SIBERIA#20
No.3、No.4= OLYMPUS EMMY GRANDE 贵夫人系列〈HERBES〉
编织方法：No.2=P. 14　No.3、No.4=P. 98

No.2 Page 12 正方形装饰垫

1 个花样重复编织 4 次后，1 个正方形装饰垫就编织完成了。用“下针、扭针、挂针、右上 3 针并 1 针、左上 2 针并 1 针、右上 2 针并 1 针”编织。最后，为了使叶形、花形花样更形象，需要织 2 针后收针。

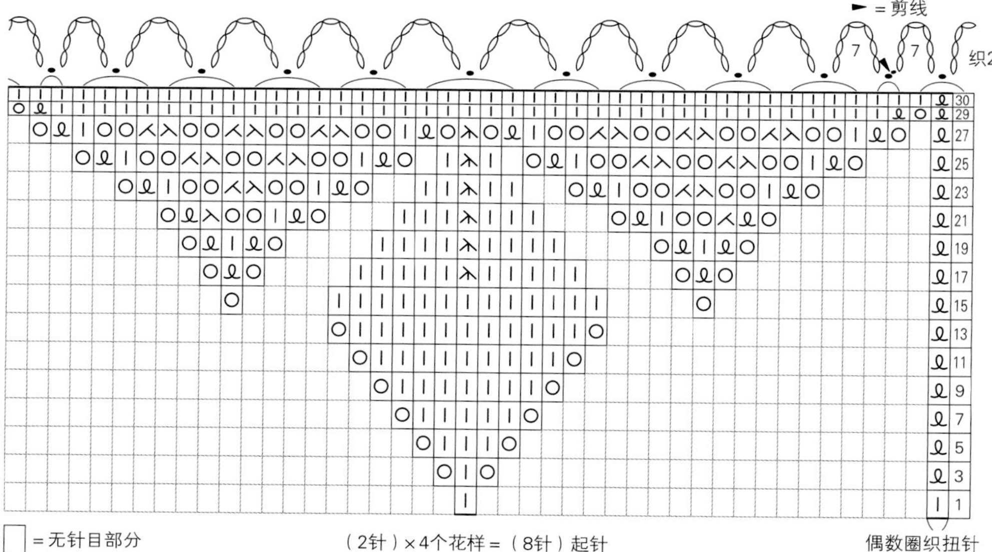

7.5（30圈）

（8针）起针

※图中表示尺寸的数字的单位均为厘米（cm）

材料及工具

线 DMC SIBERIA#20 灰白色（BLANC）4 g

针 5 根 2 号棒针　蕾丝钩针　2 号

成品尺寸 15 cm×15 cm

编织要点

从中心起针开始编织。起针 8 针，然后均分到 4 根棒针上。起针圈算作 1 圈。从第 2 圈开始环形编织。符号图中标记的为奇数圈，未标记的偶数圈一律编织下针。第 3 圈按照“扭针、挂针、下针、挂针”的方法重复编织 4 次。之后，继续按符号图所示编织。从第 21 圈开始的 2 针加针采用 2 针挂针的方式，在下一圈的对应处织 1 针下针、1 针上针。织完第 30 圈时，先织 2 针，再用蕾丝钩针收针。

第 1 圈（起针）

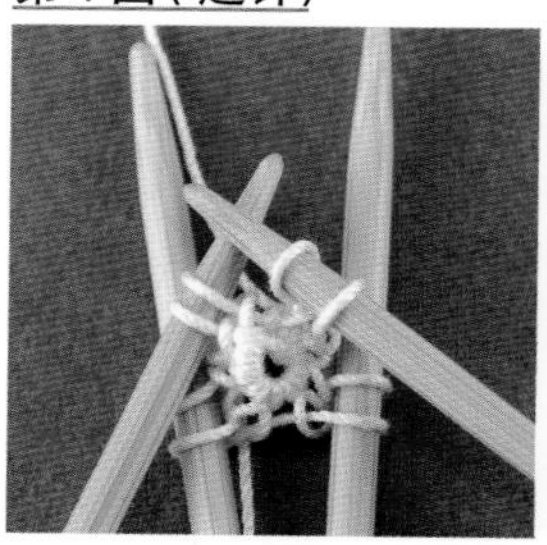

把 8 针起针均分到 4 根棒针上。呈环形，注意不要拧绕。

第 3 圈

扭针

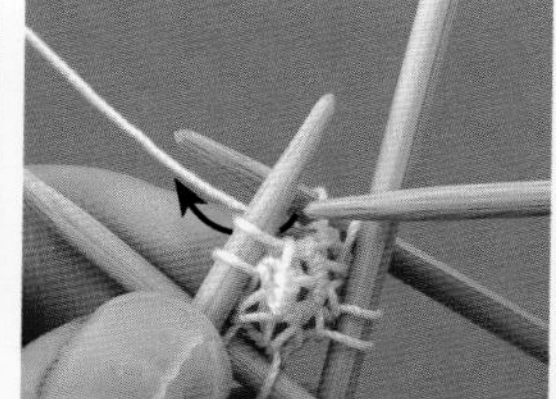

1 按箭头所示从后侧插入右棒针，使针目呈扭转状态。

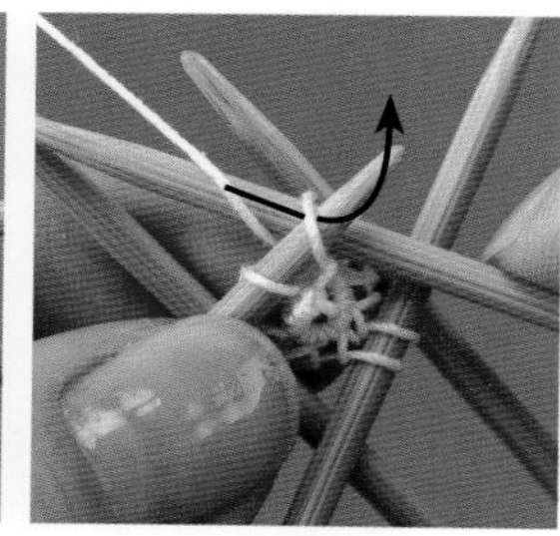

2 把线挂在右棒针上，从后往前拉出线。

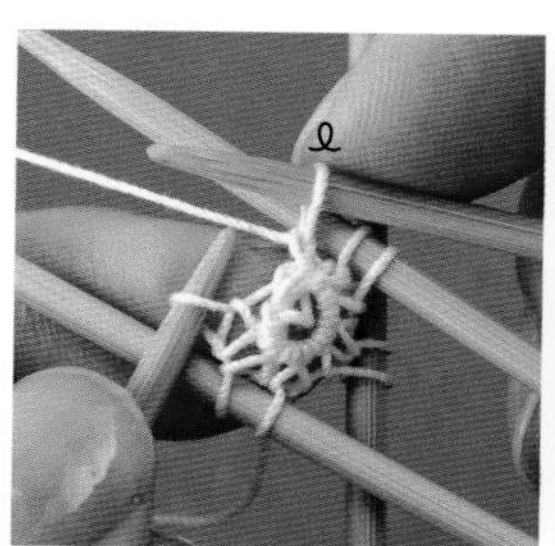

3 完成扭针的编织。

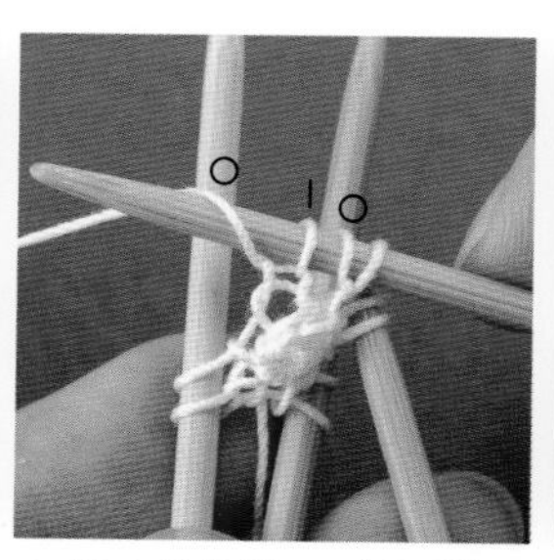

4 织 1 针挂针、1 针下针、1 针挂针。

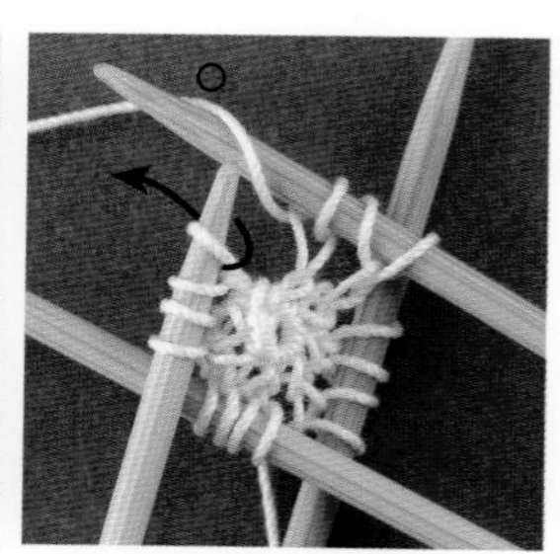

5 第 3 圈编织完成后的情形。第 4 圈织下针。

第 17 圈

右上 3 针并 1 针

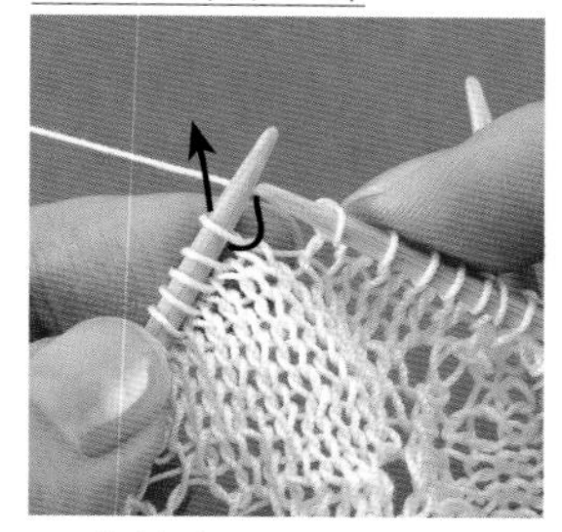

1 按箭头所示把右棒针插入左棒针的第 1 针中。

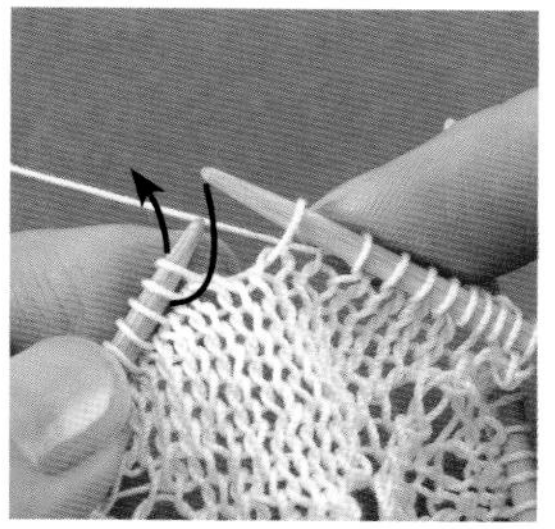

2 不编织，直接把线圈移到右棒针上。下 2 针织 2 针下针并 1 针。

3 把左棒针插入直接移至右棒针上的线圈中。

4 将这一针盖在其左侧的 1 针上。

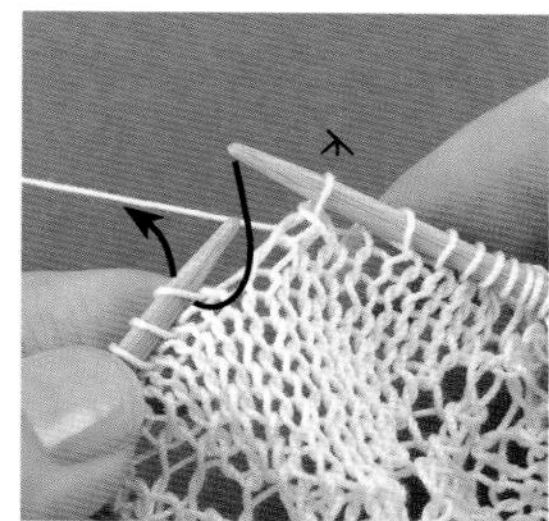

5 完成右上 3 针并 1 针的编织。

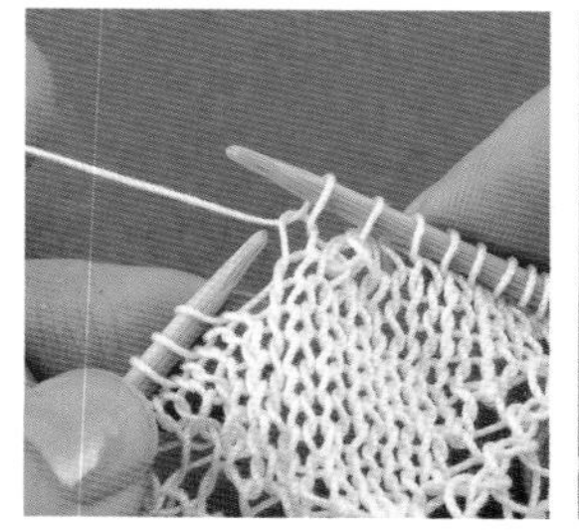

6 织下针。

7 织完第 17 圈的情形。

第 21 圈

2 针挂针

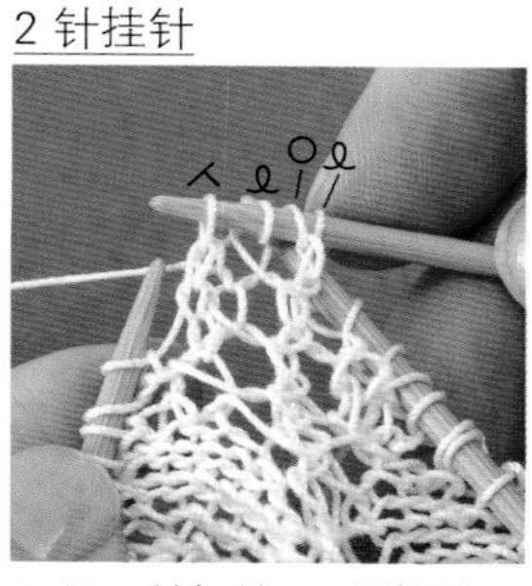

1 织 1 针扭针、1 针挂针、1 针扭针、左上 2 针并 1 针。

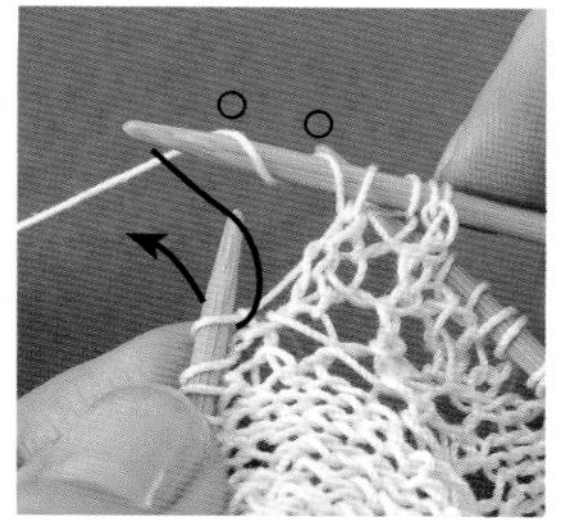

2 挂线 2 次，下一针织下针。

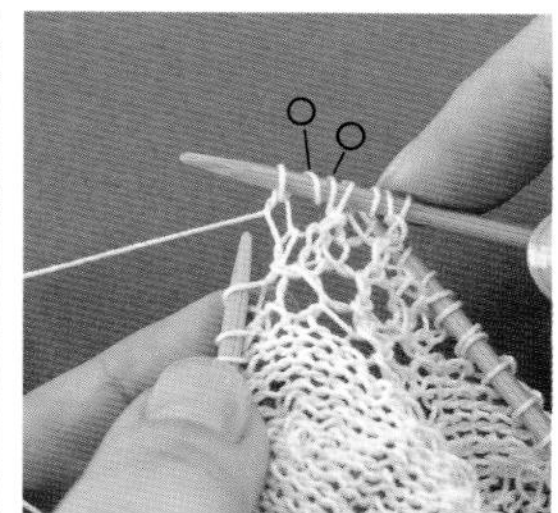

3 下针织好后的情形。

第 22 圈

下针

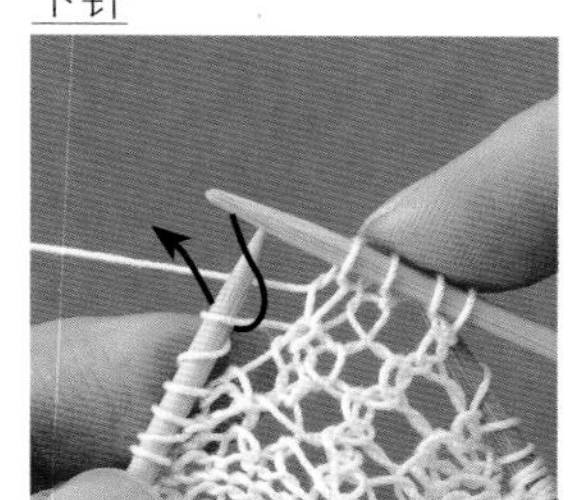

1 按箭头所示把右棒针插入左棒针的第 1 针挂针中。

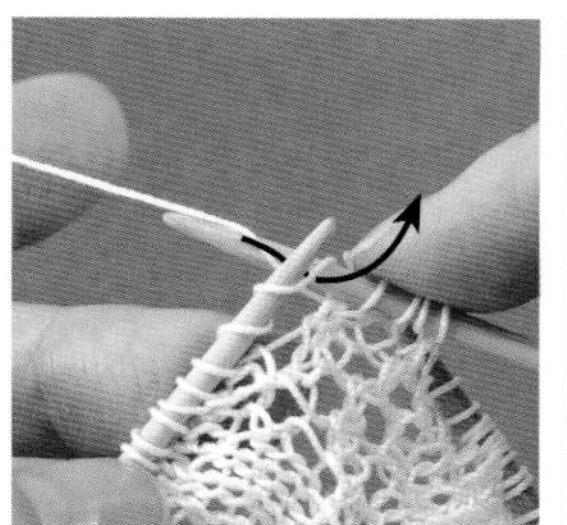

2 把线挂在右棒针上。

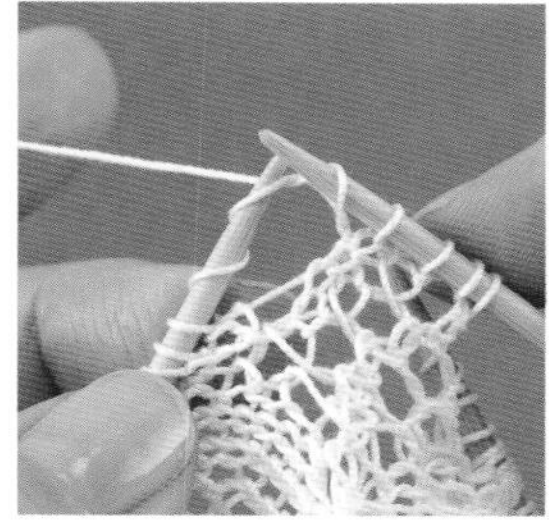

3 按步骤 2 图中箭头所示从后往前拉出线。

上针

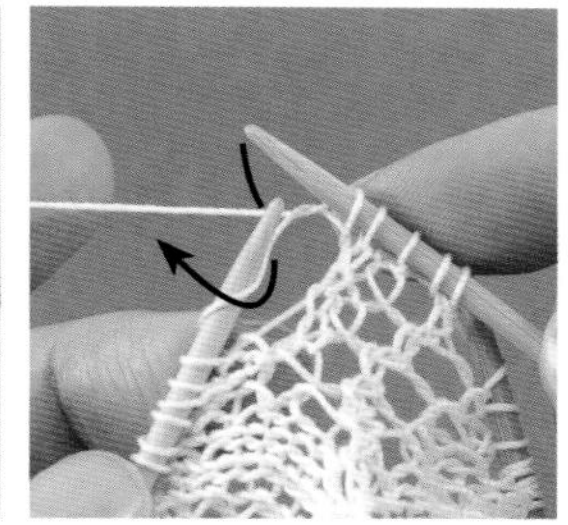

4 按箭头所示从后面插入右棒针，把线拉到编织物的前面。

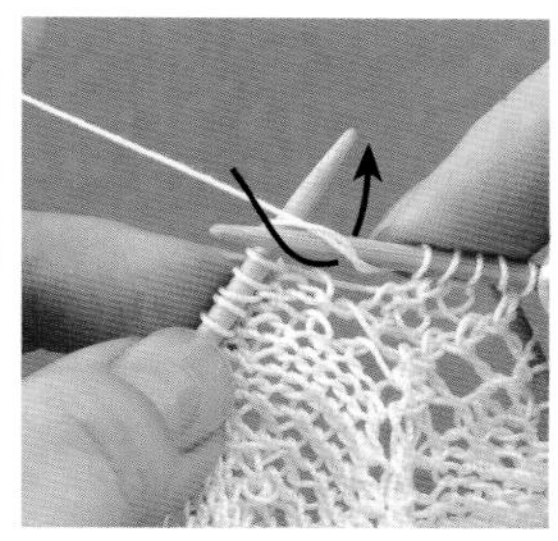

5 把线挂在右棒针上。

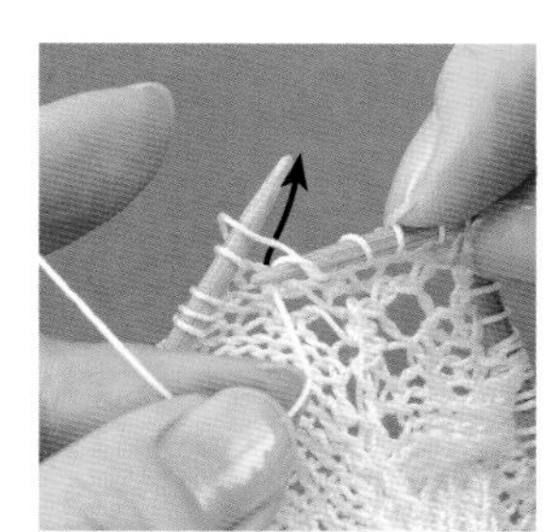

6 从前往后拉出线（上针）。

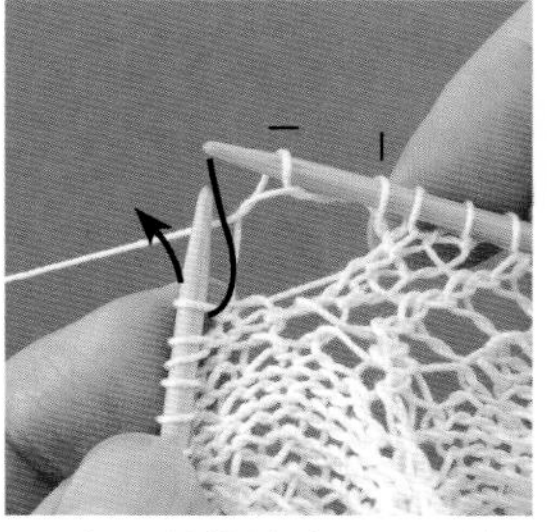

7 在 2 针挂针处织入下针和上针的情形。按箭头所示插入右棒针。

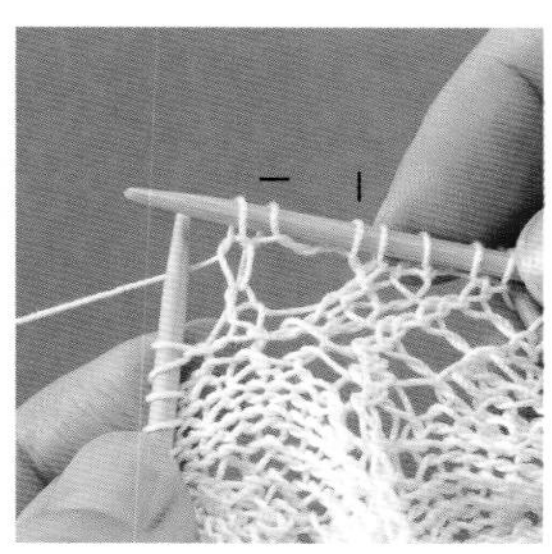

8 继续织下针。

第 23 圈

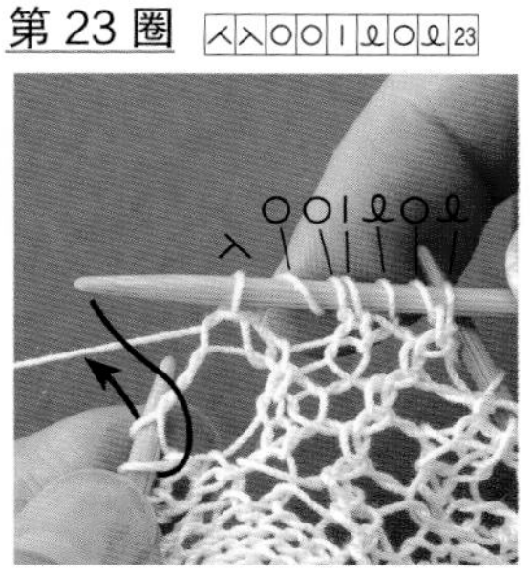

1 第 21 圈的 2 针挂针处分别织右上 2 针并 1 针、左上 2 针并 1 针。

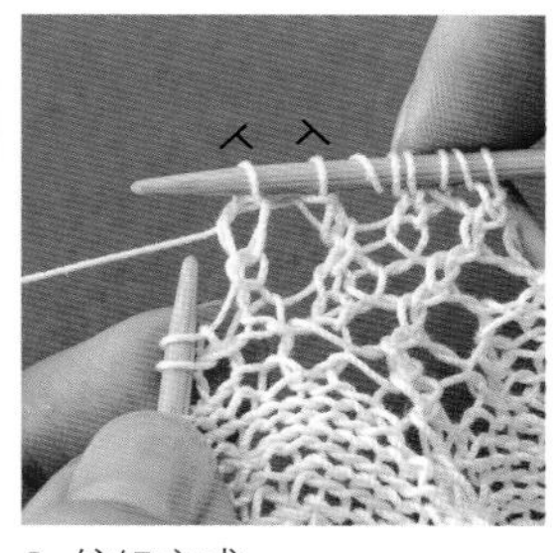

2 编织完成。

10个花样组合在一起，构成了1个造型优美的圆形图案。镂空的设计和下针编织的组合恰到好处。周围装饰有一圈含苞欲放的郁金香花样，真可谓独具匠心。

No. 5

成品尺寸（直径）：33 cm
使用线：DMC 粗丝线 SPECIAL#20
编织方法：P. 99

No. 6

成品尺寸（直径）：77 cm
使用线：DARUMA 蕾丝线　桑蚕丝蕾丝线 #30
编织方法：P.101

细腻的镂空花样，呈现出了风车的美丽图案。被暖风轻轻地吹拂着，风车似乎要片片飞起，犹如舞动的翅膀。此编织物最大的魅力在于纤细丝线的独特质感与色泽。

No. 7

成品尺寸（直径）：60 cm
使用线：DARUMA 蕾丝线 #30
编织方法：P.102

中心处的 8 个花样犹如疾飞的箭羽，与周围静态的花样形成了鲜明的对比。不仅可以当作桌布来使用，也可以用于其他很多场合。

STEP 2 · 中级篇 · 熟练操作孔斯特艺术蕾丝编织

本章节在初级作品的基础上，介绍一些稍微复杂的作品和编织方法，如交叉编织、扭针的 2 针并 1 针等，让你充分体会到编织完成后的成就感与充实感。

THE WORLD OF KUNSTSTRICKEN

No. 8

下针和钻石形状的镂空，组合成中心花样。2 针挂针和拉针的组合，编织出外环。这种搭配，与众不同，给人一种新鲜感。

成品尺寸（直径）：36 cm
使用线：DMC SIBERIA#20
编织方法：P.103

No. 9

成品尺寸(直径):No.9=34 cm　No.10=28 cm　No.11=28 cm
使用线:OLYMPUS GOLD LABEL 蕾丝线 #40
编织方法:P.104

No. 11
交叉编织的立体感和镂空设计，能让人感觉到一种从中心喷涌而出的流动感。重叠伸展的 8 片花瓣的组合，宛如绚丽盛开的大丽菊。
No. 10

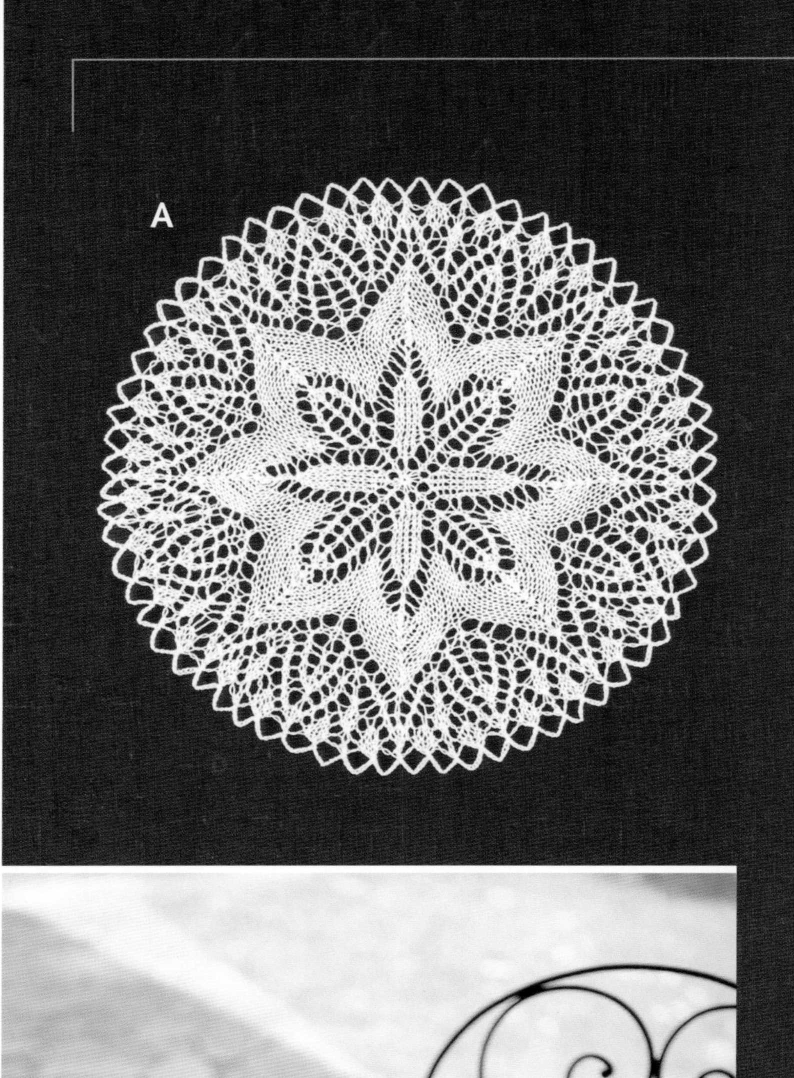

以十字花样为中心，在四周加上一些其他花样，逐渐地扩展。因为编织方法相同，所以根据自己的喜好可编织出不同大小的装饰垫。

No. 12

成品尺寸（直径）：A=20 cm　B=34 cm　C=49 cm
使用线：OLYMPUS GOLD LABEL 蕾丝线 #40
编织方法：P.106

从 4 等分变成 8 等分，编织出独特花样的小垫布。因为加入了扭针，所以立体感更强。虽然稍稍精细复杂，但尺寸较小，所以还是比较容易完成的。

No. 13

成品尺寸（直径）：28 cm
使用线：DARUMA 蕾丝线 #30
编织方法：P.100

No. 14

成品尺寸（直径）：67 cm
使用线：DMC 粗丝线 SPECIAL#20
编织方法：P.108

从 10 个花样开始编织，中途增到 20 个花样。可以把中间钻石形状的镂空运用到外环编织中，这样可使上下、左右更对称。镂空花样非常美丽，可以作为漂亮的装饰物。

可以在 5 等分的直线花样中添加钻石形状的镂空编织。V 字形的图案，构成了设计感非常强烈的小垫布。边缘可以用充满爱意的心形编织。

No. 15

成品尺寸（直径）：46 cm
使用线：OLYMPUS EMMY GRANDE 贵夫人系列
编织方法：P.110

成品尺寸（直径）：80 cm
使用线：OLYMPUS EMMY GRANDE 贵夫人系列
编织方法：P.112

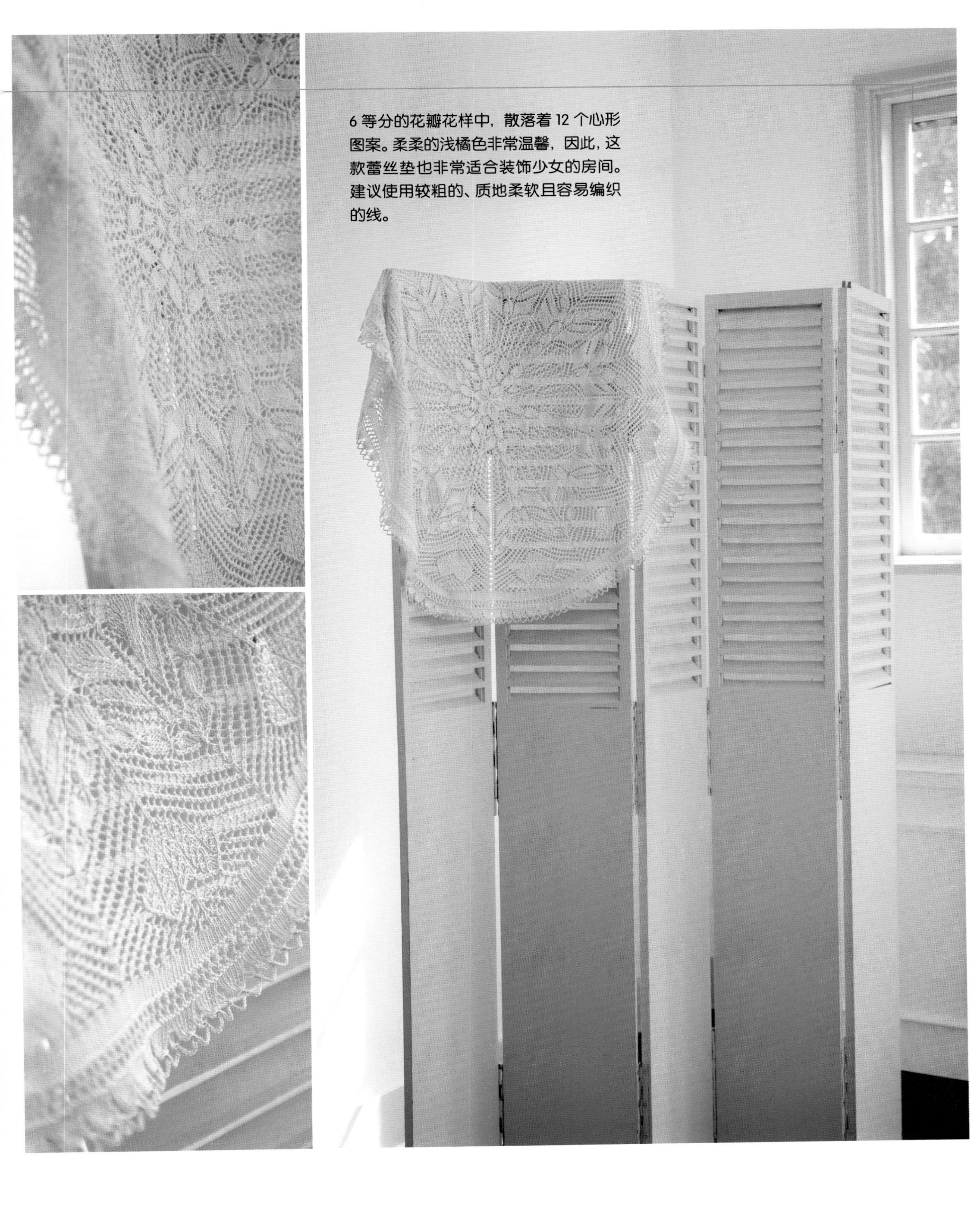

6 等分的花瓣花样中，散落着 12 个心形图案。柔柔的浅橘色非常温馨，因此，这款蕾丝垫也非常适合装饰少女的房间。建议使用较粗的、质地柔软且容易编织的线。

大大的心形花样，四周围绕着扇形花边。
花边的圆弧形边缘是由加针和减针组合
编织而成的，宛如施了魔法一般。

成品尺寸（直径）：66 cm
使用线：OLYMPUS EMMY GRANDE 贵夫人系列
编织方法：P.114

STEP 3 ·高级篇· 畅享孔斯特艺术蕾丝编织

本章节展示的作品能够让你充分体验到孔斯特艺术蕾丝编织的乐趣。华丽的大型作品，所有运用到的编织技巧，能让你享受到花样编织带来的刺激。编织完成可能要花费一些时间。不过，仍然让人期待。

THE WORLD OF KUNSTSTRICKEN

No. 18

此款小垫布与众不同之处在于：鲜明的八边形花样中留出的大孔。大孔可以通过 3 针挂针，以及在下一圈织多针放针的方式编织而成。编织时，保持加针针目不松弛是关键所在。

成品尺寸（外切圆直径）：25 cm
使用线：OLYMPUS　GOLD LABEL 蕾丝线 #40
编织方法：P. 109

此款小垫布以可爱的铃兰花为主题图案。为了凸显出花瓣的盛开，在 2 处加针，再一次性减针。周边的山形轮廓的编织，需要先一个一个地编织出山形轮廓，然后再一起进行边缘编织。

No. 19

成品尺寸（外切圆直径）：36 cm
使用线：DMC 粗丝线 SPECIAL#30
编织方法：P. 111

No. 20

成品尺寸(直径)：61 cm
使用线：DMC SIBERIA#40
编织方法：P. 116

分割成 12 等份，开始编织。编织到外环时，扩展至 48 个花样。在中间加入拉针编织，增强立体感与密度。

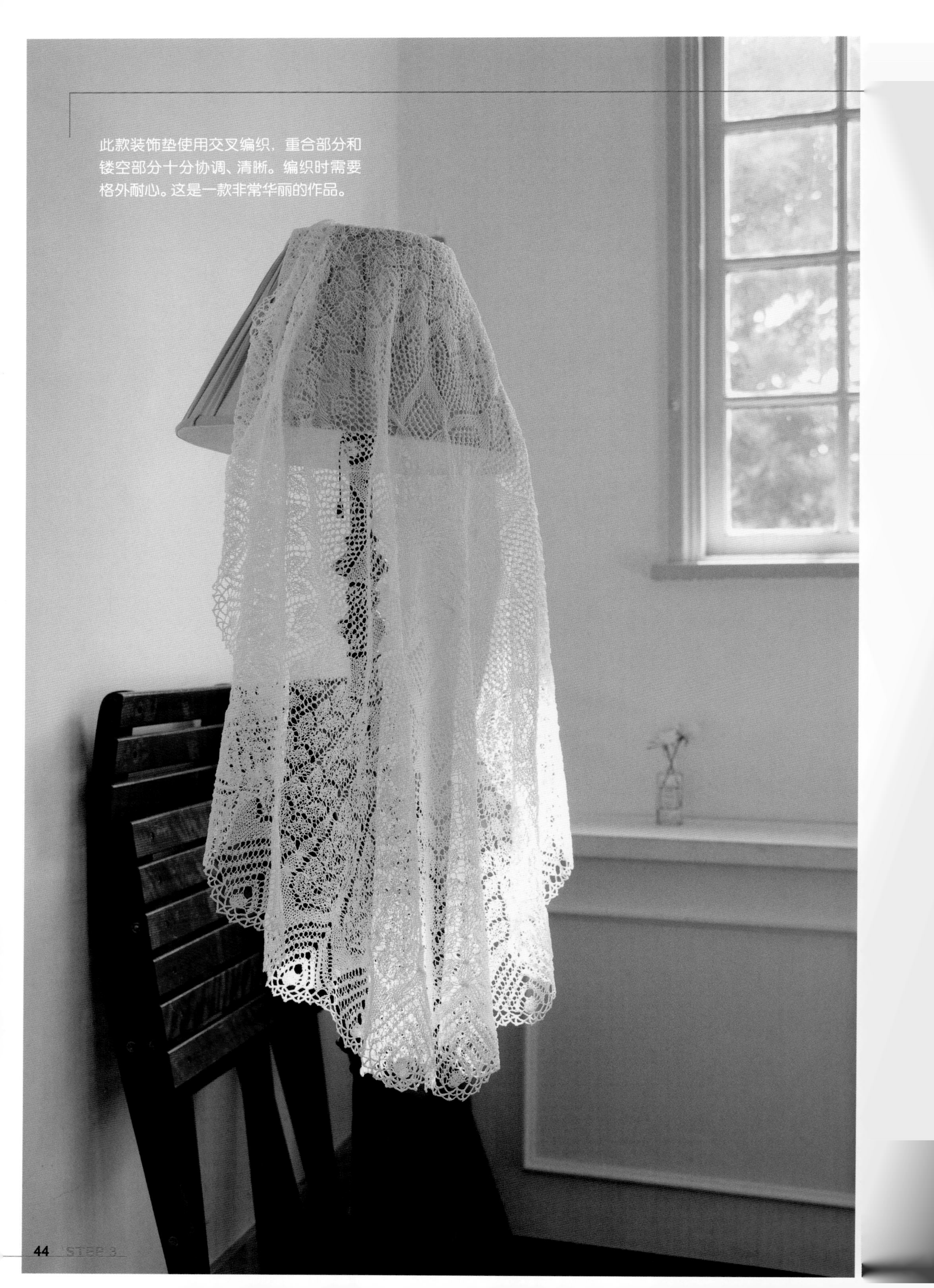

此款装饰垫使用交叉编织，重合部分和镂空部分十分协调、清晰。编织时需要格外耐心。这是一款非常华丽的作品。

No. 21

成品尺寸（直径）：116 cm
使用线：DMC SIBERIA#30
编织方法：P. 118

这款正方形的作品，采用充满生机的树叶花样，鲜艳的绿色，非常时尚而又个性十足。周边的叶子状花样，用往返编织不间断地一片一片编织而成。

No. 22

成品尺寸：97 cm×97 cm
使用线：DMC SIBERIA#10
编织方法：P. 120

No. 23

成品尺寸（直径）：124 cm
使用线：DMC SIBERIA#20
编织方法：P. 50

中心是 8 朵郁金香花样，外圈增至 16 朵，非常优雅的一款蕾丝垫。边缘也设计得十分细腻。如果觉得编织出整体非常辛苦的话，可以只编织中心的花样。即便如此，也是非常美丽的。

No.23

Page 48

材料及工具

线 DMC SIBERIA#20 灰白色（BLANC）
210 g

针 5 根 2 号棒针 蕾丝钩针 2 号

成品尺寸（直径） 124 cm

编织要点

从中心起针开始编织。起针 8 针，均分到 4 根棒针上。起针圈算作 1 圈。从第 2 圈开始环形编织。符号图中标记的为奇数圈，未标记的偶数圈一律编织下针。第 3 圈按照“挂针、下针”的方法重复编织 8 次。编织到第 122 圈时为 8 个花样，编织到第 123 圈时为 16 个花样。2 针挂针在下一圈的对应处编织“1 针下针、1 针扭针”。之后，继续按符号图所示编织。有★标记的圈，在编织完指定针数后接入花样；有☆标记的圈，从指定针数前面接入花样；织完第222圈后，先织 5 针，然后用蕾丝钩针收针。

1 针放 2 针

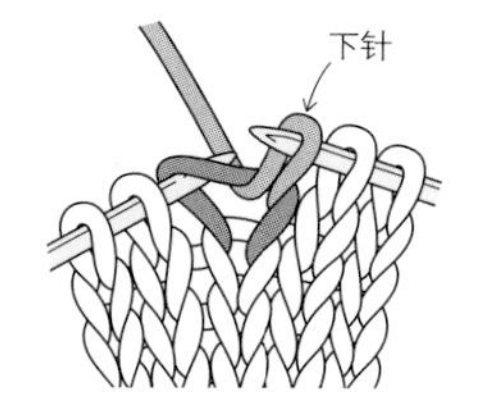

1 把右棒针插入左棒针的第 1 针中，织下针。

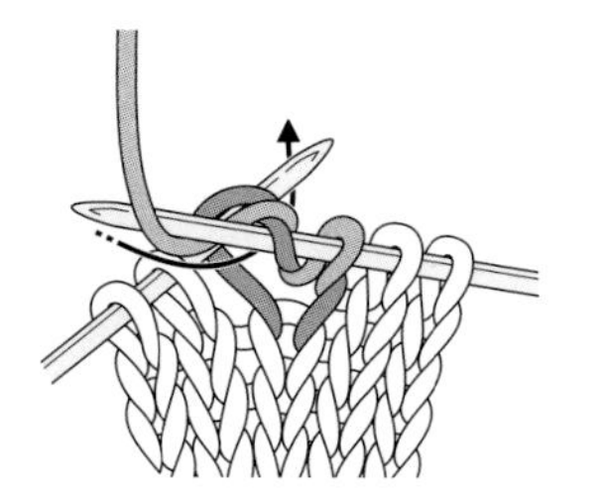

2 右棒针按箭头所示从后往前插入左棒针的同一针目中，织上针。

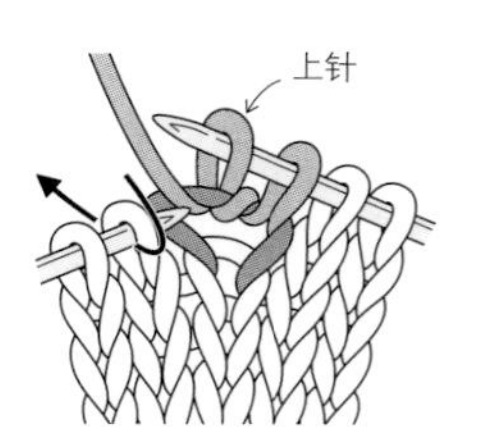

3 下一针织下针。

※接P.116、P.117

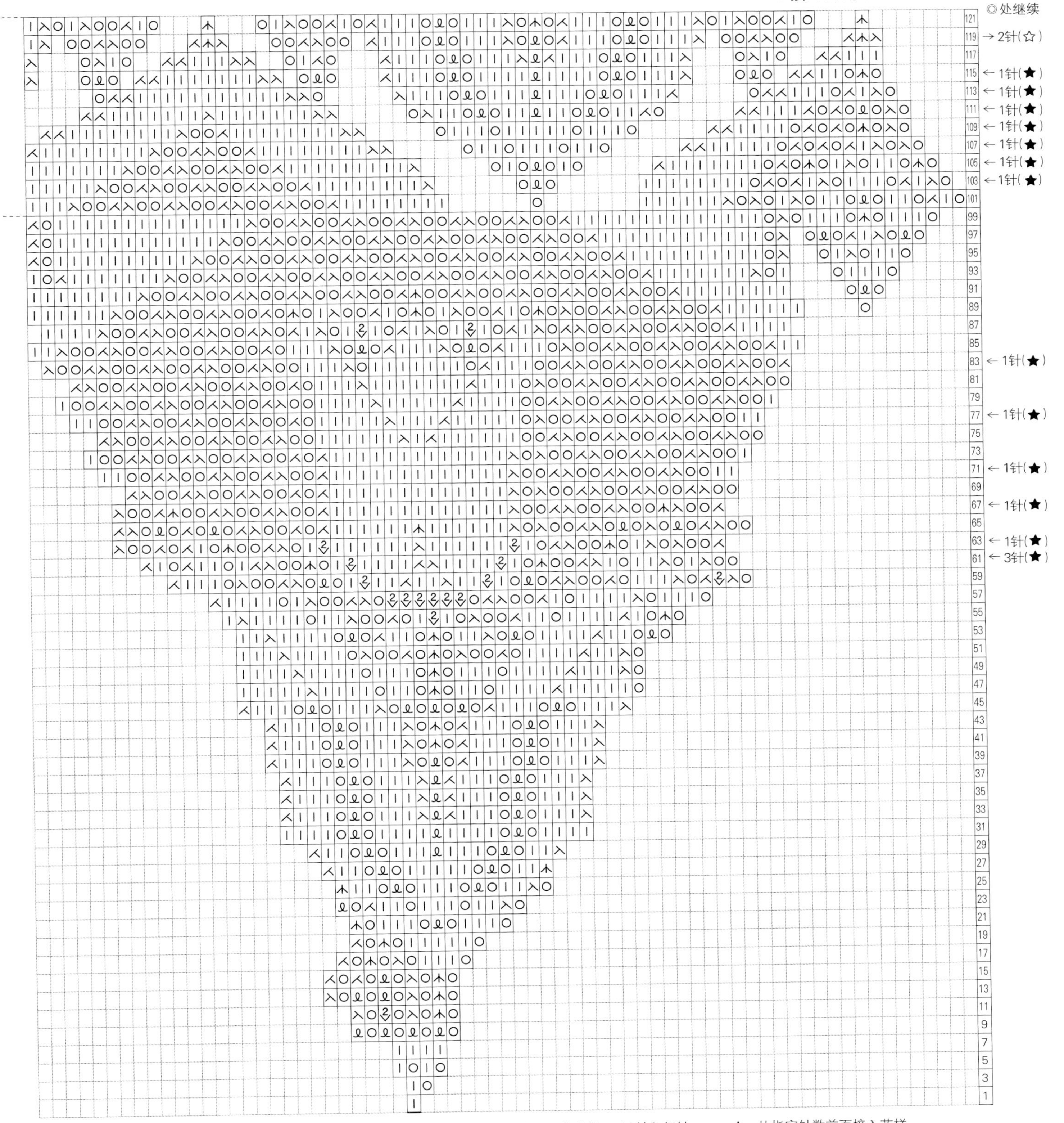

◎处继续

121
119 → 2针(☆)
117
115 ← 1针(★)
113 ← 1针(★)
111 ← 1针(★)
109 ← 1针(★)
107 ← 1针(★)
105 ← 1针(★)
103 ← 1针(★)
101
99
97
95
93
91
89
87
85
83 ← 1针(★)
81
79
77 ← 1针(★)
75
73
71 ← 1针(★)
69
67 ← 1针(★)
65
63 ← 1针(★)
61 ← 3针(★)
59
57
55
53
51
49
47
45
43
41
39
37
35
33
31
29
27
25
23
21
19
17
15
13
11
9
7
5
3
1

□ =无针目部分

※未标记的偶数圈一律编织下针

（1针）×8个花样＝（8针）起针

☆＝从指定针数前面接入花样

★＝编织完指定针数后接入花样

此款为大型的铃兰花样装饰垫。但因为使用的是较粗的线，所以能快速完成。以中心为起点，铃兰花样逐渐递增。周边轮廓，可以先一朵一朵地并列编织出花朵花样，然后用小小的贝壳形花边作为边缘。

No. 24

成品尺寸（直径）：121 cm
使用线：DMC SIBERIA#10
编织方法：P. 54

No.24

Page 53

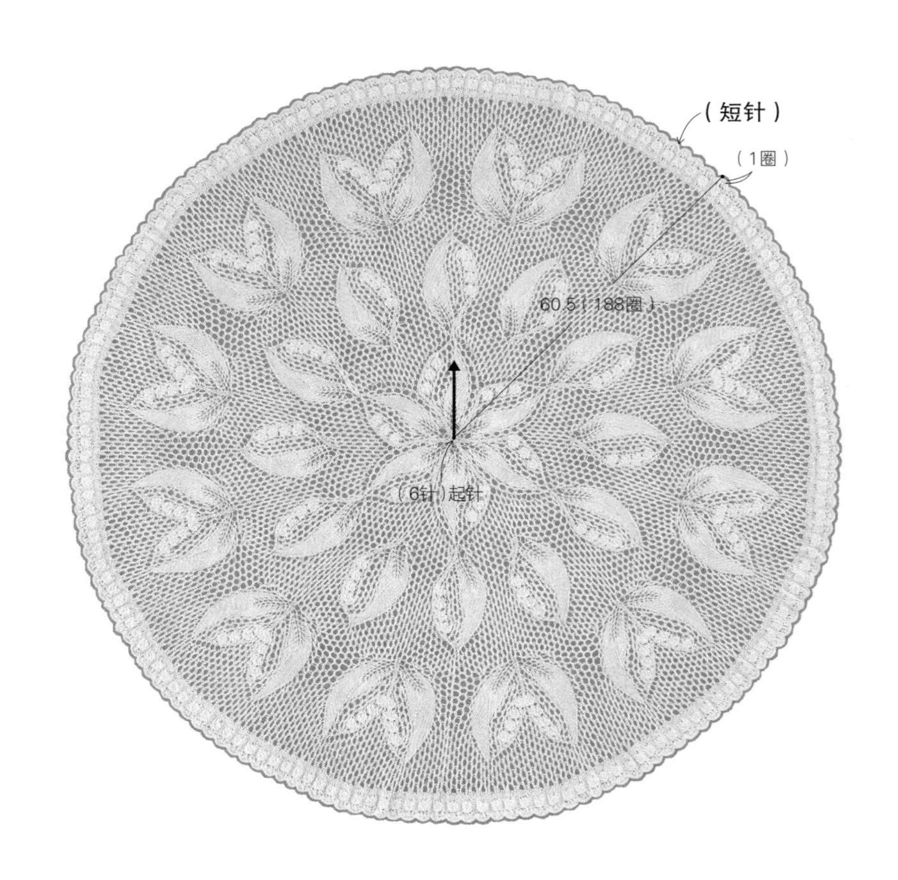

材料及工具

线 DMC SIBERIA#10 浅驼色(ECRU) 350 g

针 5根4号棒针 钩针3/0号

成品尺寸(直径) 121 cm

编织要点

从中心起针开始编织。起针6针,按1针、2针、1针、2针的数目分到4根棒针上。起针圈算作1圈。从第2圈开始环形编织。符号图中标记的为奇数圈和部分偶数圈,未标记的偶数圈一律编织下针。第3圈按照“1针放2针”的方法重复编织6次。织到第52圈时为6个花样,第53~176圈为12个花样,第177圈及以后为168个花样。2针挂针在下一圈的对应处编织“1针下针、1针上针”。之后,继续按符号图所示编织。有★标记的圈在编织完1针后接入花样。织到第188圈时,用钩针引拔收针。周边织1圈短针,在指定位置把钩针插入下面5圈针目中编织。

右上2针交叉

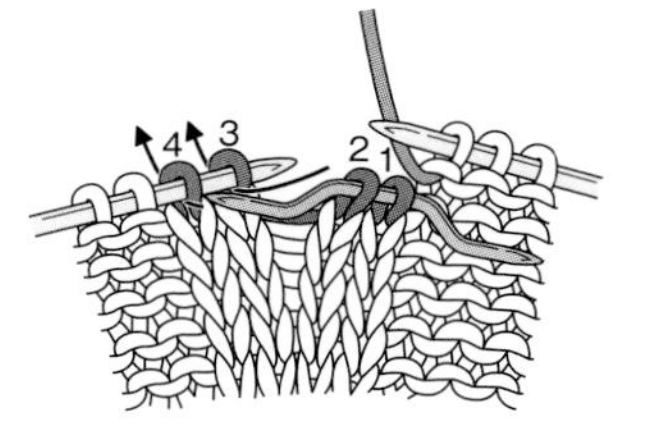

1 把左棒针的针目1、针目2移到麻花针上,放到编织物的前面。

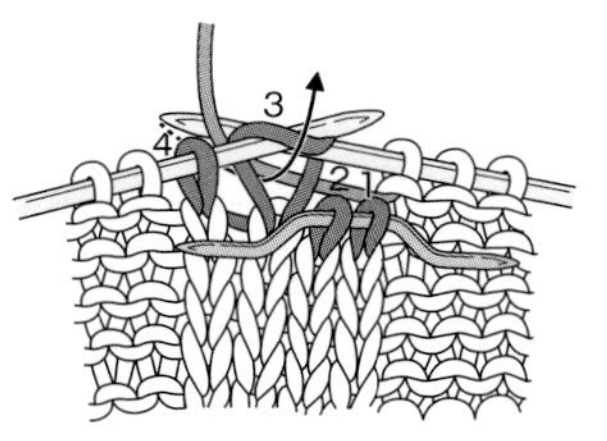

2 针目3织下针。

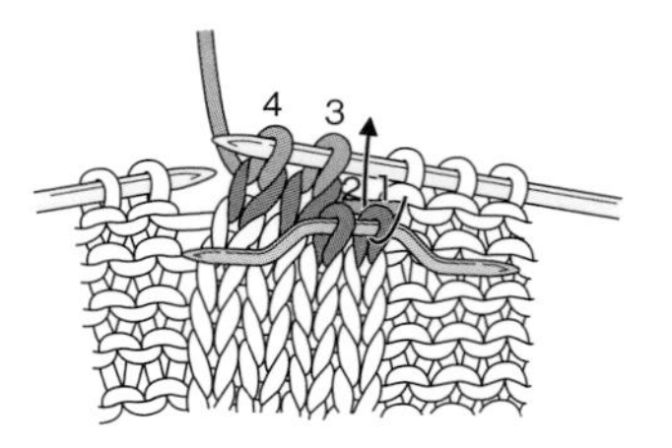

3 针目4也织下针。把右棒针按箭头所示插入针目1中。

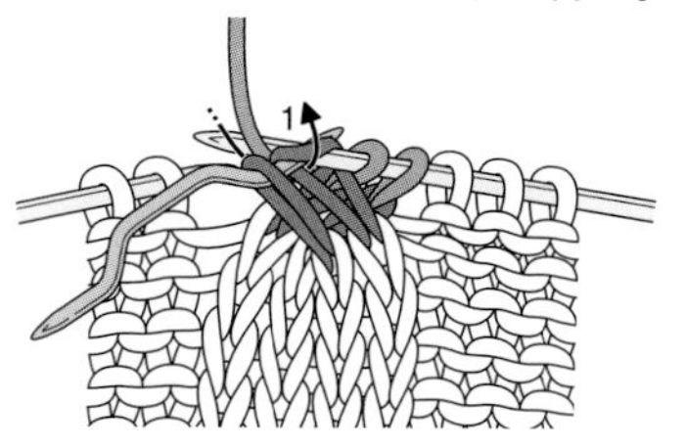

4 织下针。

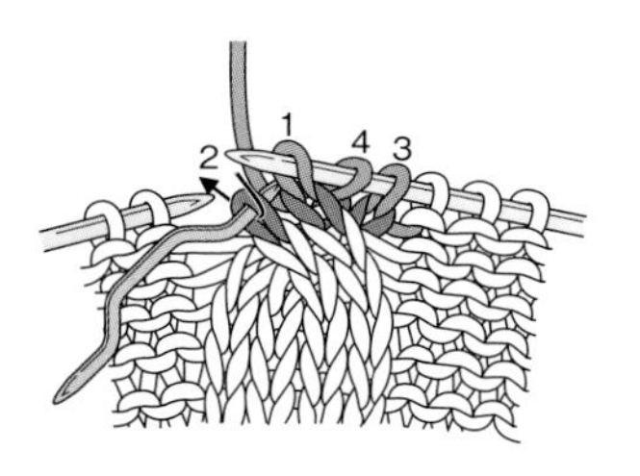

5 把右棒针插入针目2中,织下针。

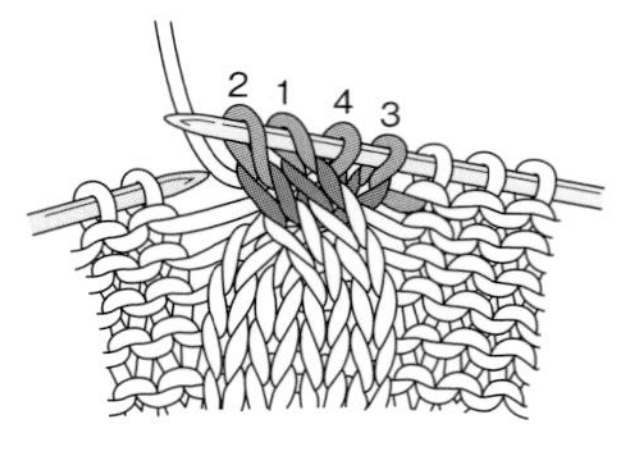

6 完成右上2针交叉的编织。

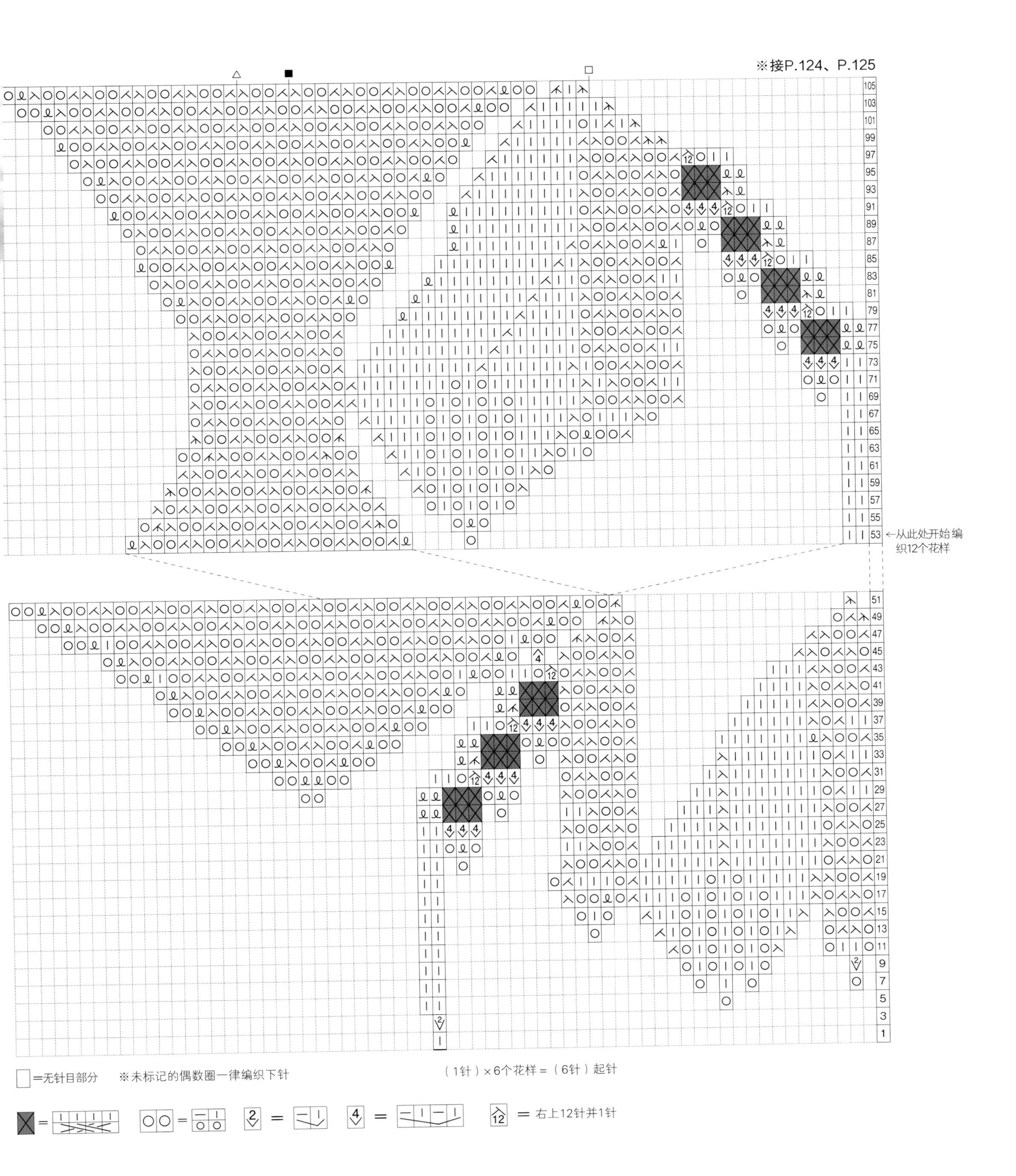

※接P.124、P.125
←从此处开始编织12个花样
=无针目部分
※未标记的偶数圈一律编织下针
（1针）×6个花样=（6针）起针
=右上12针并1针

STEP 4 ·创意篇· 拓展孔斯特艺术蕾丝编织的世界

可以灵巧运用孔斯特艺术蕾丝编织，不仅仅是实用蕾丝垫、装饰性蕾丝小物，还可以制作出大幅的连接花片、边饰，甚至衣服等。细致的手工创作能照亮我们的生活，使我们的生活更美好、充实。

THE WORLD OF KUNSTSTRICKEN

No. 25

此款作品是把六边形的花片相互连接而成的，造型非常清新。在进行花片的收针时，为了不让花片的边缩在一起，在2针引拔针的中间加入1针锁针。这样编织出来，非常平整、漂亮。

成品尺寸（外切圆直径）：53 cm
使用线：DMC 粗丝线 SPECIAL#30
编织方法：P.58

No.25
Page 57

No.26
Page 60

材料及工具

线 DMC 25= 粗丝线 SPECIAL#30 灰白色（BLANC）40 g
26=SIBERIA#20 灰白色（BLANC）11 g

针 5根棒针 25、26=1号 蕾丝钩针 25=8号 26=6号

成品尺寸 25= 外切圆直径 53 cm 26=22 cm×22 cm

编织要点

25 中心起针开始编织。起针 6 针，按 1 针、2 针、1 针、2 针的数目分到 4 根棒针上。起针圈算作 1 圈。从第 2 圈开始环形编织。符号图中标记的为奇数圈和部分偶数圈，未标记的偶数圈一律编织下针。第 3 圈按照“挂针、下针”的方法重复编织 6 次。之后，继续按符号图所示编织。有★标

No.25

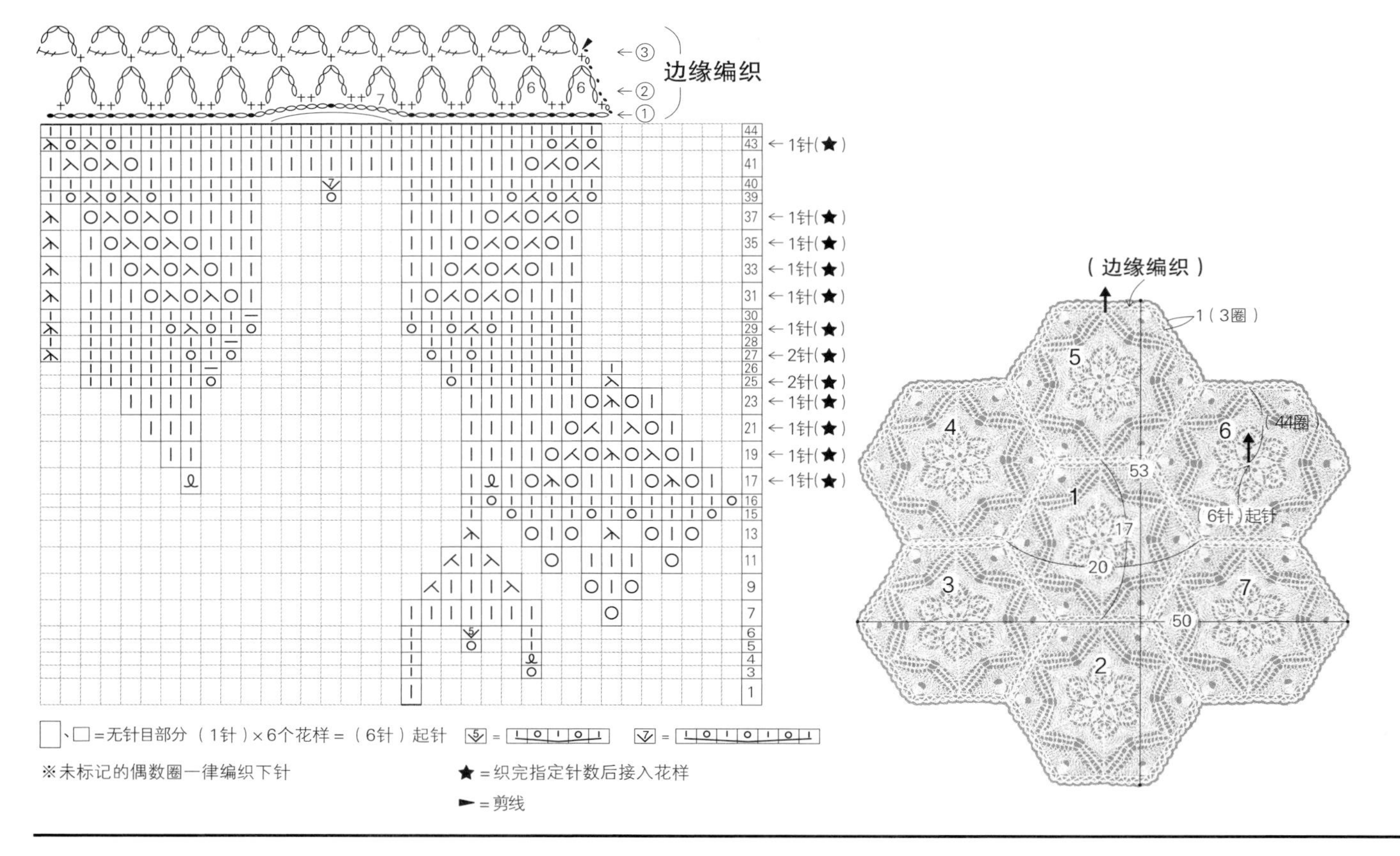

No.26

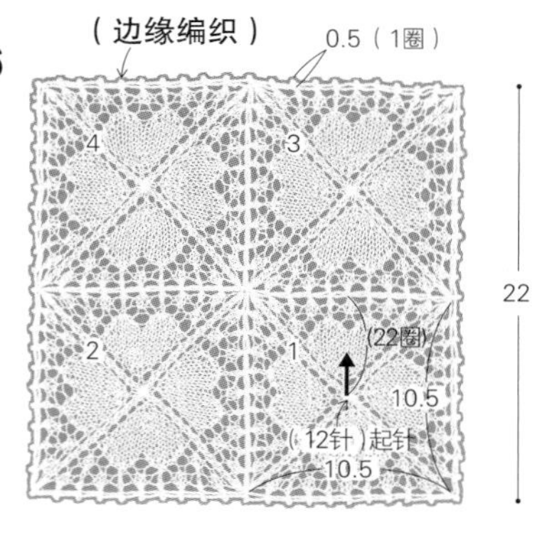

← 编织2针后收针

□=无针目部分（3针）×4个花样=（12针）起针 ※未标记的偶数圈一律编织下针

=挑起上一圈针目与针目间的渡线织扭加针

=右上4针并1针

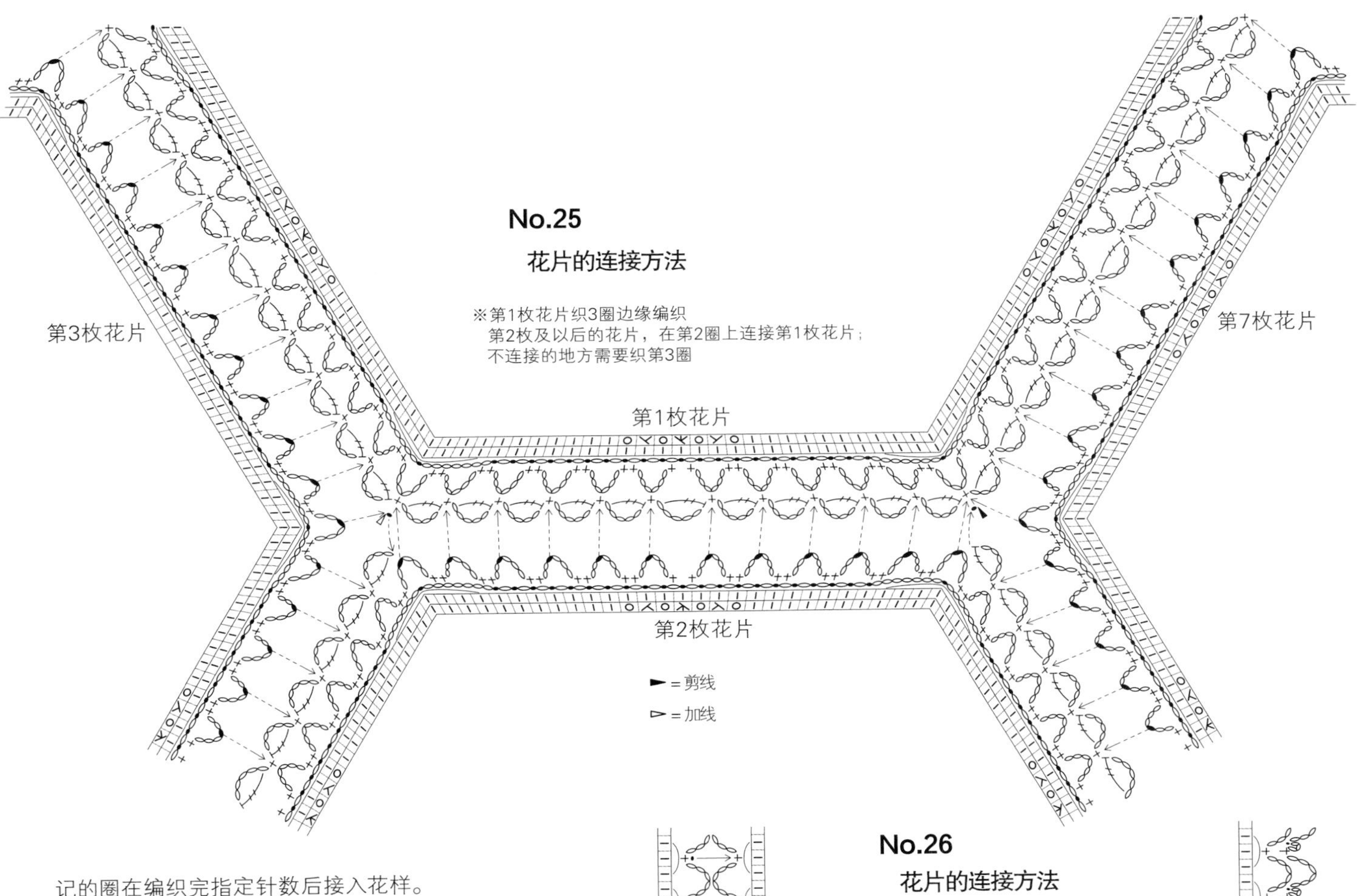

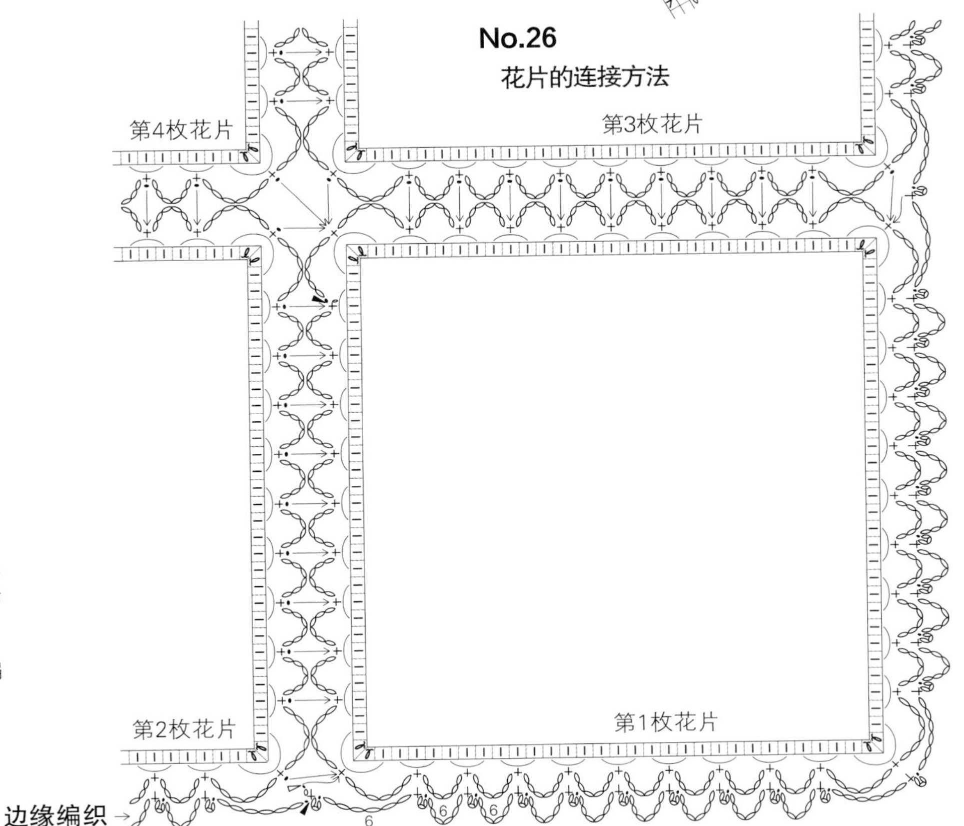

记的圈在编织完指定针数后接入花样。织完第 44 圈后，用蕾丝钩针收针。边缘编织，第 1 枚花片织 3 圈，第 2 枚及以后的花片，在第 2 圈上连接上第 1 枚花片，第 3 圈只用于织第 1 枚花片（需连接各个花片）以及各花片不连接的外圈轮廓。

26 按照同 No.25 一样的编织要点进行编织。起针 12 针，均分到 4 根棒针上。第 3 圈按照“扭针、挂针、下针、挂针、扭针”的方法重复编织 4 次。第 9 圈的扭加针需挑起上一圈针目与针目间的渡线后编织（加 1 针）。编织完第 22 圈后，先编织 2 针然后收针。第 2 枚及以后的花片，和其他花片相互连接着收针。织未完成的短针，最后引拔时，需把蕾丝钩针插入第 1 枚花片短针的头部后引拔。4 枚花片连接在一起后，在周围编织 1 圈边缘编织。

No. 26

由 4 枚幸运草花样的花片连接而成。

成品尺寸：22 cm×22 cm
使用线：DMC　SIBERIA#20
编织方法：P. 58（图解教程 P. 62）

由15枚几何花样的花片连接而成。在花片的编织终点用收针把花片连接起来。可以把自己想要数量的花片连接在一起。

成品尺寸：30 cm×48 cm
使用线：DMC SIBERIA#30
编织方法：P. 124

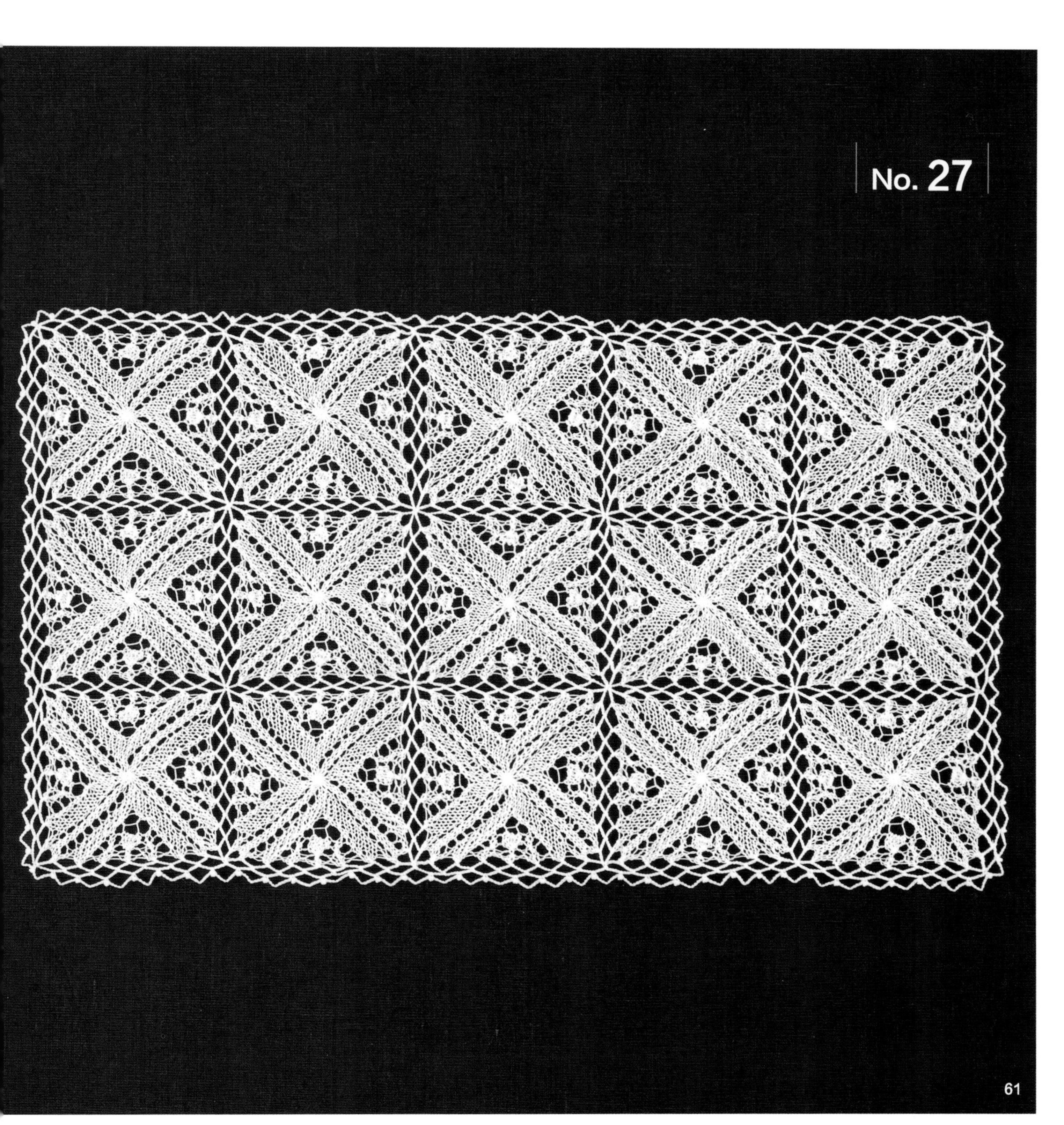

No.26 Page 60 花片连接蕾丝小垫

此款为把 4 枚小正方形的花片组合起来的作品。用到的针法有 1 针放 3 针、扭加针，以及右上 4 针并 1 针。
材料及工具、成品尺寸、编织要点、编织符号图见 P.58、P.59。

第 5 圈
1 针放 3 针

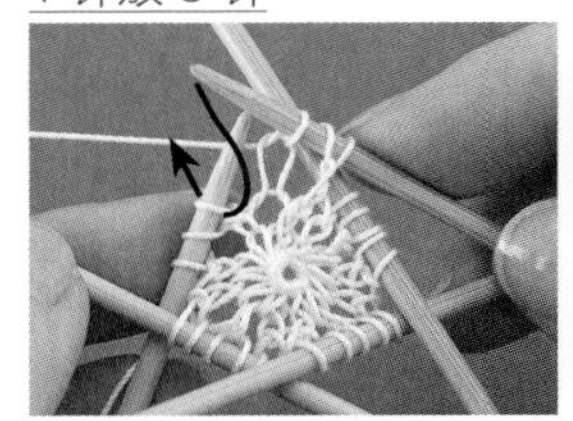
1 把右棒针插入待编织的针目中。

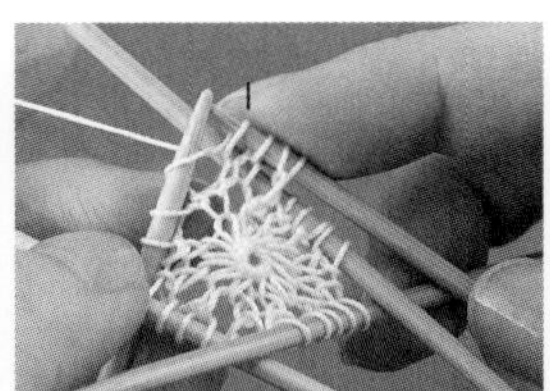
2 织下针。左棒针不从针目中抽出。

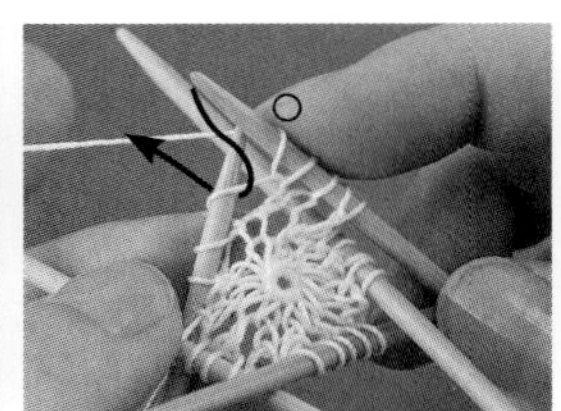
3 挂线后，把右棒针插入同一针目中。

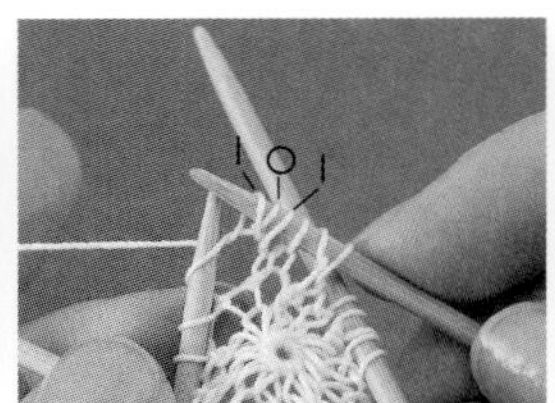
4 织下针。

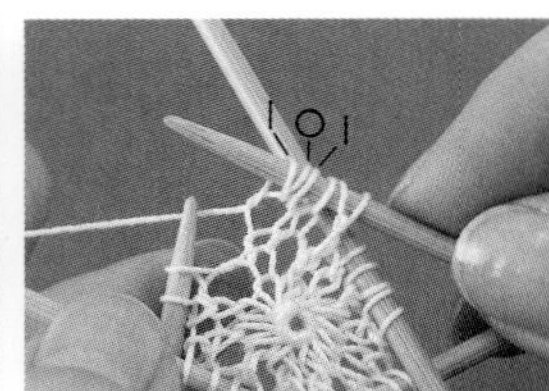
5 从针目中抽出左棒针。

第 9 圈
扭加针

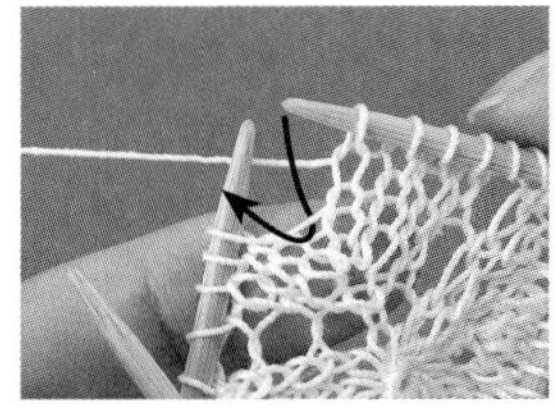
1 如图所示，把右棒针从后往前挑针目与针目间的渡线。

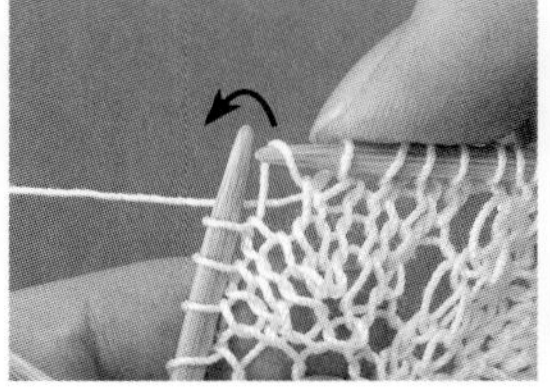
2 把挑起的 1 针移到左棒针上。

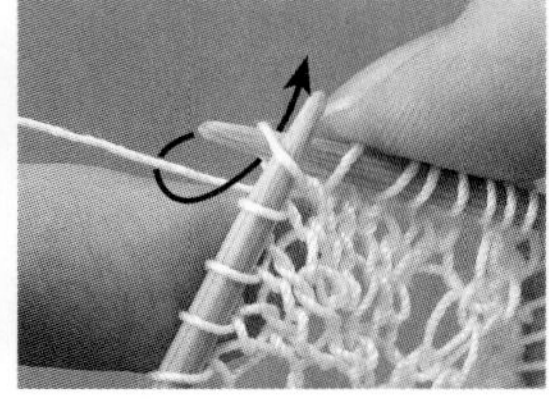
3 不抽出右棒针。把线挂在右棒针上。

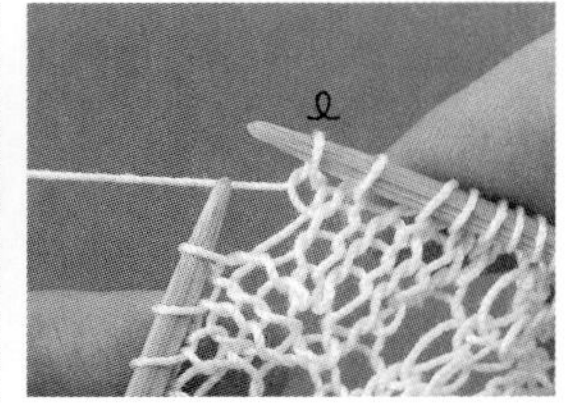
4 织下针（挑起的 1 针呈扭针加针状态）。

第 19 圈
右上 4 针并 1 针

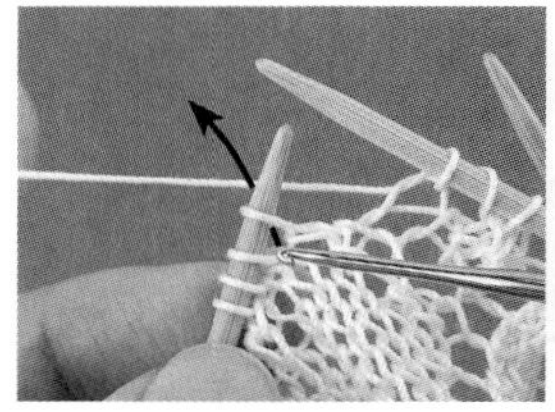
1 把蕾丝钩针按箭头所示插入左棒针的第 1 针中，并把这一针移到蕾丝钩针上。

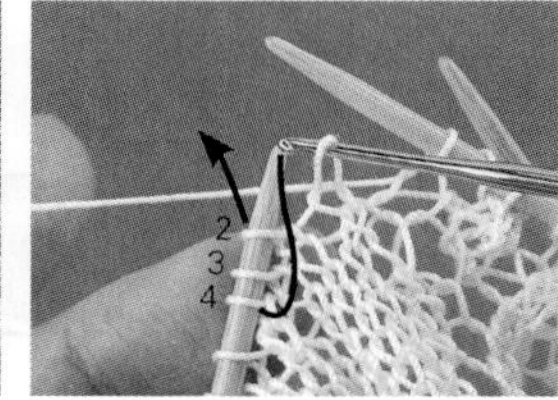

2 从左侧按箭头所示把蕾丝钩针插入针目 4、3、2 中。

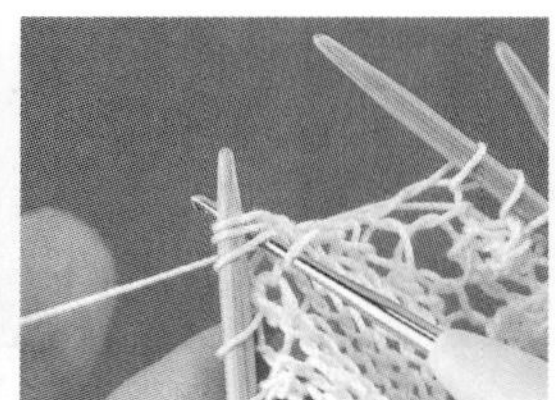
3 插入后的情形。

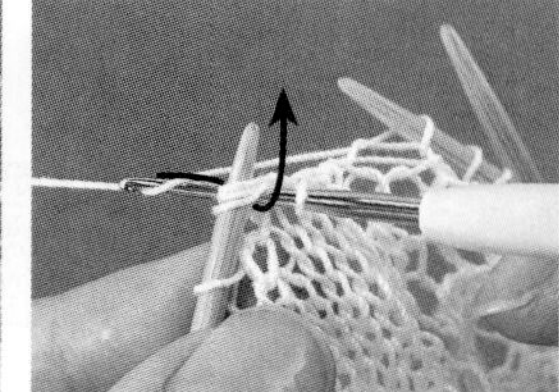
4 把线挂在蕾丝钩针上，从 3 针中引拔出。

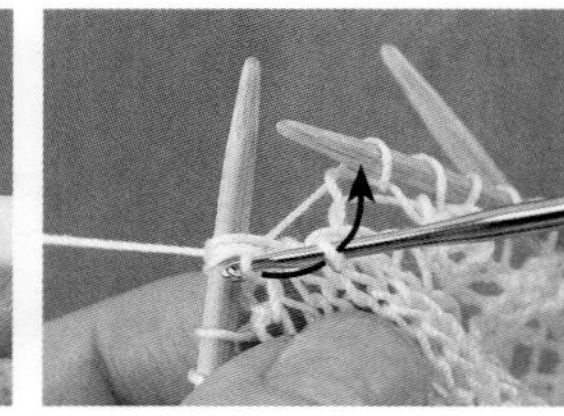
5 接着，引拔穿过第 1 针。

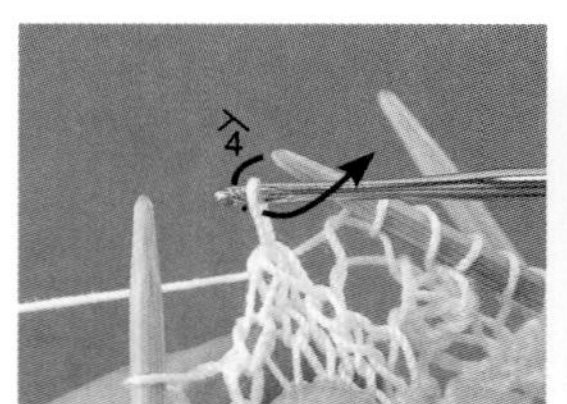
6 钩织完成。改变蕾丝钩针上针目的方向。

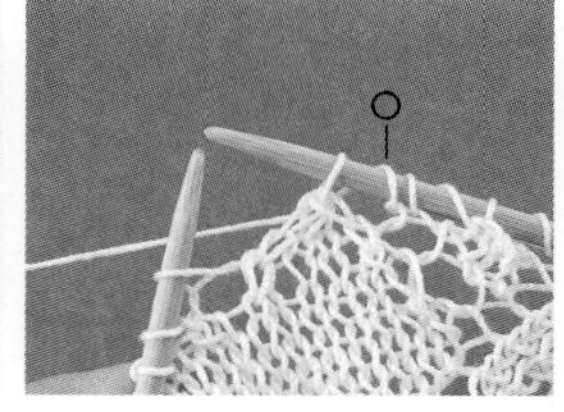
7 从前往后挂线，并把蕾丝钩针上的 1 针移到右棒针上。

8 第 19 圈编织完成后的情形。

收针

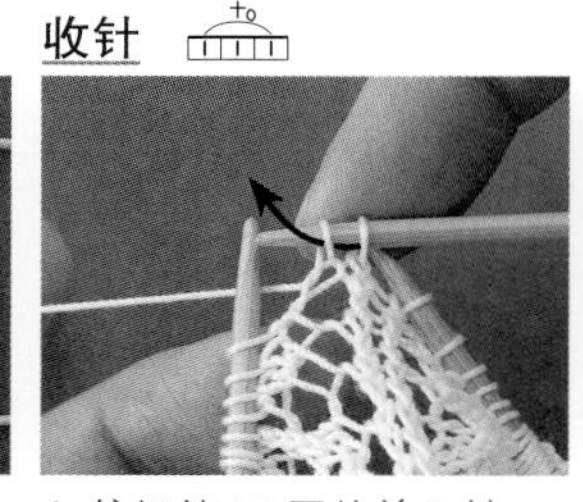
1 编织第 22 圈的前 2 针。

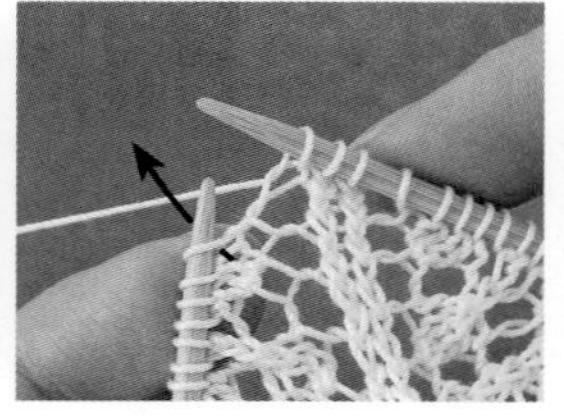
2 按箭头所示插入蕾丝钩针，并把这一针移到蕾丝钩针上。

3 第 2 针、第 3 针也同样移到蕾丝钩针上。

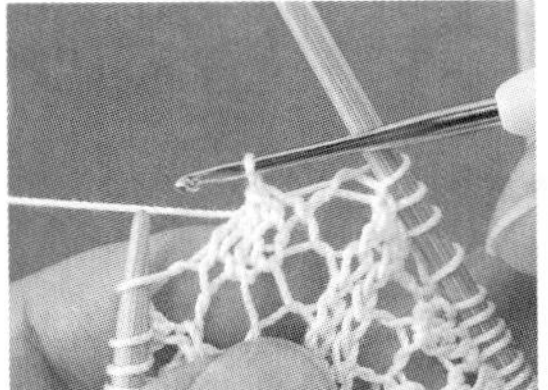

4 把线挂在蕾丝钩针上，从 3 针中引拔出。

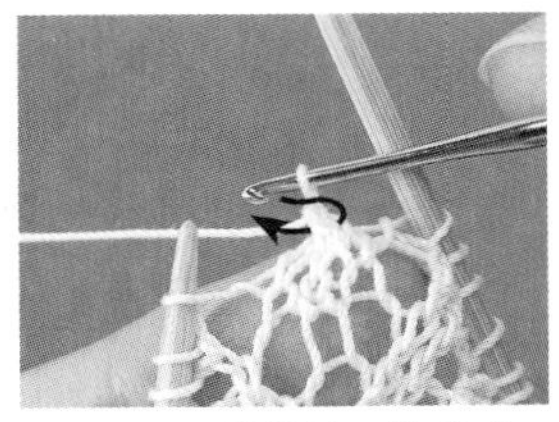

5 钩织 1 针锁针，按箭头所示将蕾丝钩针插入刚引拔过的 3 针的前侧线圈。

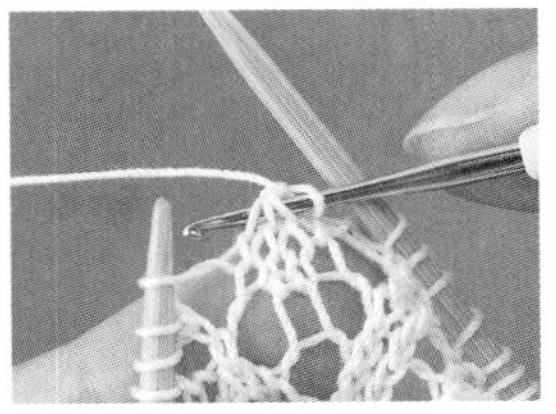

6 插入蕾丝钩针后的情形。

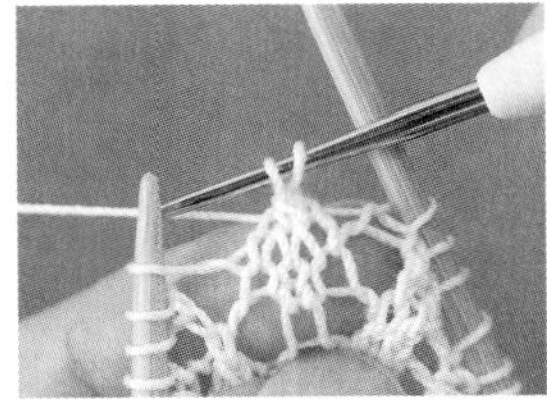

7 挂线后引拔出。

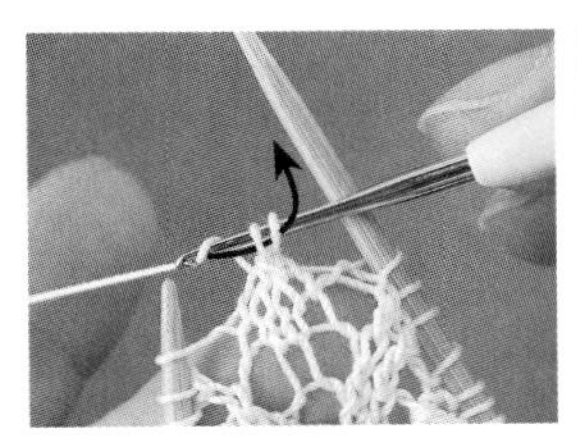

8 再次在蕾丝钩针上挂线并引拔（短针）。

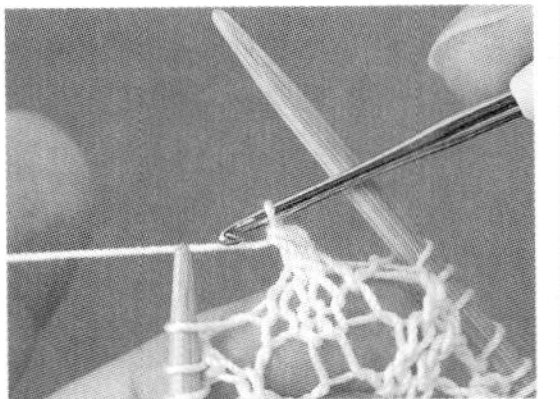

9 短针收针后的情形。

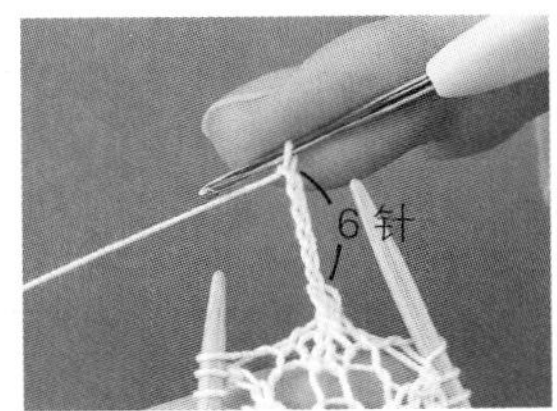

10 钩织 6 针锁针。

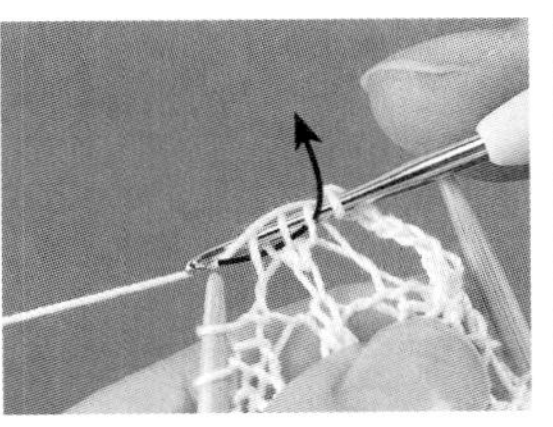

11 下面 3 针的要领同步骤 2、3。

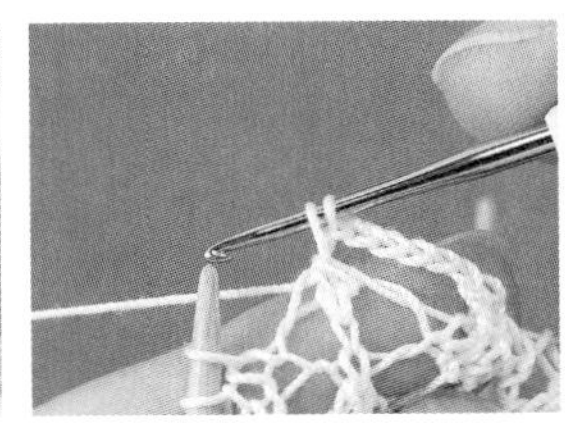

12 把线从这 3 针中引拔出。

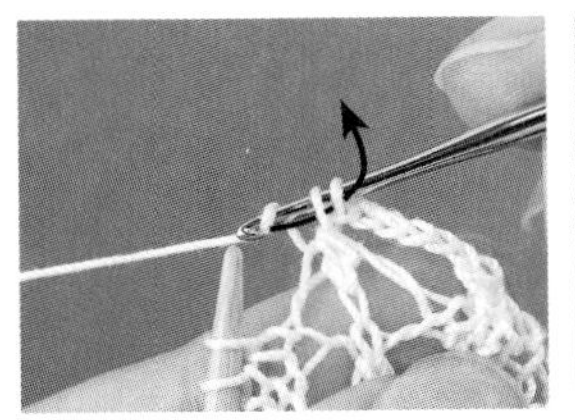

13 钩织短针。

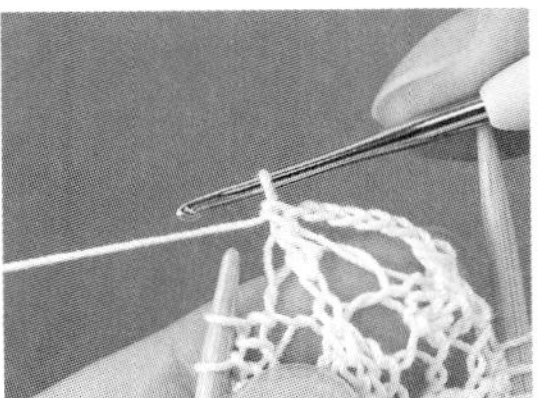

14 之后，重复步骤 10~13。

花片编织完成。

花片的连接方法

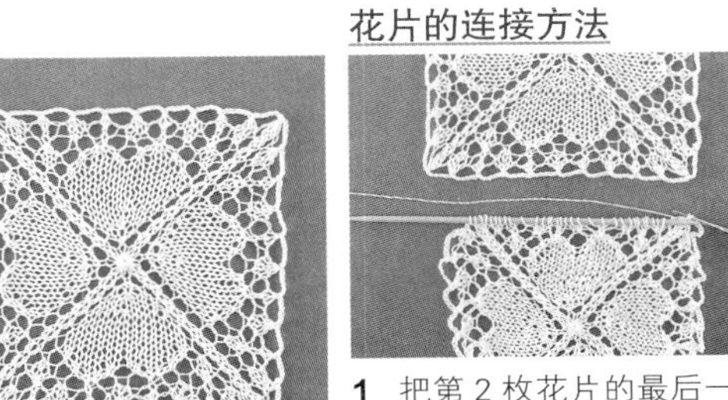

1 把第 2 枚花片的最后一边连接在第 1 枚花片上。

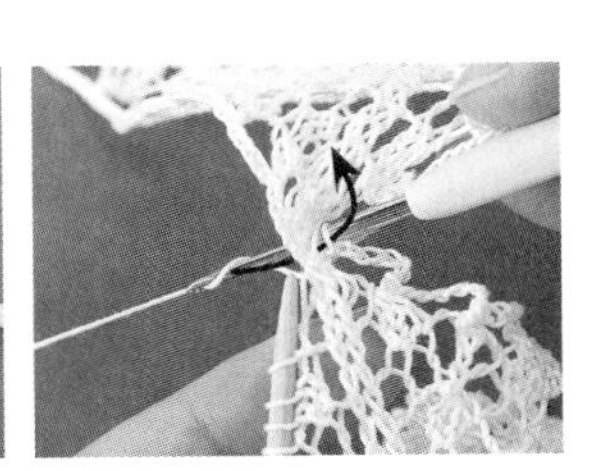

2 钩织短针的过程中，把蕾丝钩针插入第 1 枚花片的短针的头部。

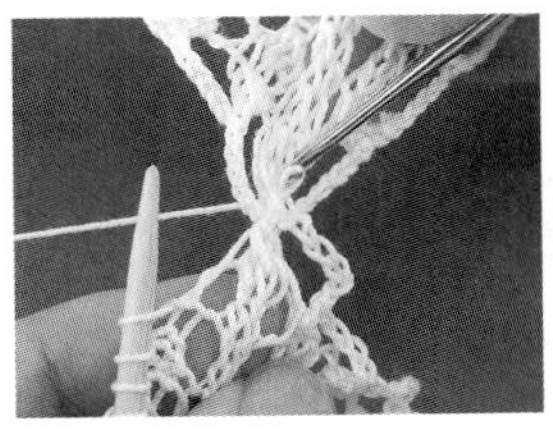

3 把线挂在蕾丝钩针上并引拔。

4 再次钩织短针至一半时。

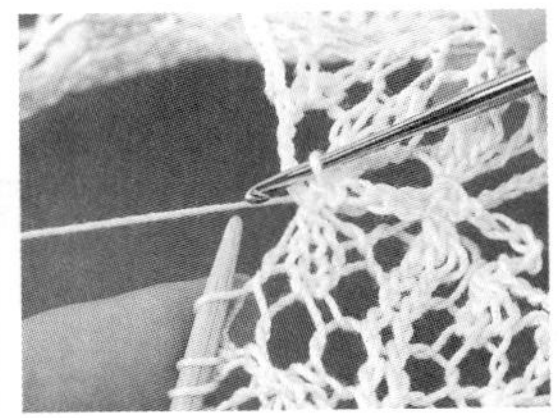

5 在第 1 枚花片的短针的头部连接。

6 钩织完成。

第 3 枚花片

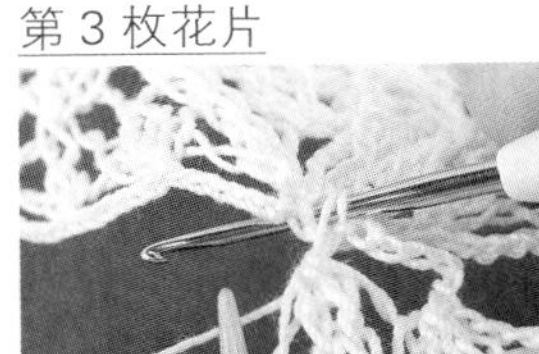

7 第 3 枚花片，把蕾丝钩针插入第 1 枚花片的短针的头部。

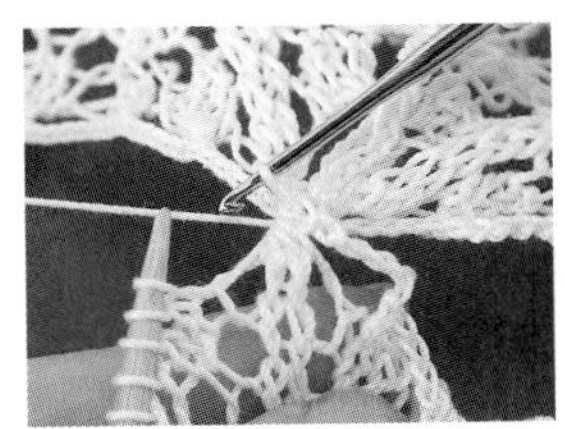

8 连接起来。

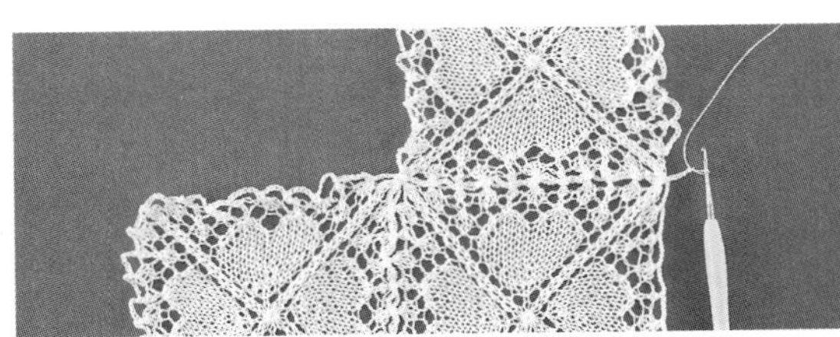

9 3 枚花片连接在一起后的情形。

第 4 枚花片

10 第 4 枚花片，需要把蕾丝钩针插入第 1 枚花片的拐角处、第 2 枚和第 3 枚花片的短针的头部中引拔钩织。

亚麻布搭配上蕾丝花样的边饰，呈现出令人惊喜的新鲜感。不需要全部编织，所以能很快地完成。

No. 28

No. 29

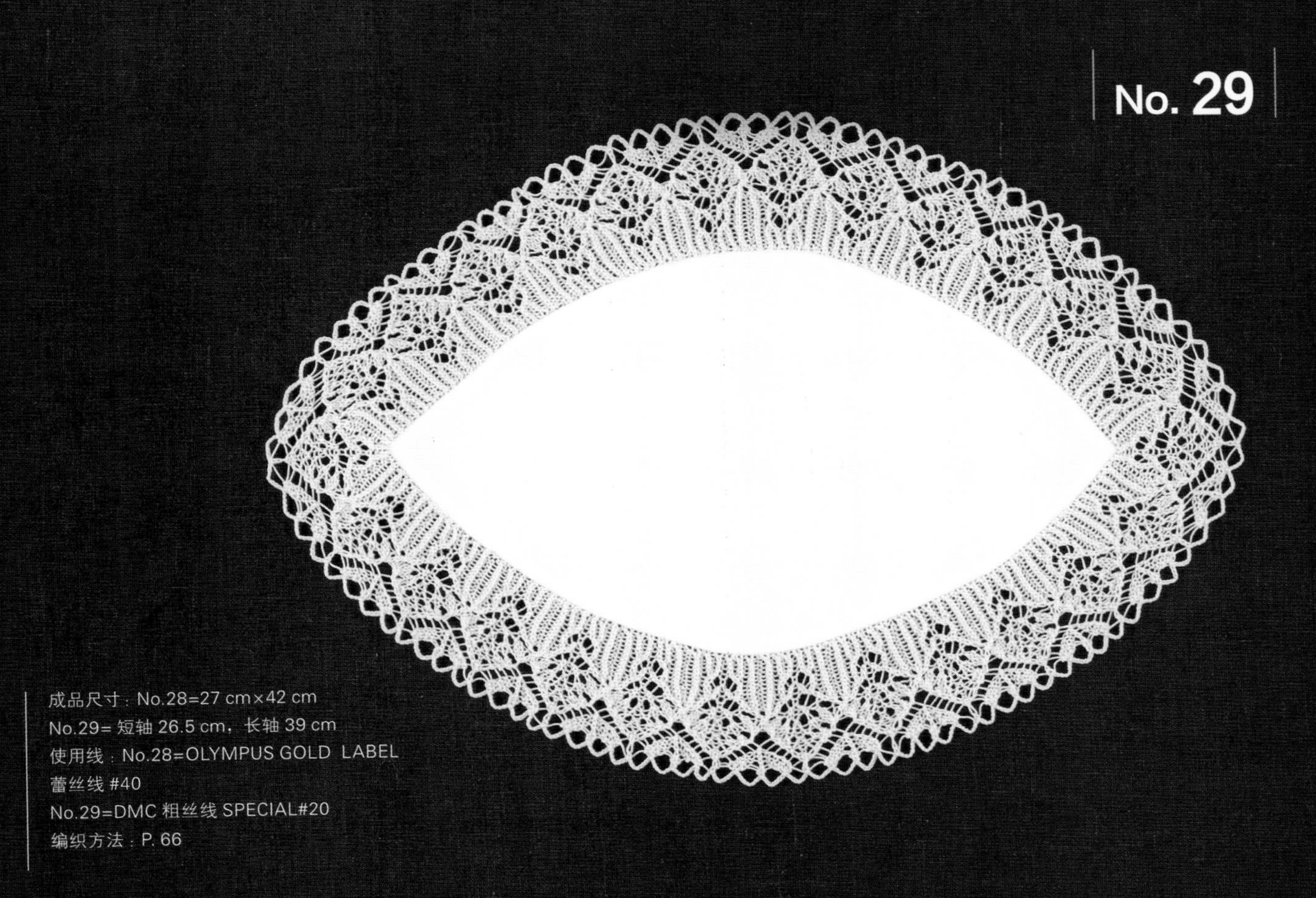

成品尺寸：No.28=27 cm×42 cm
No.29= 短轴 26.5 cm，长轴 39 cm
使用线：No.28=OLYMPUS GOLD LABEL
蕾丝线 #40
No.29=DMC 粗丝线 SPECIAL#20
编织方法：P. 66

No.28

Page 65

No.29

材料及工具

线 28=OLYMPUS GOLD LABEL蕾丝线#40 象牙色(802)10 g
29=DMC 粗丝线 SPECIAL#20 浅驼色(ECRU) 8 g

布 28= 质地轻薄的亚麻布 18 cm×33 cm
29= 质地轻薄的亚麻布 短轴 18 cm，长轴 65 cm

针 28=环形针2号 蕾丝钩针2号 钩针3/0号
29=环形针0号 4根0号棒针 蕾丝钩针8号

成品尺寸 28=27 cm×42 cm 29= 短轴 26.5 cm，长轴 39 cm

编织要点

28 用钩针织锁针,用环形针挑起锁针的里山,开始编织。起针328针,在4处织加针,形成花片的拐角。9针1个花样。长边编织12个花样,短边编织6个花样。编织终点用蕾丝钩针收针。按照尺寸在编织物上插入珠针，使其定型。亚麻布边向反面折叠5 mm，折两次，细致地卷裹周边。拐角处做成装饰框样子。编织物起针的锁针，正面向上，与布边重合并细细缝合。

29 用另线织锁针,用环形针挑起锁针的里山,开始编织。起针322针，在2处织加针，形成花片的拐角。13针1个花样。上、下边各12个花样，拐角处织5针。按照尺寸在编织物上插入珠针，使其定型。2块亚麻布正面相对合拢，预留出5 cm的返口后缝合。折叠5 mm的缝份，在拐角处剪出牙口，并翻回正面。折叠返口，然后缝合。拆另线锁针，将针目移回到棒针上。在亚麻布上，在相同的间隔处标记线印，并按照针与行的钉缝要领把编织物和亚麻布缝合在一起。

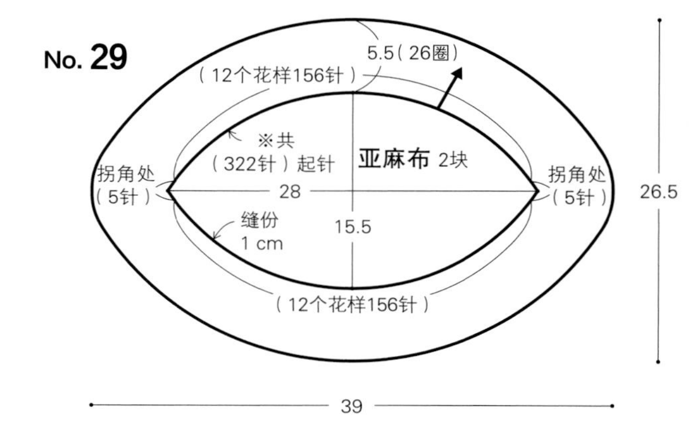

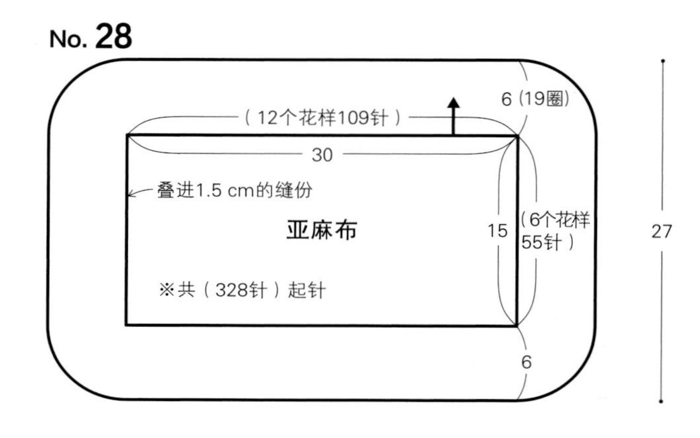

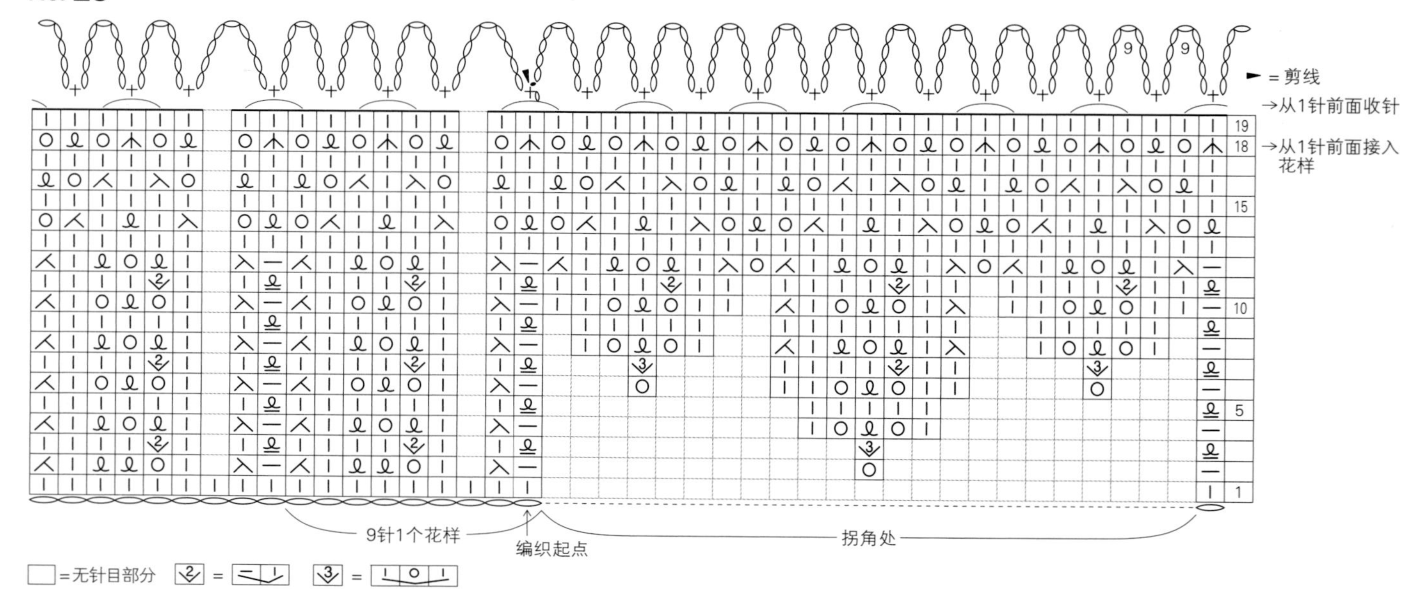

No. 29

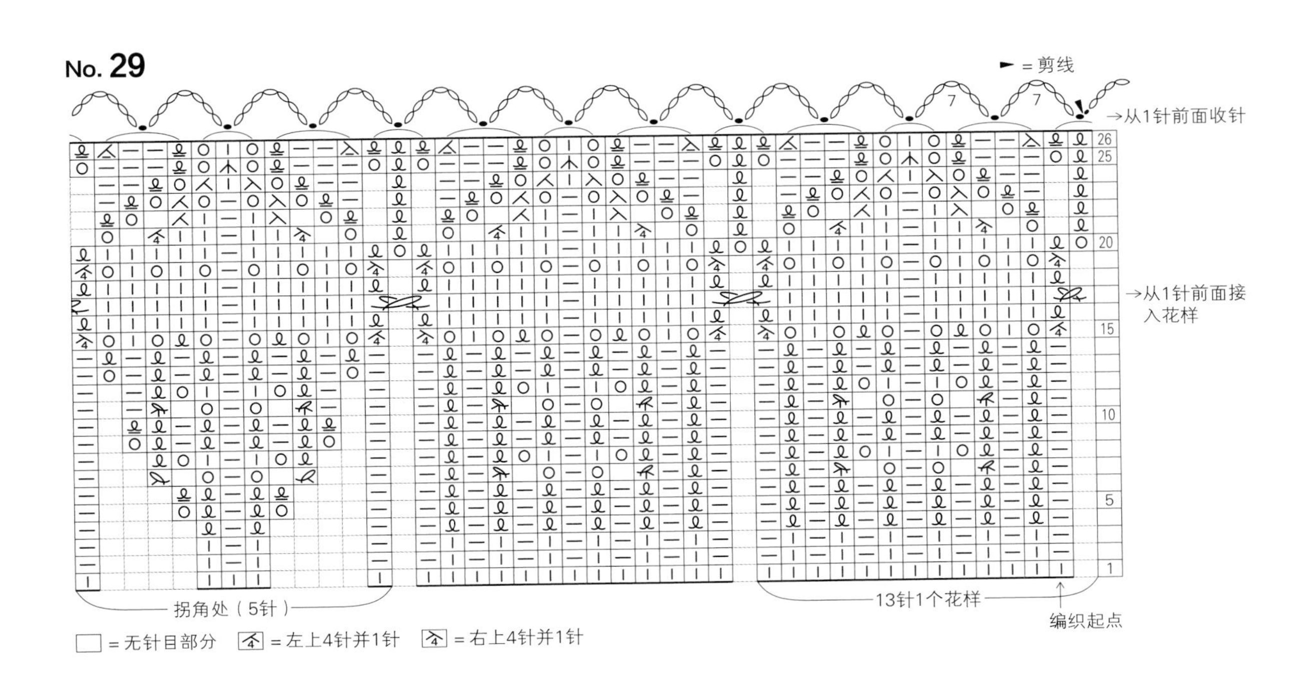

把编织物连接到亚麻布上的方法（No.29）

缝合线可以使用醒目的颜色。

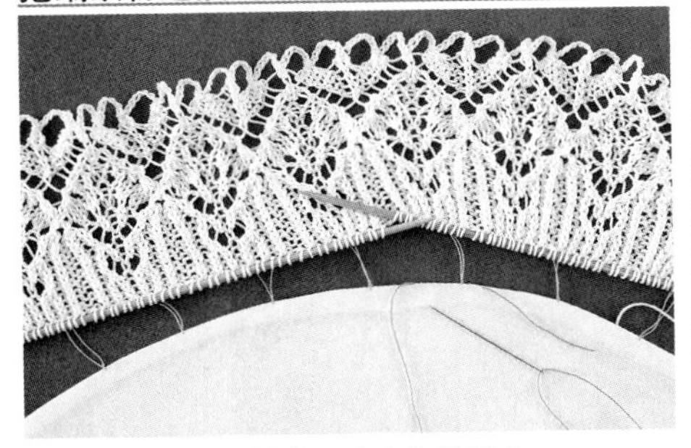

1 按均等的间隔缝合亚麻布和编织物。

2 把缝合线穿入毛线缝针中，挑起编织物上的 2 针并拉出线。毛线缝针在挑起编织物的针目时，使用针眼处。

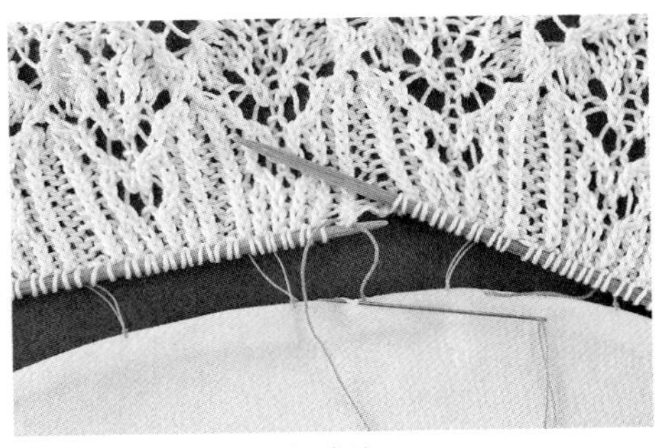

3 稍稍挑起亚麻布并拉出线。

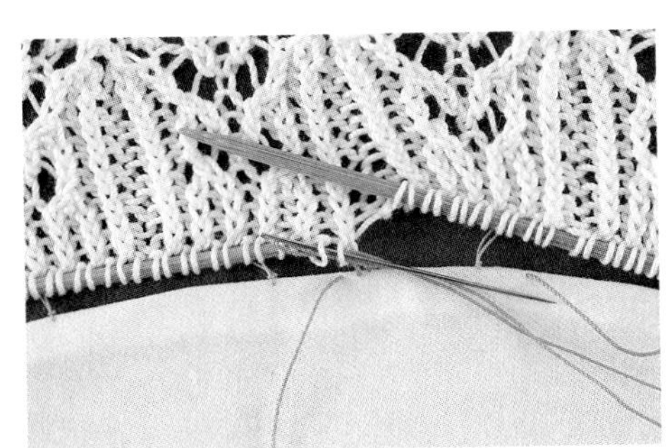

4 挑起编织物的 2 针（1 针为步骤 2 中挑起的其中 1 针）并拉出线。

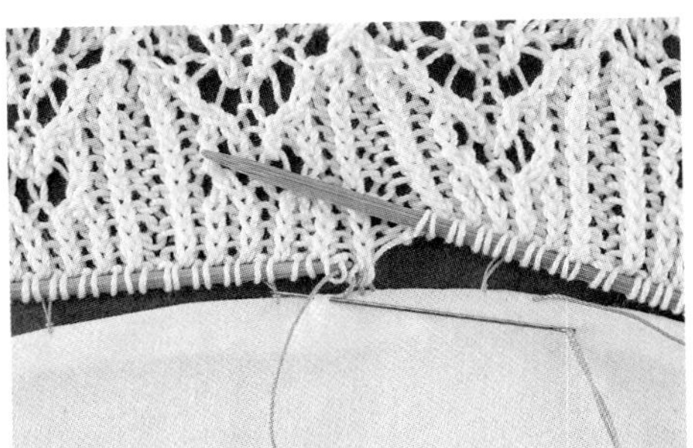

5 挑起亚麻布。

6 相互交错地挑起编织物、亚麻布，缝合。

在亚麻布上镶上六瓣花图案的花片，设计华丽。花片的四周采用贝壳形花边，这样，包裹着布边，更容易和亚麻布缝合在一起。在优雅地享受下午茶的时候，此款装饰布可以增色不少。

No. 30

成品尺寸（直径）：84 cm
使用线：DMC 粗丝线 SPECIAL#20
编织方法：P. 70

No.30

Page 69

材料及工具

线 DMC 粗丝线SPECIAL#20 浅驼色(ECRU)45 g，25 号刺绣线 灰白色 1 束

布 质地轻薄的亚麻布 75 cm×75 cm

针 5根2号棒针 蕾丝钩针4号

成品尺寸（直径） 84 cm

编织要点

花片均从中心起针开始编织。起针 6 针，按 1 针、2 针、1 针、2 针的数目分到 4 根棒针上。起针圈算作 1 圈。从第 2 圈开始环形编织。符号图中标记的为奇数圈，未标记的偶数圈一律编织下针。第 3 圈按照“1 针放 2 针”的方法重复编织 6 次。之后，继续按符号图所示编织。花片 A 编织 56 圈、花片 B 编织 28 圈后，用蕾丝钩针收针。编织边缘编织时将 16 枚花片 B 连接在一起。只有花片 B 的外侧半圈织狗牙拉针。

参照图片，把各个花片疏缝在亚麻布上。沿着花片轮廓内侧 2 mm 处，用 3H 铅笔在亚麻布上轻轻地画线。沿着此画线，用 2 根 25 号刺绣线做扣眼绣（针迹长度为 1.5~2 mm，顶

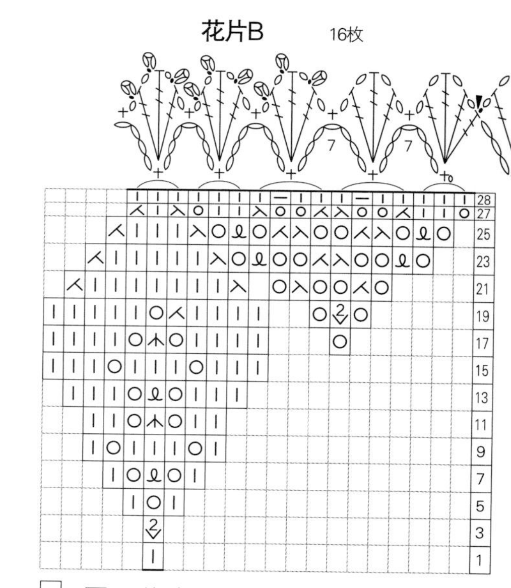

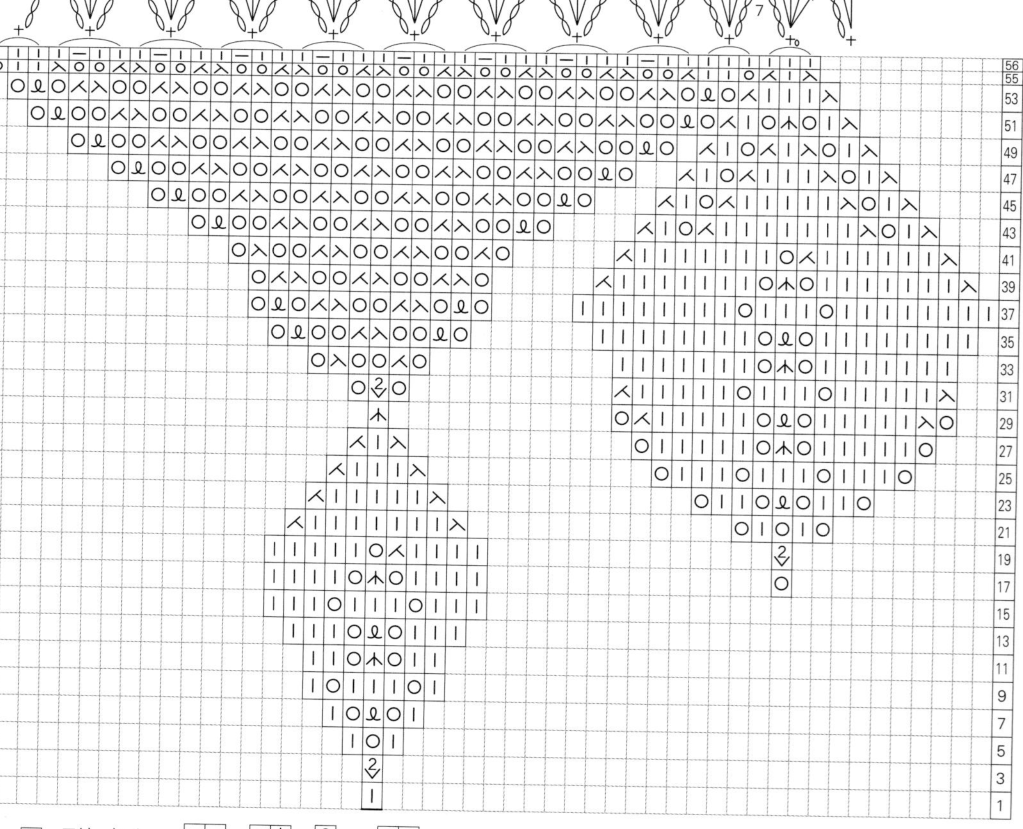

扣眼绣

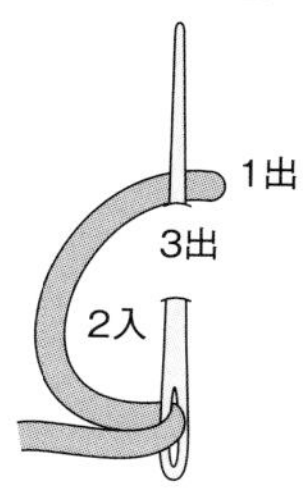

1 1 出，2 入，3 出。针下挂线，拉出。

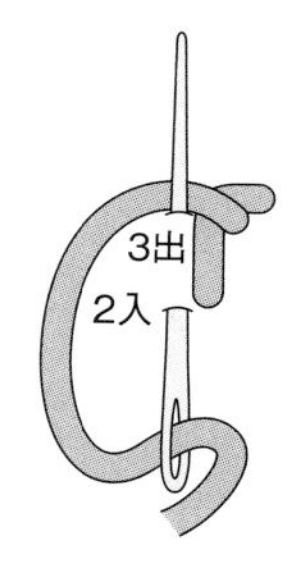

重复2、3

2 从第 2 针开始，一针接着一针地绣，中间不要露出布。

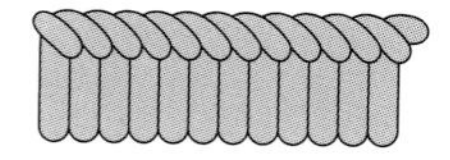

3 完成。

部朝着花片的方向）。用 1 根刺绣线在正面沿着扣眼绣的边，围绕着花片，仔细地将亚麻布和花片缝合在一起。拆掉疏缝线。沿着扣眼绣的针迹剪去多余的亚麻布。

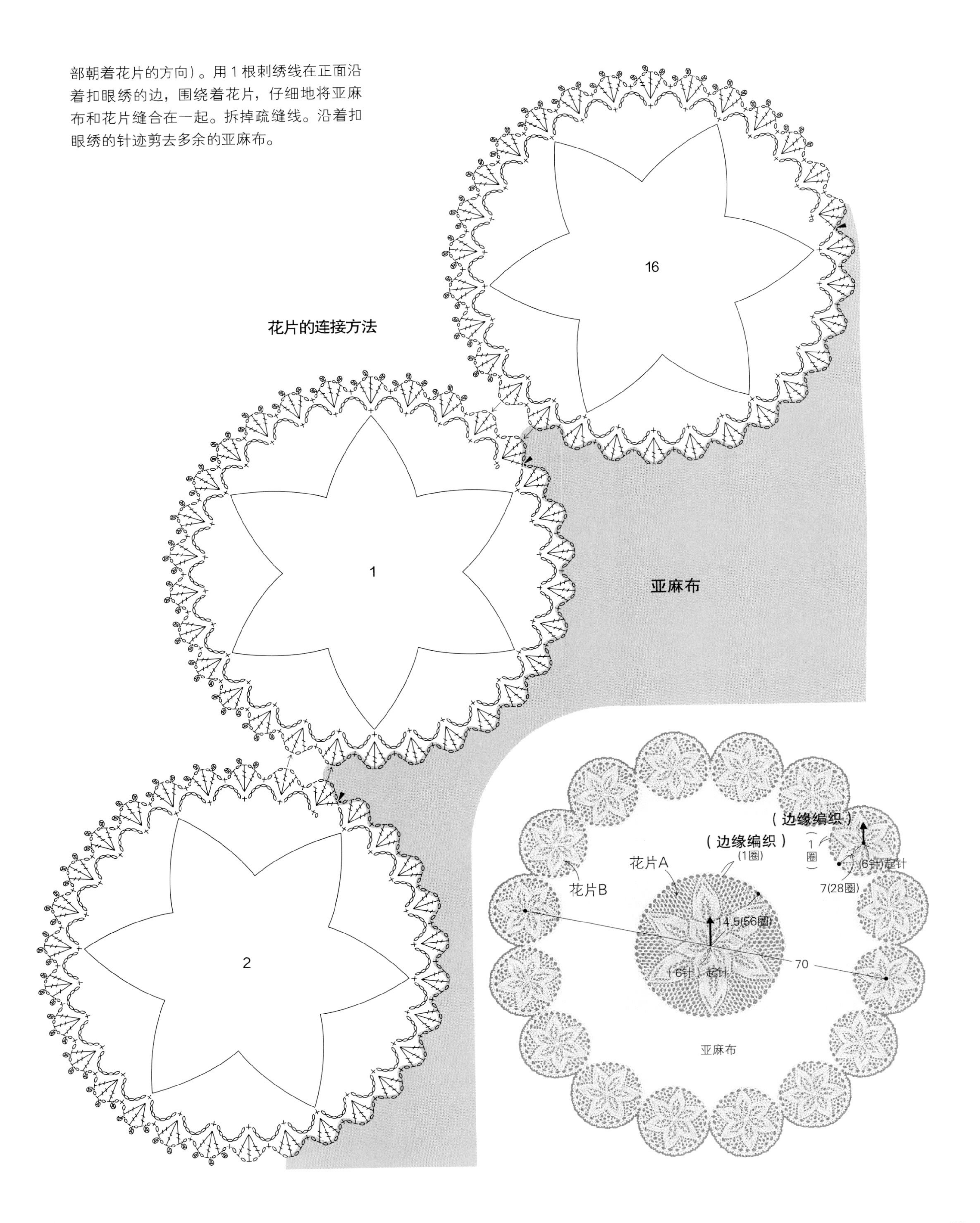

这款开衫从后身片中线向两边编织，并设计有木菊花样。丝线的光泽及镂空花样使作品看起来高雅华贵。由于贴身柔软，穿起来也非常舒服。

No. 31

成品尺寸：衣长 74 cm，连肩袖长 43.5 cm
使用线：DARUMA 蕾丝线 桑蚕丝蕾丝线 #30
编织方法：P. 74

No.31

Page 73

材料及工具

线 DARUMA蕾丝线 桑蚕丝蕾丝线 #30 浅紫色（15）130 g

针 3号棒针 蕾丝钩针0号

成品尺寸 衣长74 cm，连肩袖长43.5 cm

密度 10 cm×10 cm面积内：编织花样A、B均为36针、37行

编织要点

从后身片中线起用蕾丝钩针另线锁针起针，挑起锁针的里山开始编织。起针267针，依符号图编织编织花样。符号图中标记的为奇数行，未标记的偶数行一律编织下针（由于是往返编织，实际上编织的是上针）。编织花样A是12行1个花样，编织花样B是34行1个花样。两端的编织起点织滑针。编织到第138行时，在袖子安装止位做标记，休针。同上步骤再编织1块。袖子也编织2块，用针与行的钉缝把袖子缝合在衣身上。把后身片中线（拆开另线锁针，把针目移到棒针上）、肋（○）、袖下（△），正面相对合拢，引拔钉缝在一起。

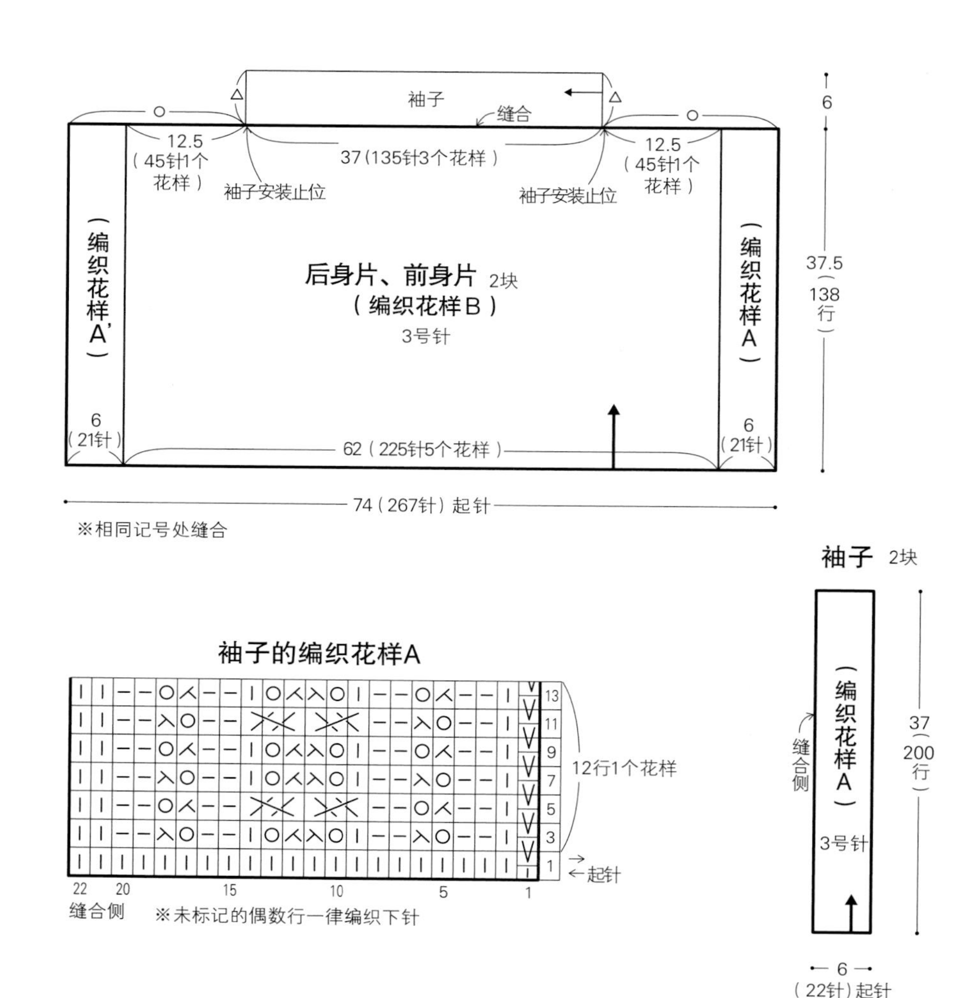

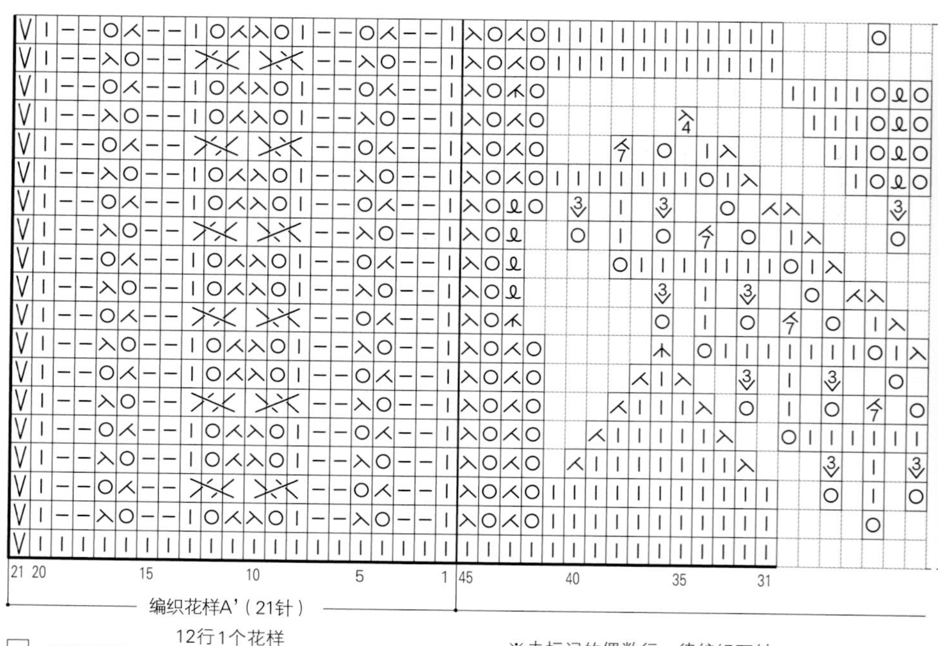

※接P.79

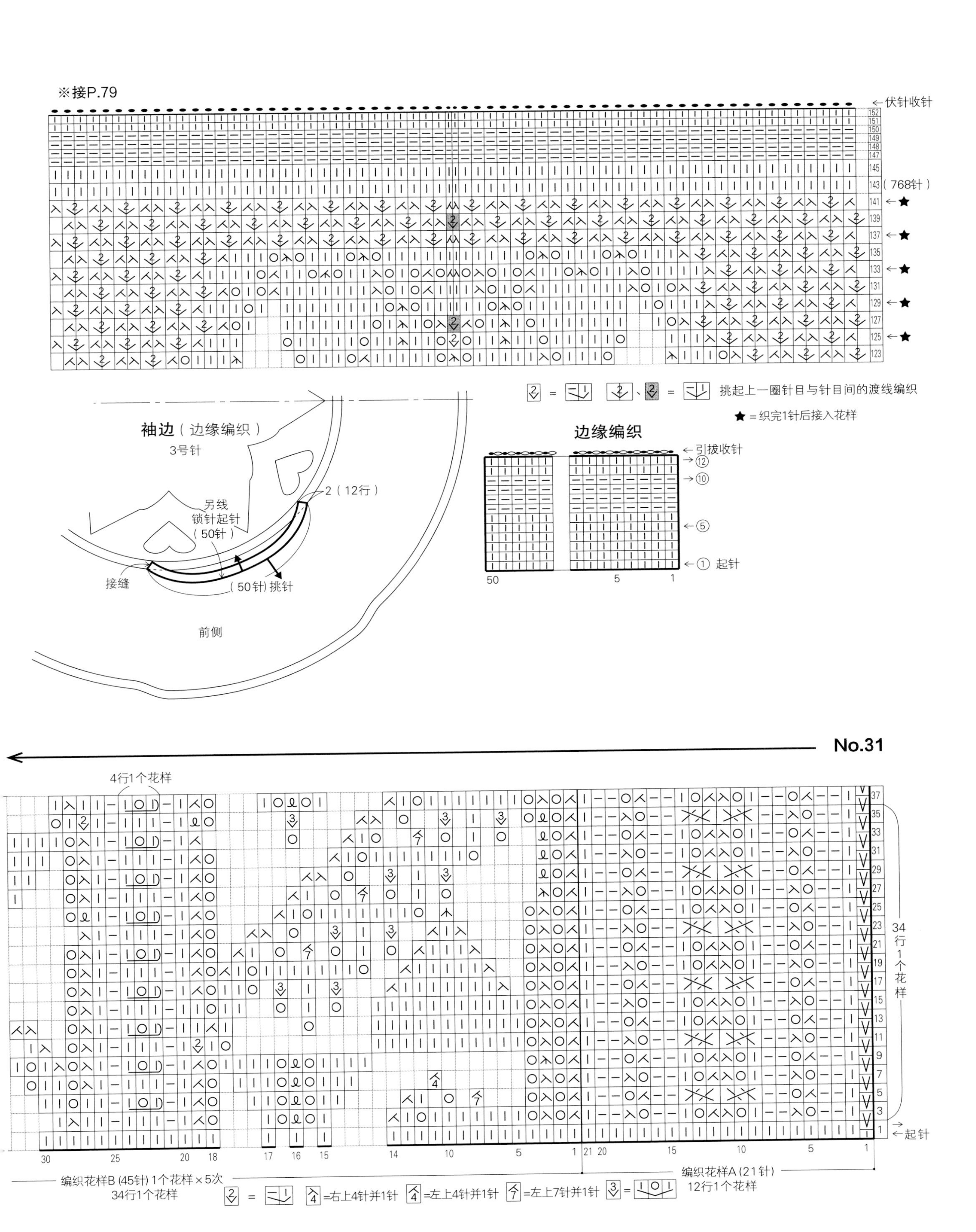

←伏针收针
(768针)
★=织完1针后接入花样
挑起上一圈针目与针目间的渡线编织
袖边(边缘编织)
3号针
另线
锁针起针
(50针)
2(12行)
接缝
(50针)挑针
前侧
边缘编织
←引拔收针
起针
No.31
4行1个花样
34行1个花样
←起针
编织花样B(45针)1个花样×5次
34行1个花样
编织花样A(21针)
12行1个花样
=右上4针并1针
=左上4针并1针
=左上7针并1针

编织成圆形的无袖短开衫。当织片的直径达到肩宽的时候，编织衣袖开口。华丽的含金银丝的蕾丝线，富含张力和弹性，所以可以编织出优雅的立体轮廓。这款作品华丽端庄，也可以当作正装来穿。

No. 32

成品尺寸：衣长 56 cm
使用线：DARUMA 蕾丝线 金银蕾丝线 #30
编织方法：P. 78

No.32

Page 77

材料及工具

线 DARUMA 蕾丝线 金银蕾丝线 #30 金色（1）110 g

针 5 根 3 号棒针 蕾丝钩针 2/0 号

成品尺寸 衣长 56 cm

编织要点

从中心起针开始编织。起针 12 针，按 2 针、4 针、2 针、4 针的数目分到 4 根棒针上。起针圈算作 1 圈。从第 2 圈开始环形编织。符号图中标记的为奇数圈和部分偶数圈，未标记的偶数圈一律编织下针。第 3 圈按照“扭针、下针”的方法重复编织 6 次。之后，继续按符号图所示编织。2 针挂针在下一圈的对应处织“下针、上针”。有★标记的圈在编织完 1 针后接入花样。第 84 圈是 6 个花样，第 85 圈及以后是 12 个花样。第 85 圈，袖窿处伏针收针。挑起另线锁针的里山作为起针，编织 12 行作为袖边备用。当再次编织到袖窿处时，解开袖边的另线锁针，然后挑针来编织。1 针放 2 针是挑起上一圈针目与针目间的渡线来编织。编织到第 152 圈时伏针收针。把袖边两端的部分缝合在身片上。

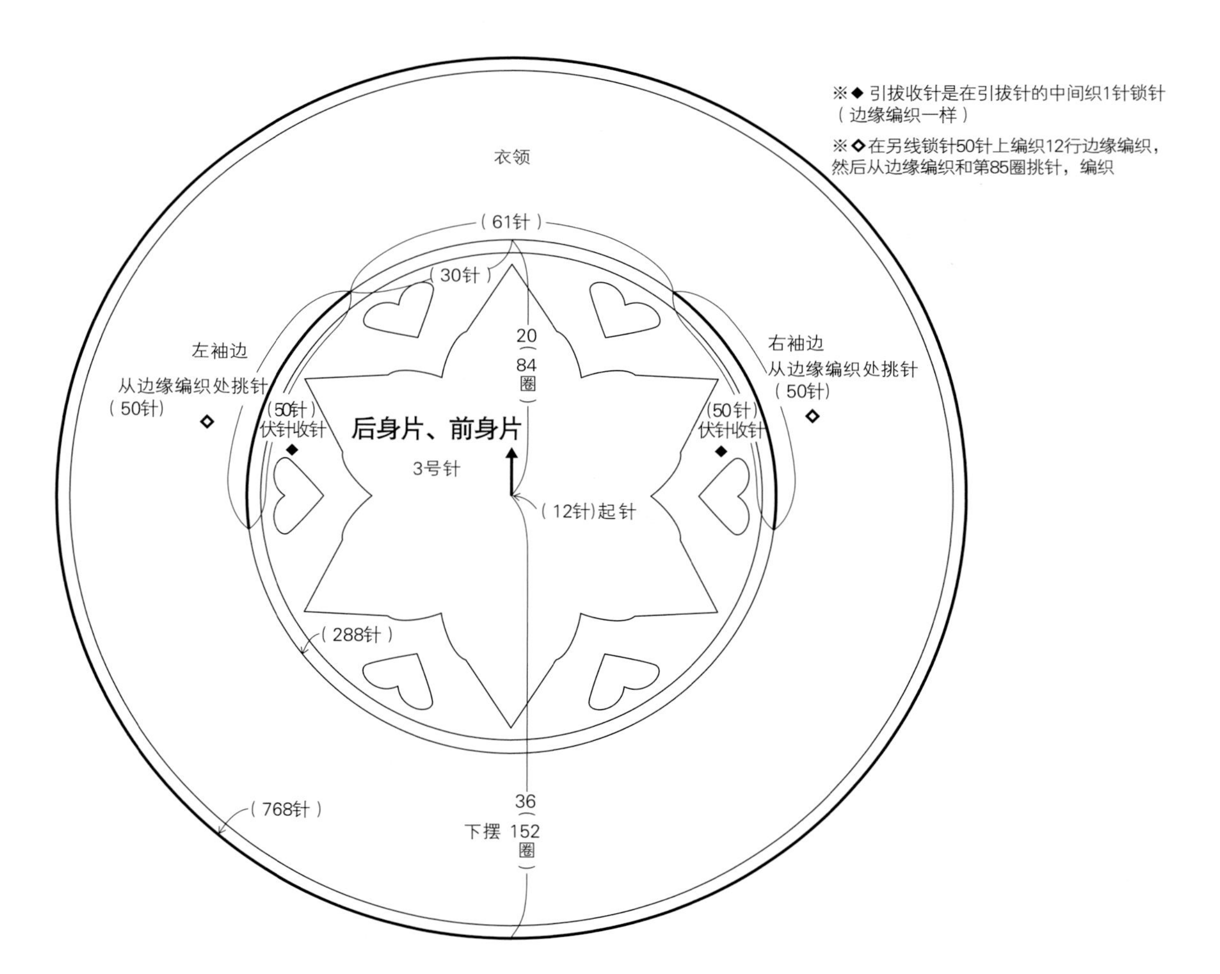

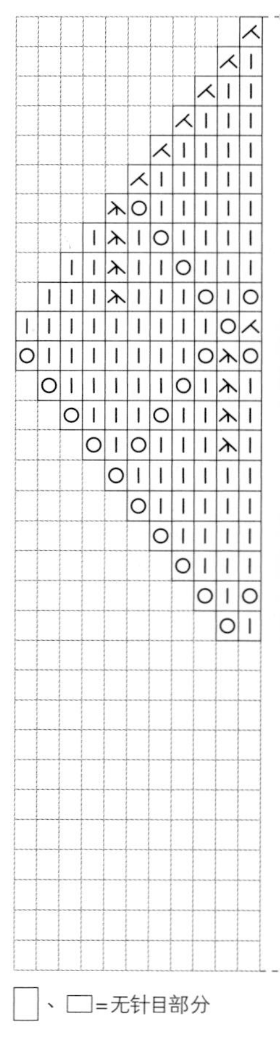

※接P.75

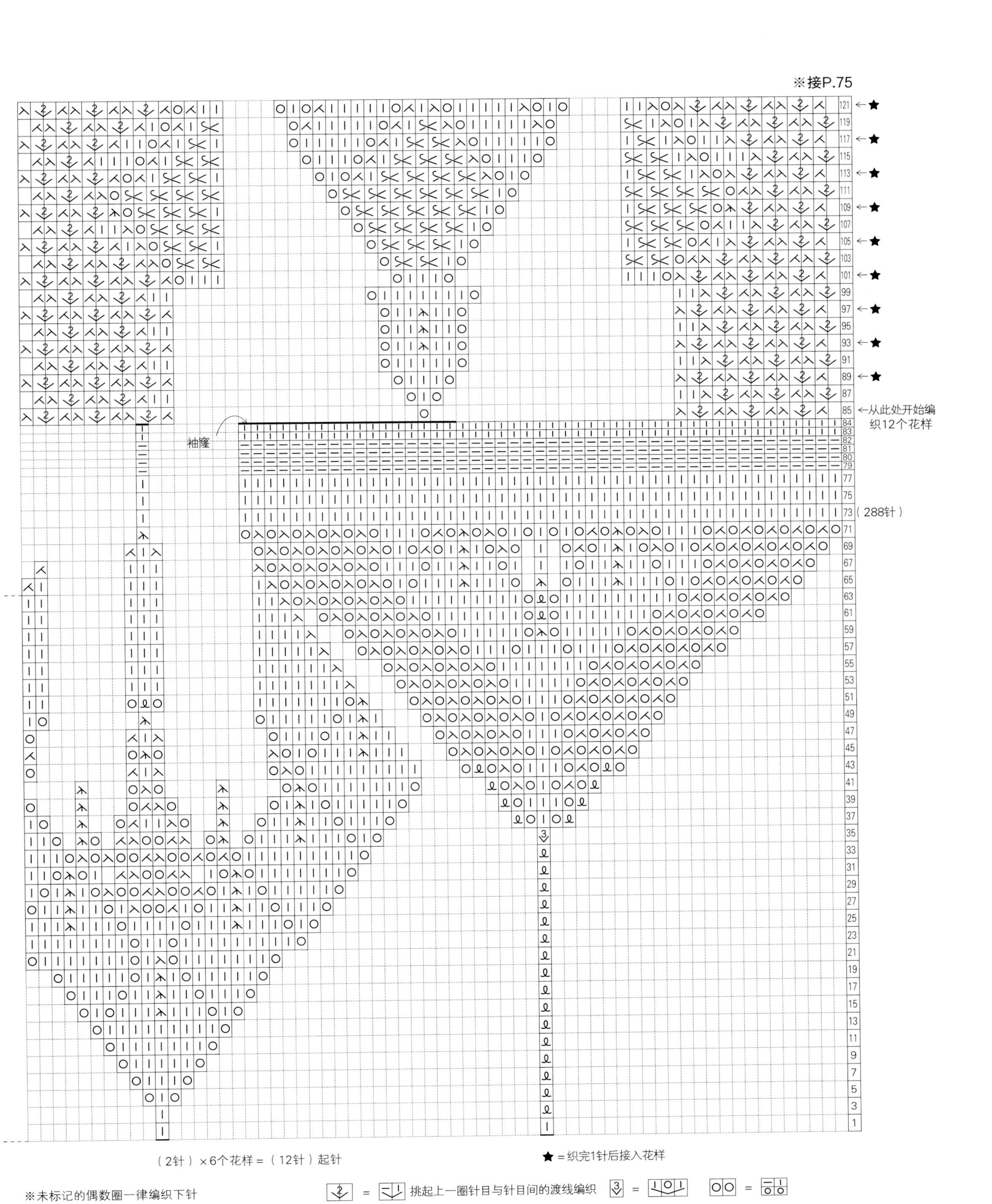

※未标记的偶数圈一律编织下针

= 挑起上一圈针目与针目间的渡线编织

No. 33　No. 34

No. 35　No. 36

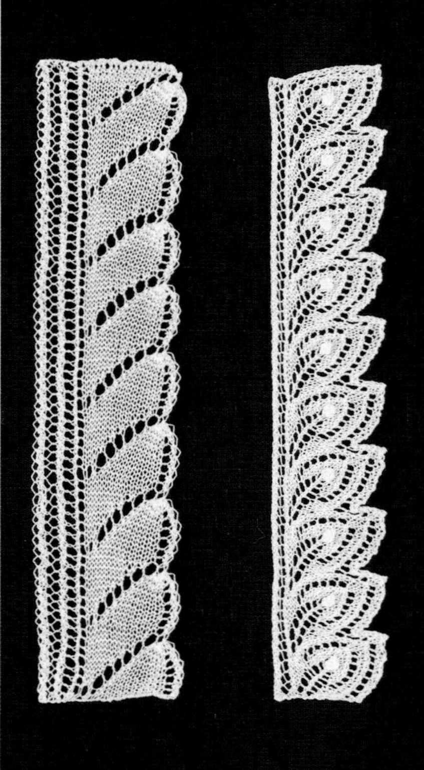

孔斯特艺术蕾丝编织的边饰，细腻精巧。可以用作衣领装饰、袖口装饰。增加布料宽幅，可以用于室内装饰。按照自己的喜好，尽情编织吧。

使用线：DMC HABIRO#10
编织方法：P. 126

孔斯特艺术蕾丝编织的基础 KUNSTSTRICKEN

孔斯特艺术蕾丝编织的介绍

孔斯特艺术蕾丝编织，来源于德语中“艺术”和“编织物”两词，艺术般的精巧细腻的编织体现了独特的风格。被称为“棒针编织鼻祖”的袜子传到欧洲后，孔斯特艺术蕾丝编织品作为装饰品，被意大利人介绍给印度人，由此发展至今。

孔斯特艺术蕾丝编织强调了以挂针为主的基本编织，展现了优美的花样搭配。1 个花样重复 4 次、5 次、6 次、8 次、10 次，可以编织成四边形、六边形、八边形、圆形等。孔斯特艺术蕾丝编织有环形编织和往返编织两种方式。美丽且精巧的花样编织不仅可以做成装饰垫，也可以织成衣物。

基础编织方法 索引

棒针编织

钩针编织

针和线

棒针

实物大小

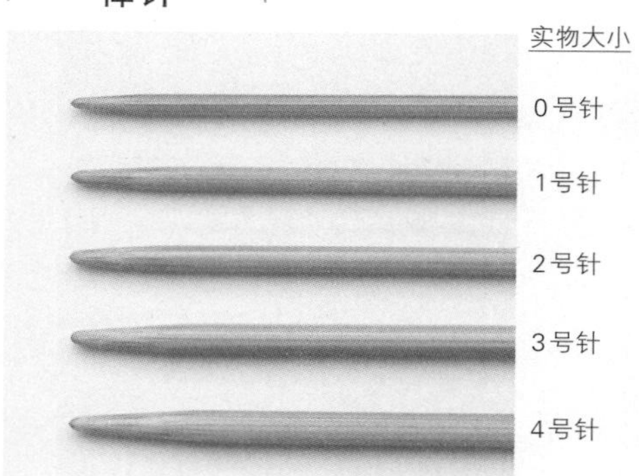

棒针有2根一组、4根一组、5根一组、环形针。在孔斯特艺术蕾丝编织中，一般用编织直径最大为50cm的4根棒针或5根棒针起针，如果直径更大的话，可以使用环形针。蕾丝钩针和钩针可用于起针、收针，或者针数较多的减针。

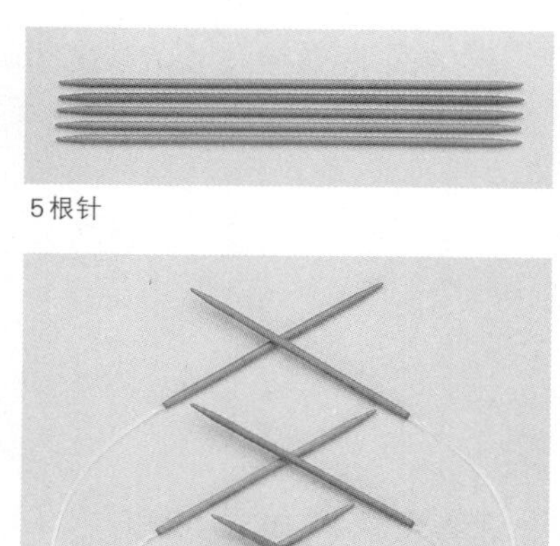

5根针

环形针

蕾丝钩针

实物大小

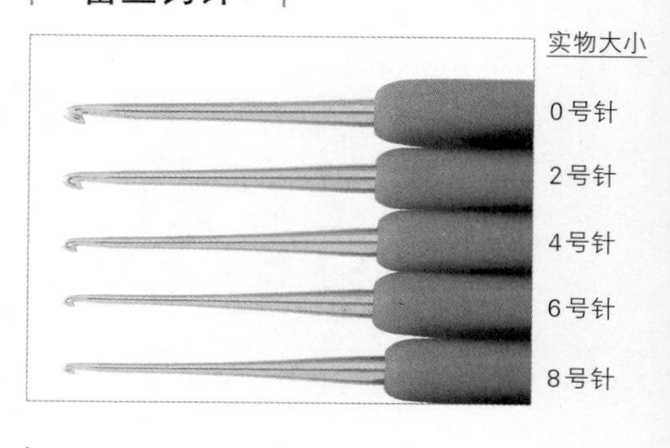

钩针

实物大小

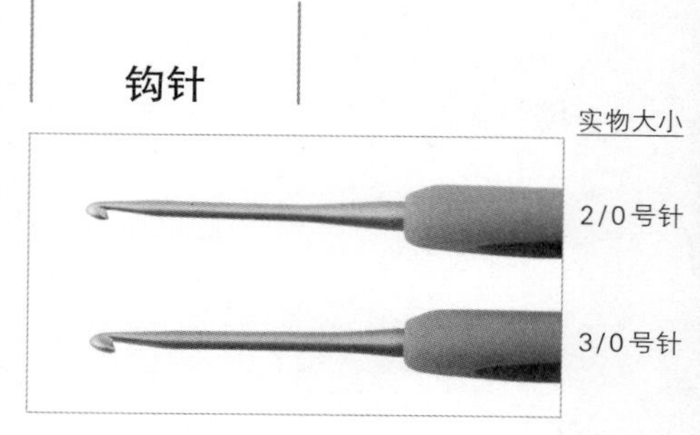

本书中用到的线

实物大小

※ [ ] 内为 EMMY GRANDE〈HERBES〉

线名	成分	色数	规格
DMC 粗丝线 SPECIAL #30	长纤维棉 100%	3色	20 g/1 团 # 约 190 m
DMC 粗丝线 SPECIAL #20	长纤维棉 100%	3色	20 g/1 团 # 约 160 m
DMC SIBERIA #40	长纤维棉 100%	8色	50 g/1 团 # 约 680 m
DMC SIBERIA #30	长纤维棉 100%	8色	50 g/1 团 # 约 540 m
DMC SIBERIA #20	长纤维棉 100%	8色	50 g/1 团 # 约 410 m
DMC SIBERIA #10	长纤维棉 100%	8色	50 g/1 团 # 约 270 m
DMC HABIRO#10	长纤维棉 100%	39色	50 g/1 团 # 约 267 m
OLYMPUS GOLD LABEL 蕾丝线 #40	棉 100%	33色	50 g/1 团 # 约 445 m
OLYMPUS EMMY GRANDE/ EMMY GRANDE〈HERBES〉	棉 100%	47色 [18色]	50 g/1 团 # 约 218 m [20 g/1 团 # 约 88 m]
DARUMA 蕾丝线 #30	棉(超级比马棉) 100%	21色	25 g/1 团 # 约 145 m
DARUMA 蕾丝线 桑蚕丝蕾丝线 #30	桑蚕丝 100%	14色	20 g/1 团 # 约 148 m
DARUMA 蕾丝线 金银蕾丝线 #30	铜氨纤维 80% 涤纶 20%	7色	20 g/1 团 # 约 137 m

起针

棒针编织的基础技法 KUNSTSTRICKEN

手指挂线起针

1 取一段线，其长度约为织片宽度的 3 倍。

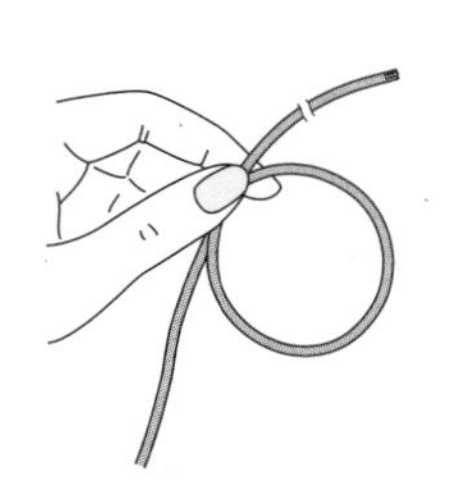

2 绕成环，用左手大拇指摁着。

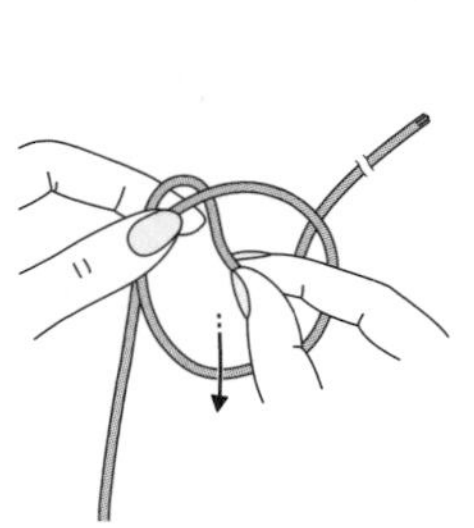

3 用右手从环中拉出线头。

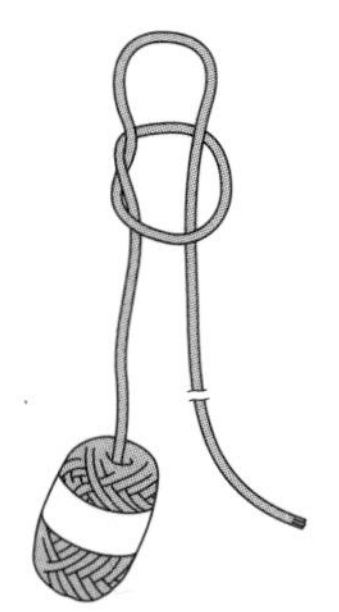

4 做成小环。

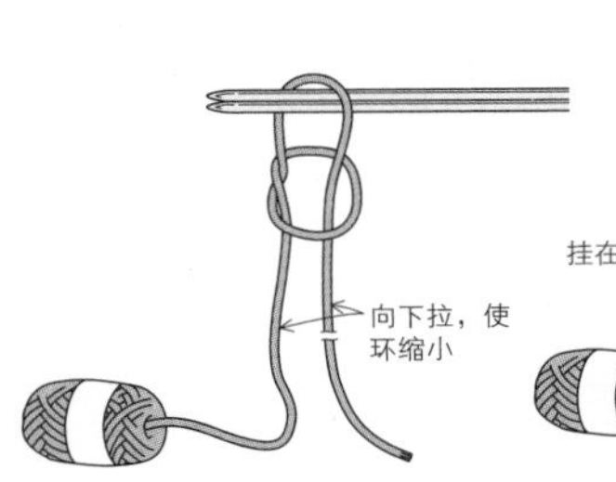

5 在小环中插入两根棒针。

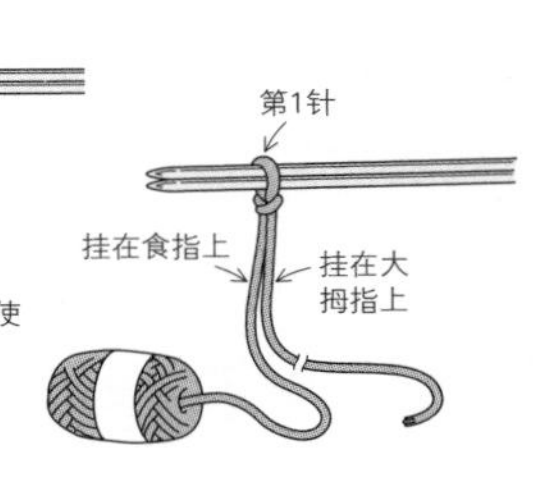

6 继续拉线,使环缩小（形成第 1 针）。把线头挂在大拇指上，把线团侧的线挂在食指上。

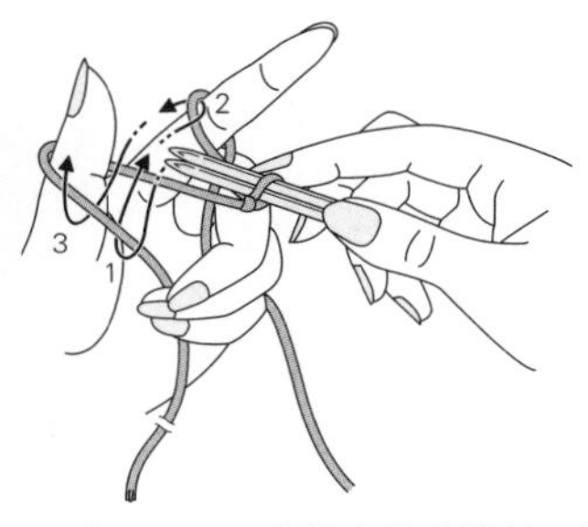

7 按 1、2、3 的顺序移动棒针，从而把线挂在棒针上。

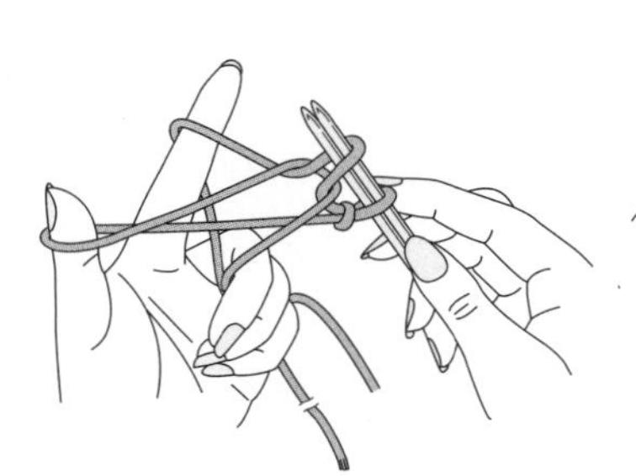

8 挂线后的情形。

9 先松开大拇指上挂的线，再按箭头所示在大拇指上挂线。

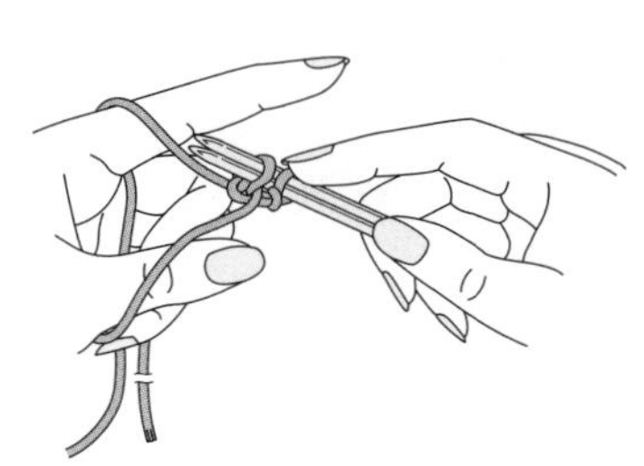

10 拉紧线圈（完成第 2 针）。重复步骤 7~10。

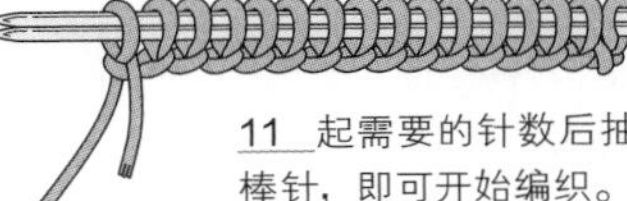

11 起需要的针数后抽出其中的 1 根棒针，即可开始编织。

另线锁针起针

锁针

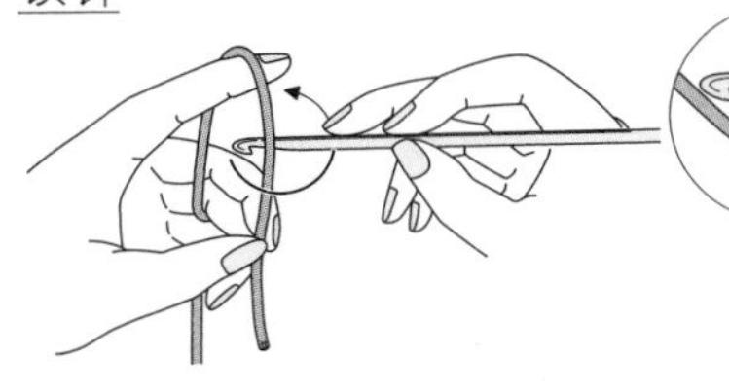

1 把钩针放在线的后面，按箭头所示转动，线在钩针上成环。

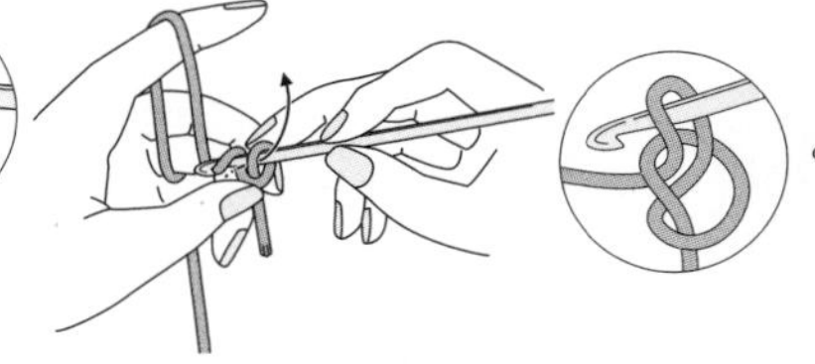

2 用左手的大拇指和中指捏着线的交叉处，把线挂在钩针上。按箭头所示，穿过钩针上的线圈，并拉出线。

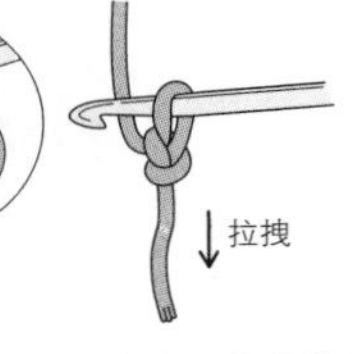

3 拉拽线头，收紧线圈。最初 1 针钩织完成。这一针不计入起针数中。

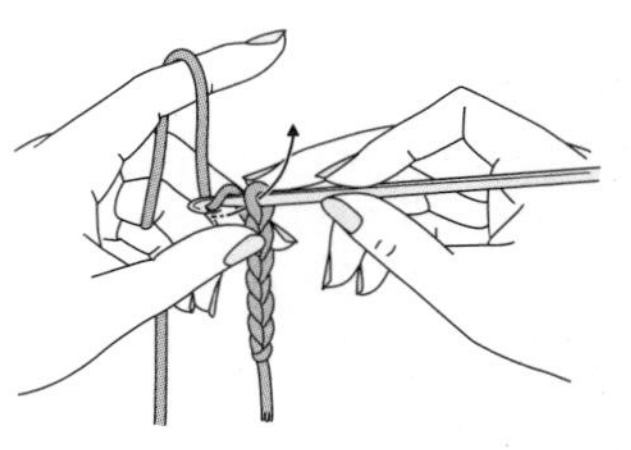

4 重复“把线挂在钩针上，穿过钩针上的线圈，并拉出线”的操作。钩织比所需数量多的针目。

锁针的正面

锁针的反面

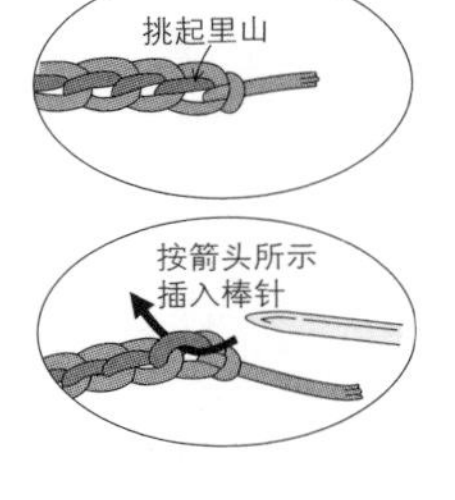

5 锁针有正面和反面之分。找出锁针的里山。

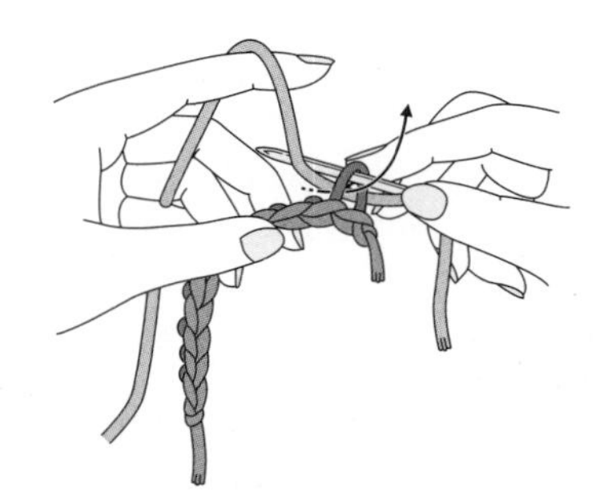

6 把棒针插入另线锁针的里山中，用编织线挂线并拉出（挑针）。

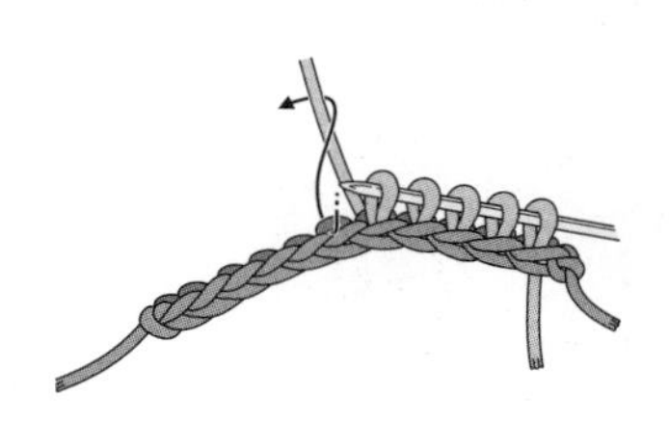

7 一针一针地挑起里山（成为第 1 行）。

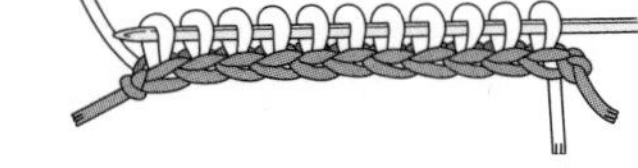

8 挑起需要数量的针目。

编织符号及编织方法

编织符号是用来表示编织情形的符号，是按照日本工业标准（JIS）制定的。

在此书中，用 JIS 中的符号来表示的编织花样，指的是从正面看到的编织情形。

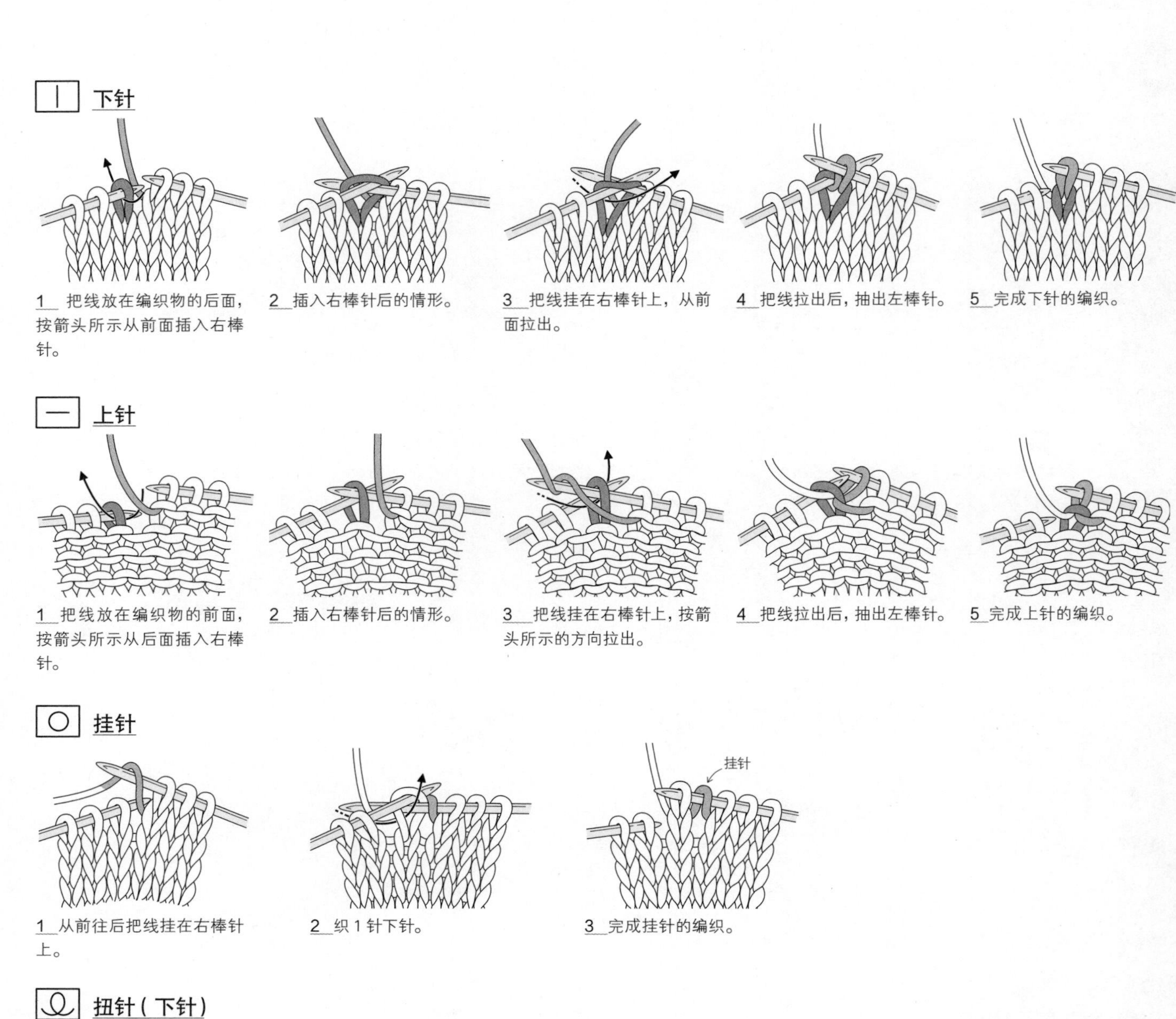

下针

1 把线放在编织物的后面，按箭头所示从前面插入右棒针。

2 插入右棒针后的情形。

3 把线挂在右棒针上，从前面拉出。

4 把线拉出后，抽出左棒针。

5 完成下针的编织。

上针

1 把线放在编织物的前面，按箭头所示从后面插入右棒针。

2 插入右棒针后的情形。

3 把线挂在右棒针上，按箭头所示的方向拉出。

4 把线拉出后，抽出左棒针。

5 完成上针的编织。

挂针

1 从前往后把线挂在右棒针上。

2 织 1 针下针。

3 完成挂针的编织。

扭针（下针）

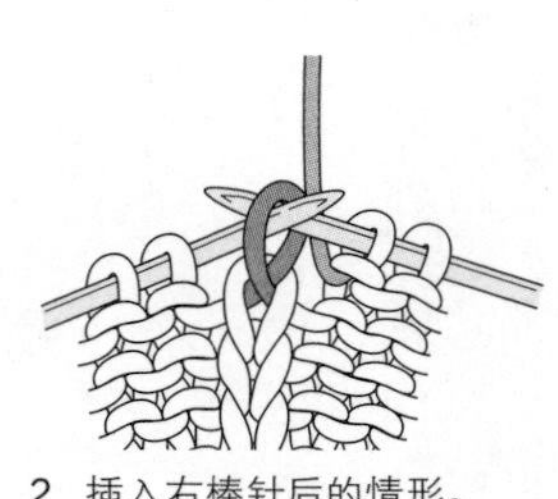

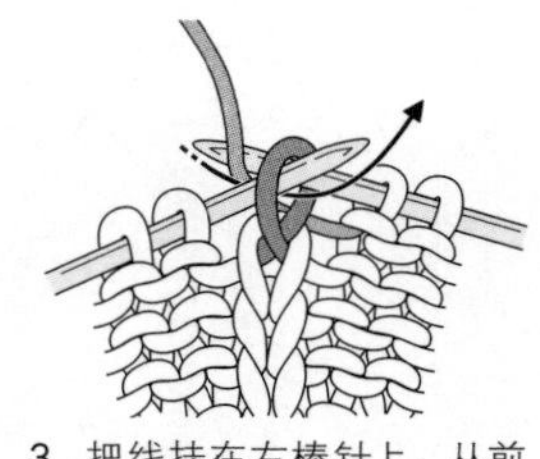

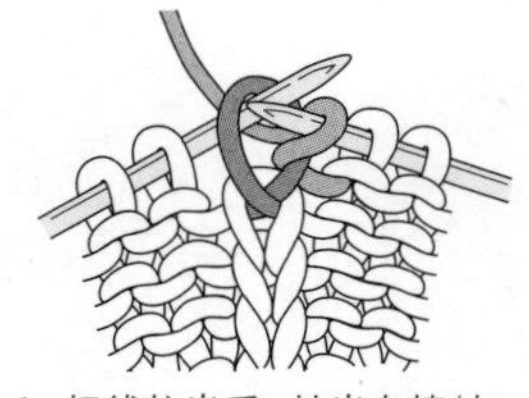

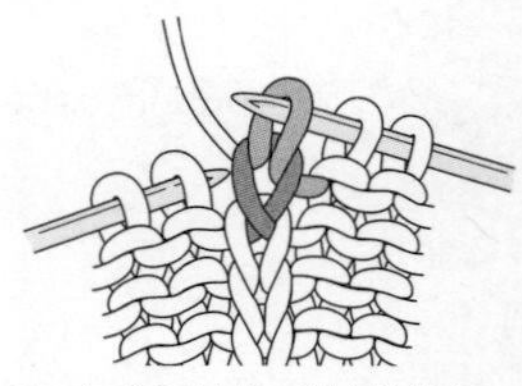

1 按箭头所示，从后面插入右棒针，插入后使左棒针上的线圈呈扭转状态。

2 插入右棒针后的情形。

3 把线挂在右棒针上，从前面拉出。

4 把线拉出后，抽出左棒针。

5 完成扭针（下针）的编织。

右上 2 针并 1 针

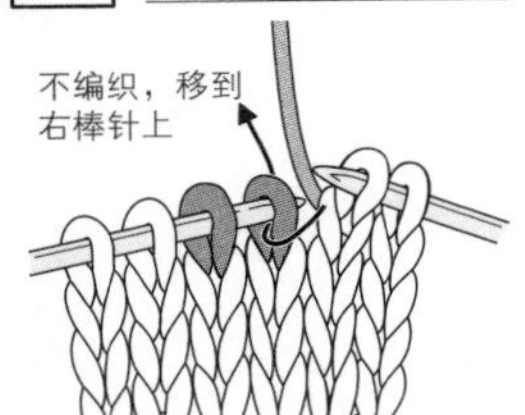

1 把右棒针从前面插入左棒针的第 1 针中，不编织，直接将针目移到右棒针上。

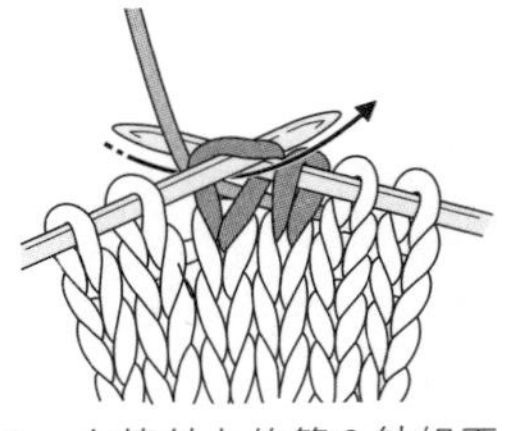

2 左棒针上的第 2 针织下针。

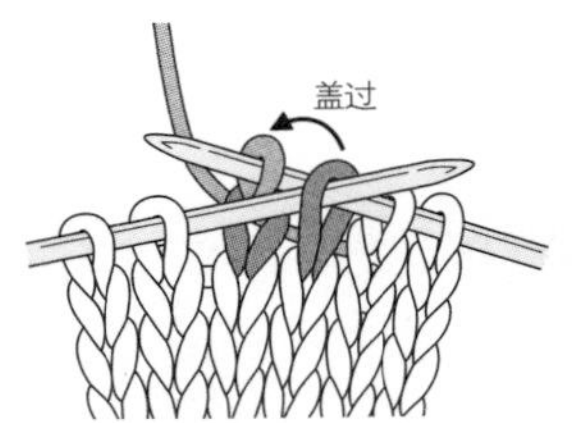

3 用左棒针挑起直接移到右棒针上的针目，盖在织好的下针上面。

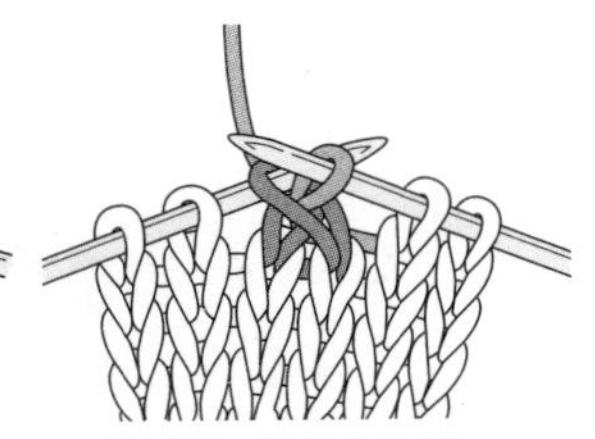

4 盖过后，抽出左棒针。

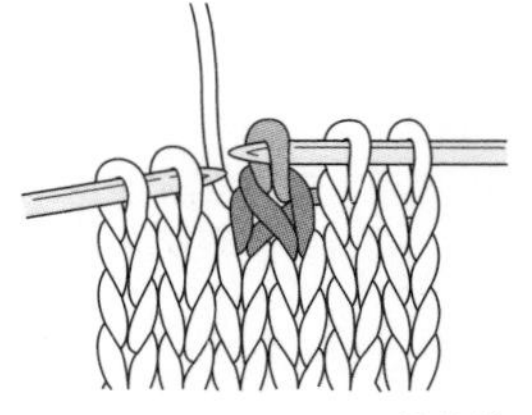

5 完成右上 2 针并 1 针的编织。

左上 2 针并 1 针

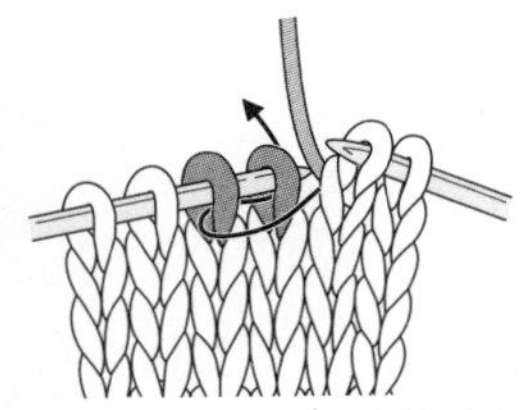

1 按箭头所示，从左棒针上 2 针的左侧入针。

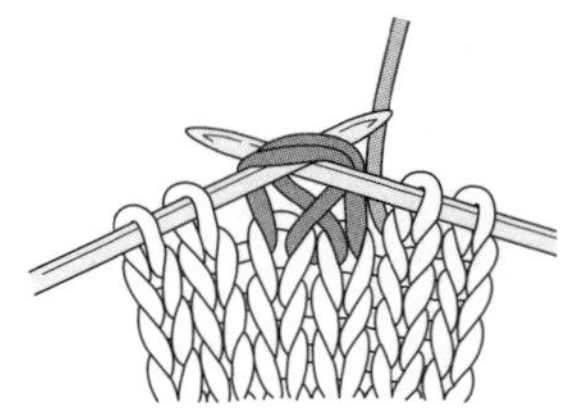

2 插入右棒针后的情形。

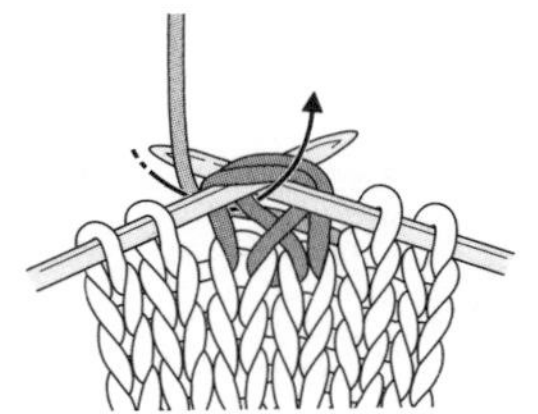

3 把线挂在右棒针上，从前面拉出。

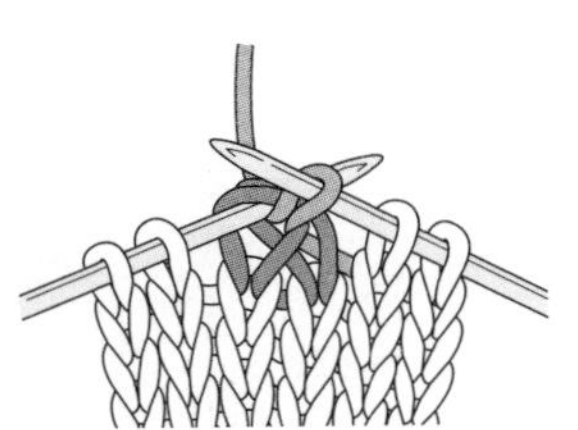

4 把线拉出后，抽出左棒针。

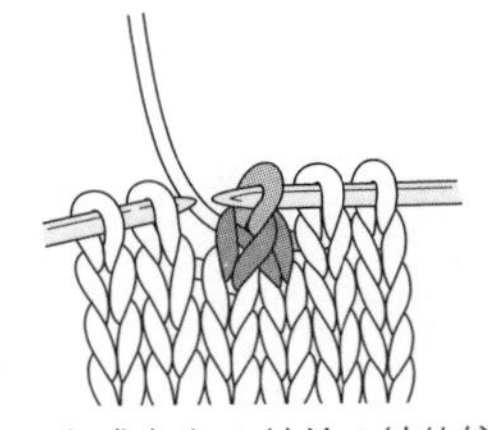

5 完成左上 2 针并 1 针的编织。

右上 2 针并 1 针与挂针

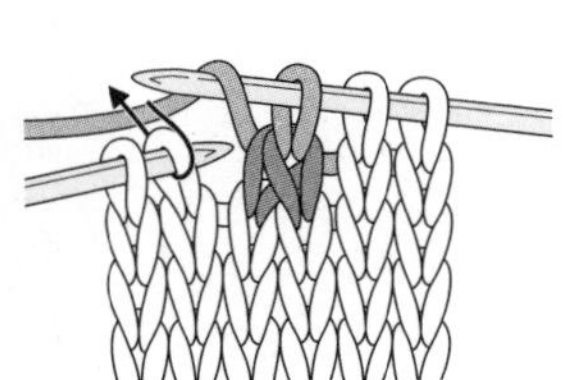

1 编织右上 2 针并 1 针后，再织挂针。

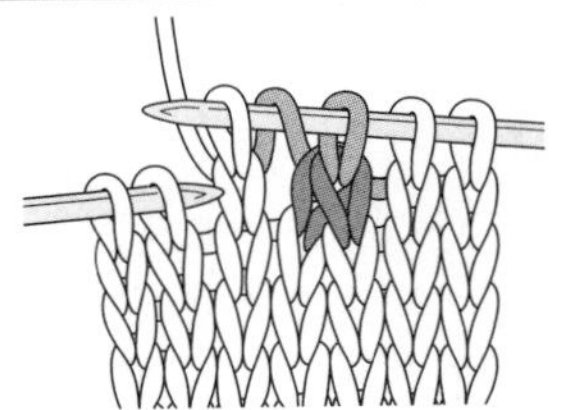

2 完成编织。

挂针与右上 2 针并 1 针

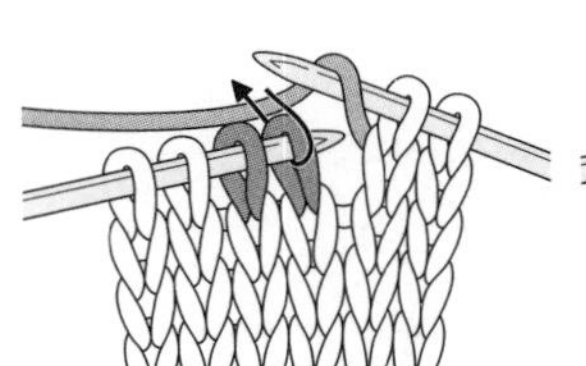

1 织完挂针后，再编织右上 2 针并 1 针。

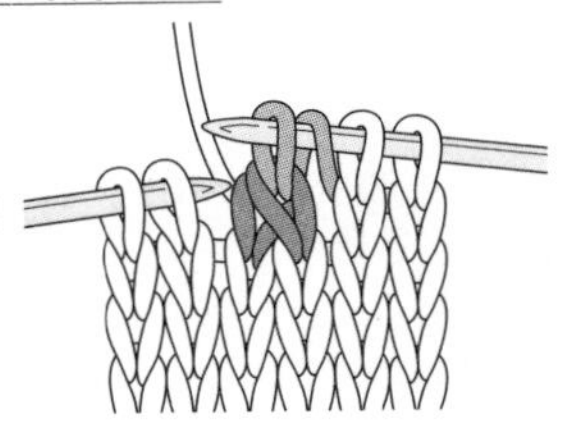

2 完成编织。

左上 2 针并 1 针与挂针

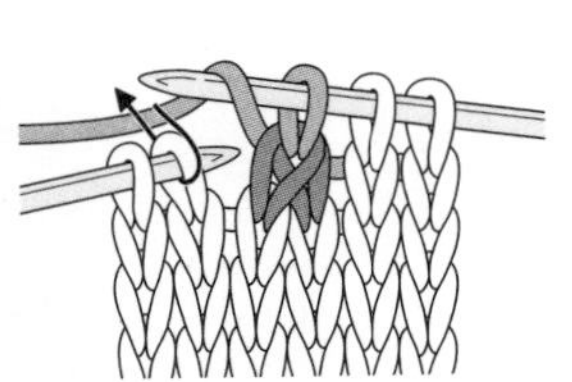

1 编织左上 2 针并 1 针后，再织挂针。

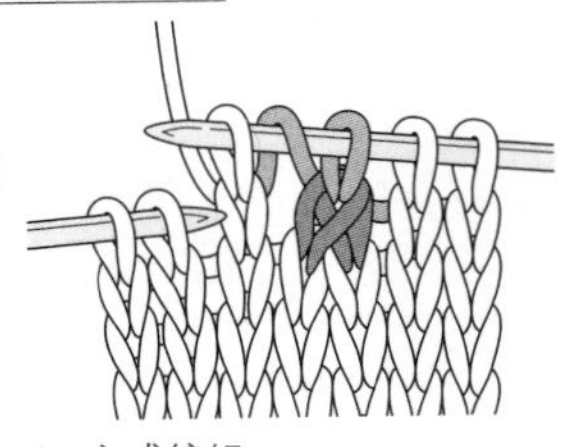

2 完成编织。

挂针与左上 2 针并 1 针

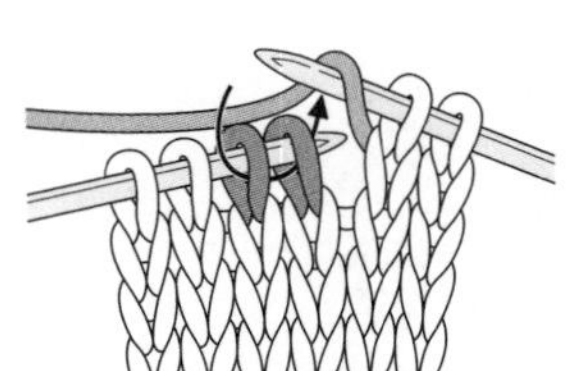

1 织完挂针后，再编织左上 2 针并 1 针。

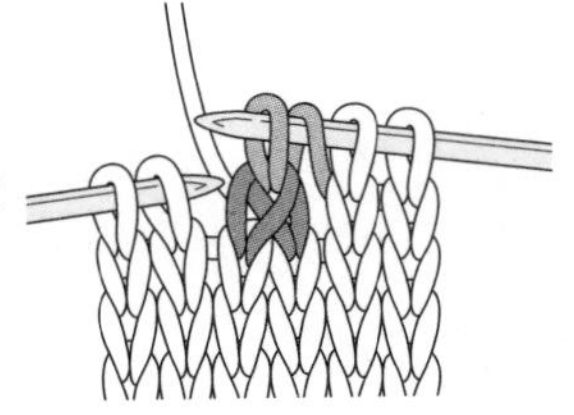

2 完成编织。

扭针（上针）

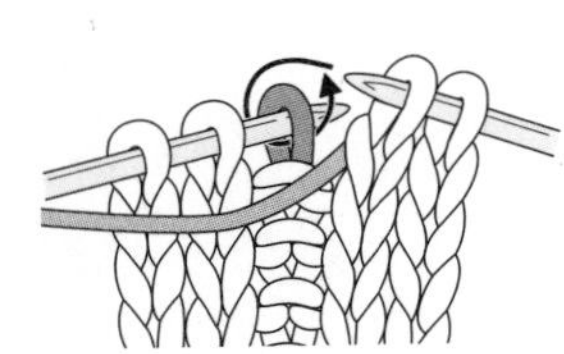

1 把线放在编织物的前面，按箭头所示从左棒针后面插入右棒针，插入后使左棒针上的线圈呈扭转状态。

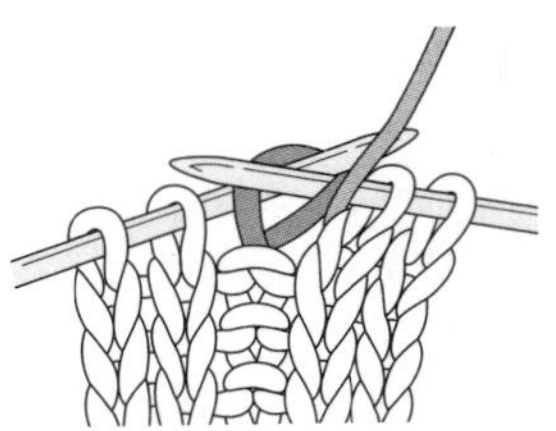

2 插入右棒针后的情形。

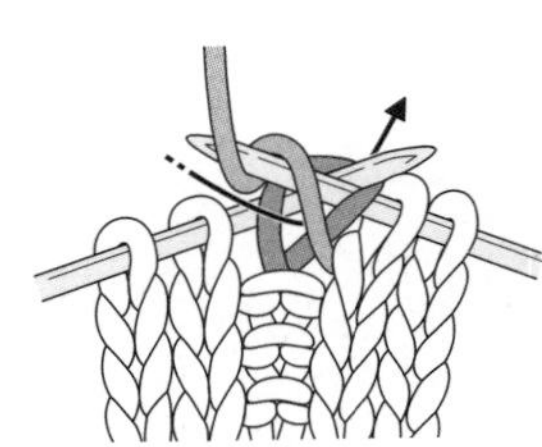

3 把线挂在右棒针上，从后面拉出。

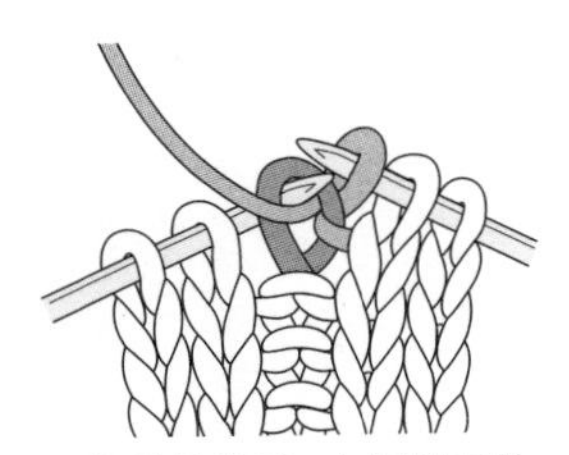

4 把线拉出后，如图所示抽出左棒针。

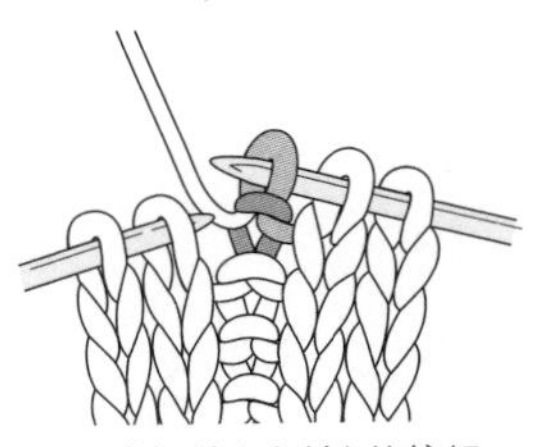

5 完成扭针（上针）的编织。

右上3针并1针

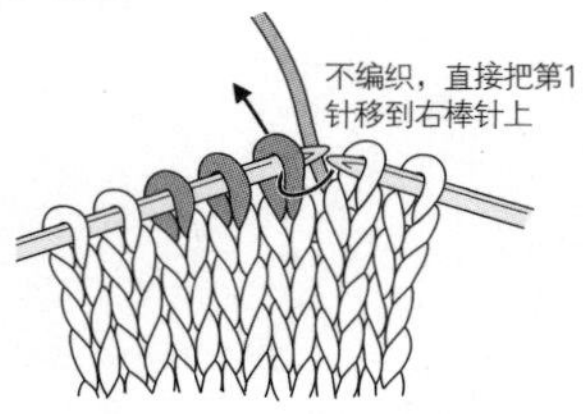

1 左棒针上的第1针不编织，直接移到右棒针上。

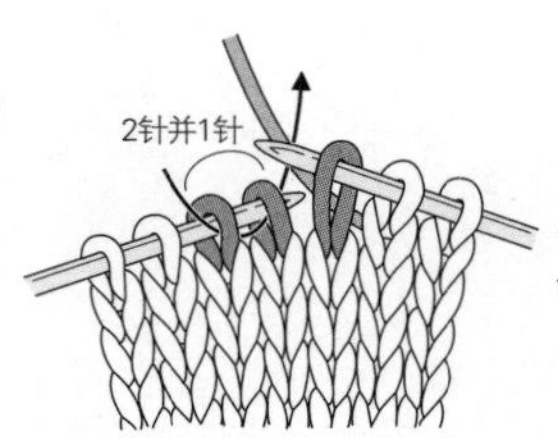

2 按箭头所示从左向右把右棒针插入左棒针上的2针中。

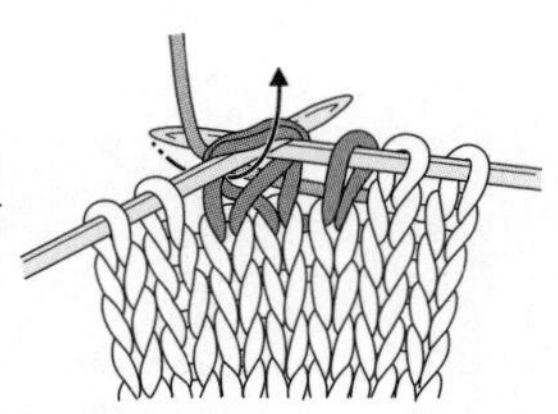

3 把线挂在右棒针上并拉出，完成2针并1针的编织。

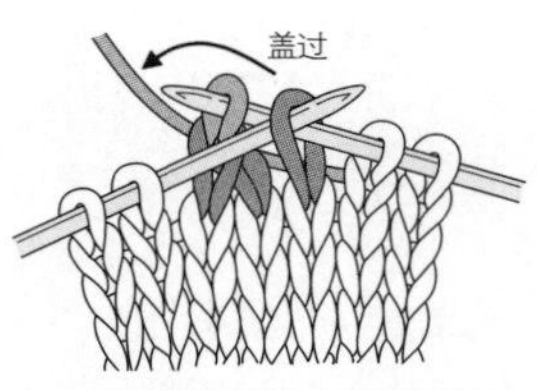

4 用左棒针挑起直接移到右棒针上的第1针，盖在步骤3织好的1针上面。

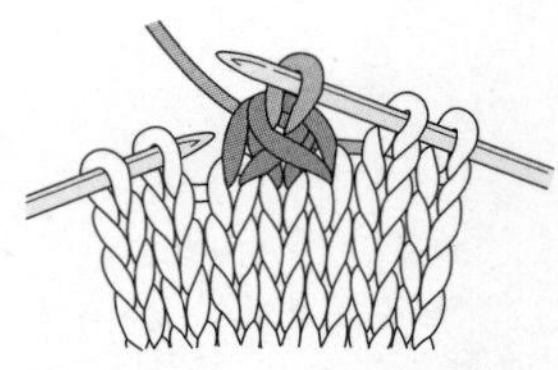

5 完成右上3针并1针的编织。

左上3针并1针

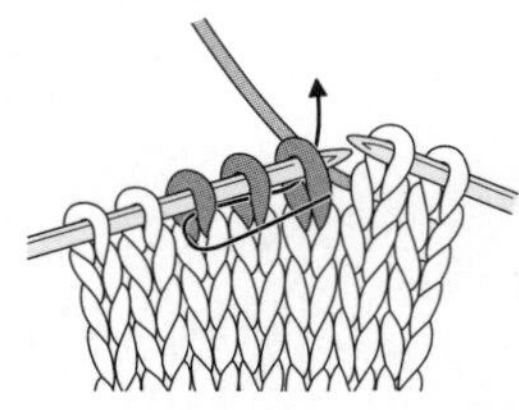

1 如箭头所示，从左向右把右棒针插入左棒针的3针中。

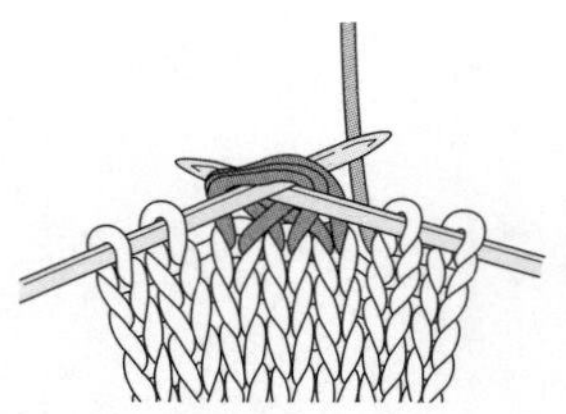

2 插入右棒针后的情形。

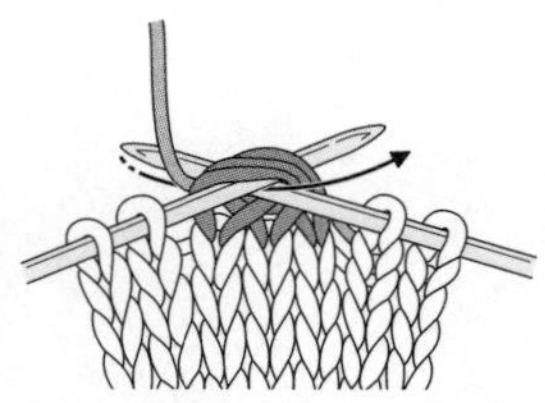

3 把线挂在右棒针上，如箭头所示拉出。

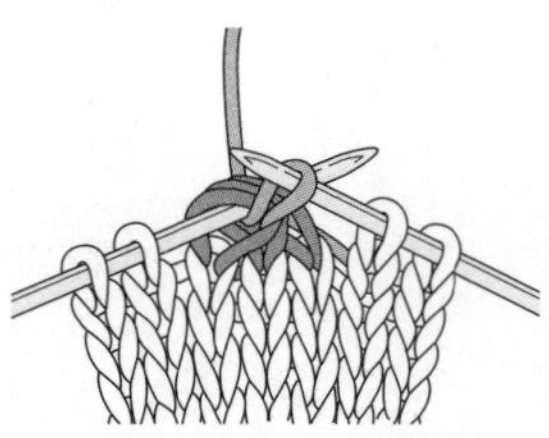

4 拉出线后，抽出左棒针。

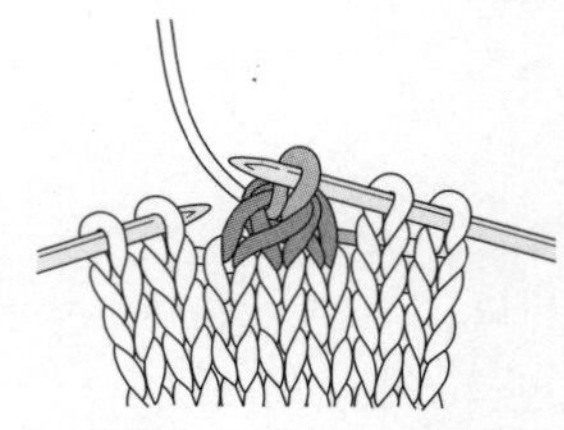

5 完成左上3针并1针的编织。

中上3针并1针

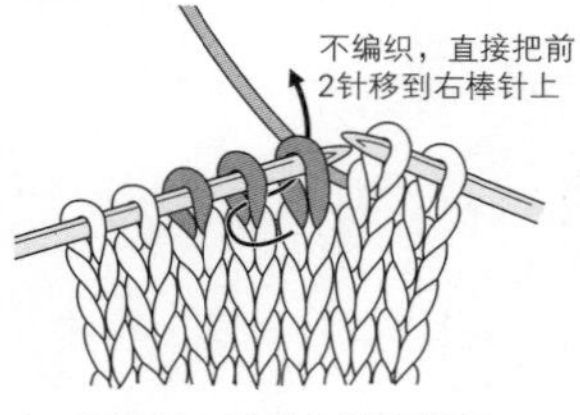

1 左棒针上的前2针不编织，直接移到右棒针上。

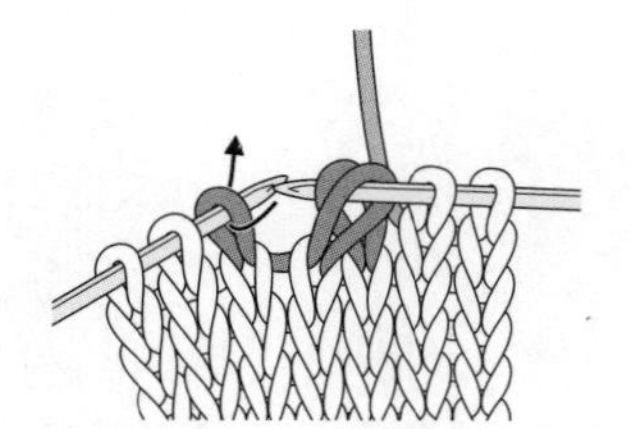

2 左棒针上的第3针织下针。

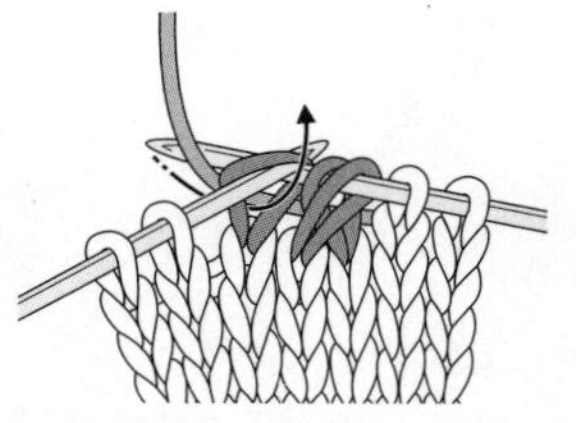

3 把线挂在右棒针上，如箭头所示拉出线。

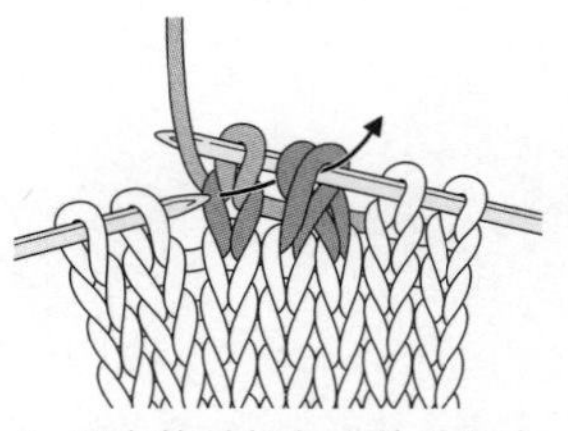

4 用左棒针挑起直接移到右棒针上的2针。

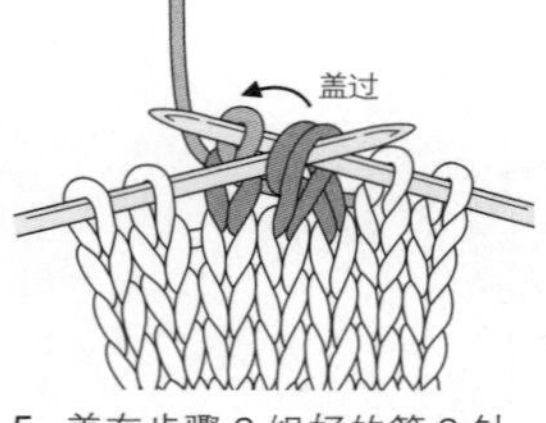

5 盖在步骤3织好的第3针上面。

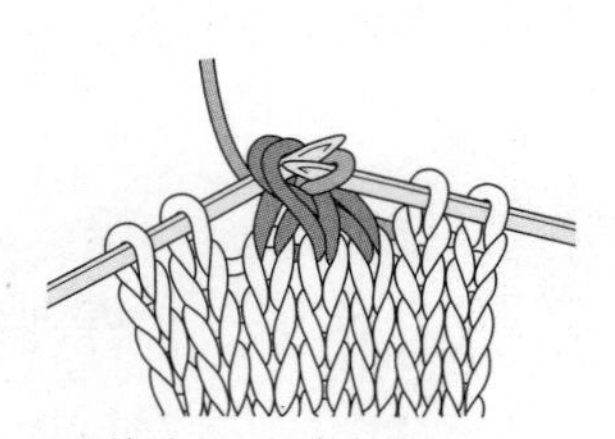

6 盖过后，抽出左棒针。

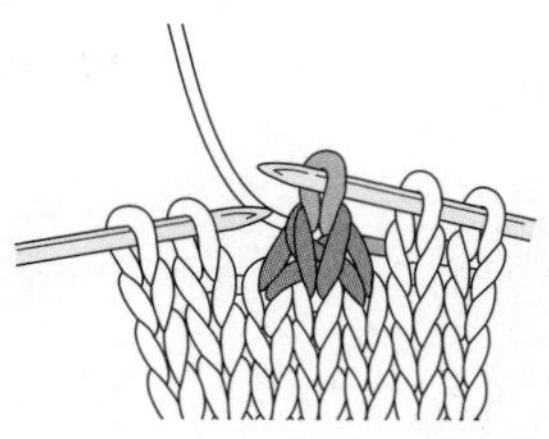

7 完成中上3针并1针的编织。

左上2针并1针（上针）

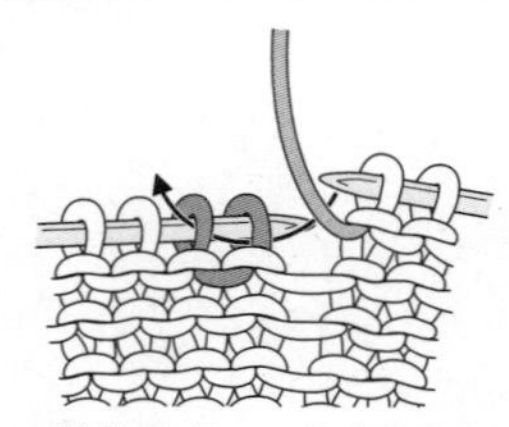

1 按箭头所示，从右往左把右棒针插入左棒针上的2针中。

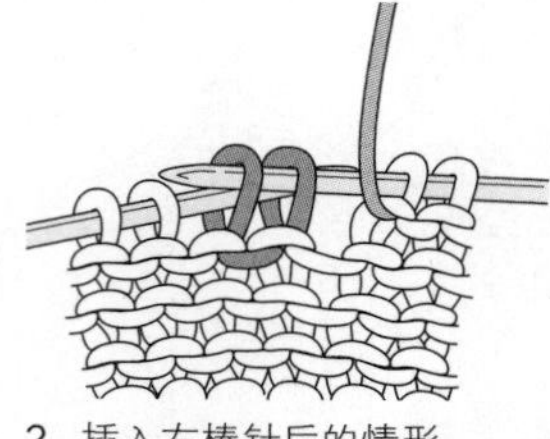

2 插入右棒针后的情形。

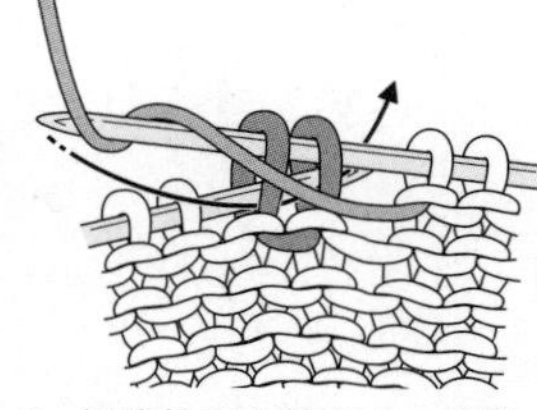

3 把线挂在右棒针上，按箭头所示拉出线。

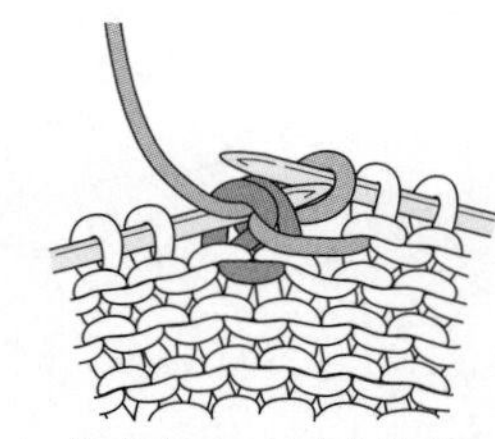

4 拉出线后，抽出左棒针。

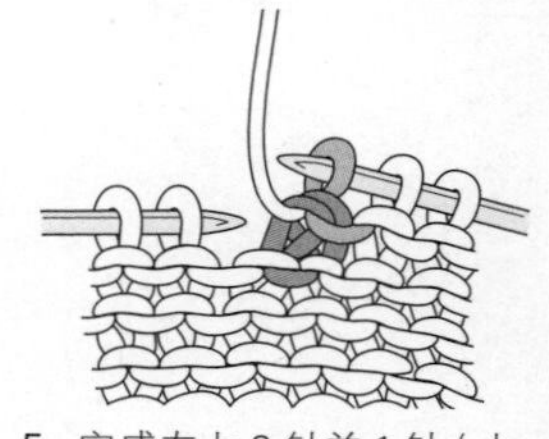

5 完成左上2针并1针（上针）的编织。

右上4针并1针 ／蕾丝钩针的编织方法参见 P.62，此处介绍棒针的编织方法

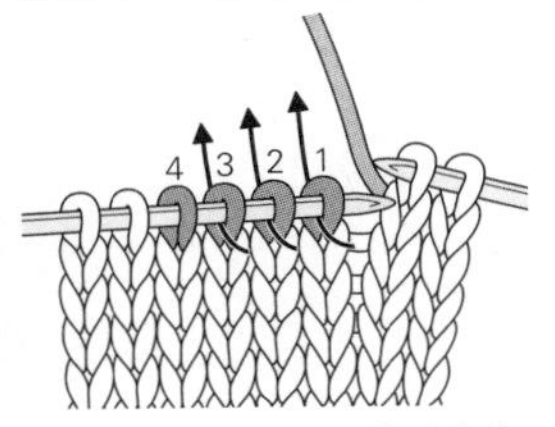

1 把针目 1、2、3 移到右棒针上，不编织。

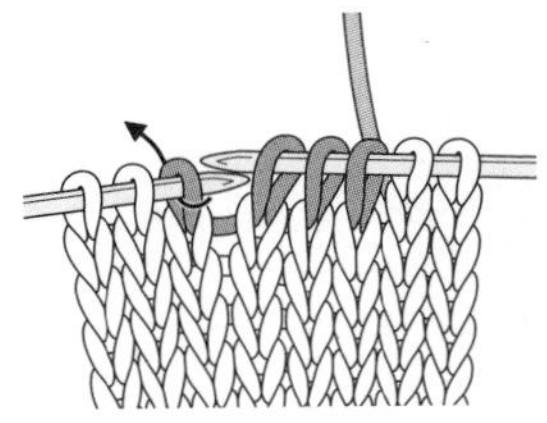
2 把右棒针按箭头所示插入针目 4 中。

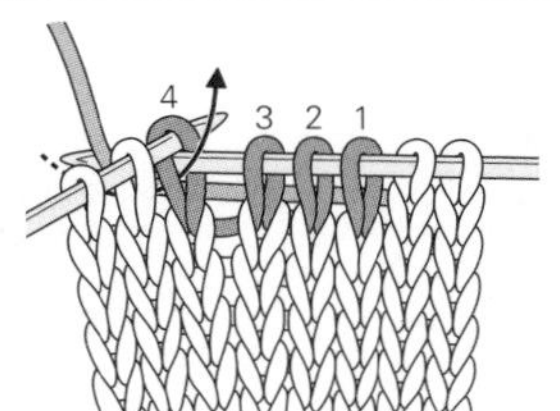

3 把线挂在右棒针上并拉出。

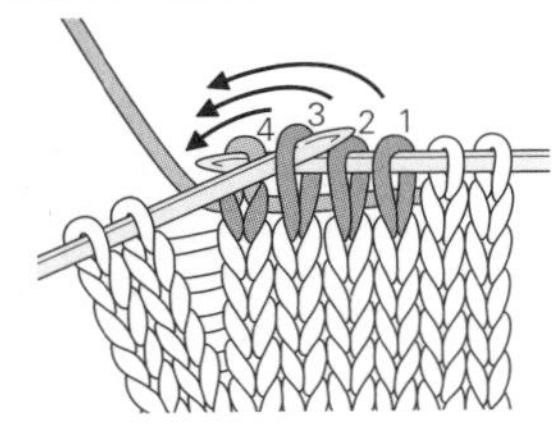

4 用左棒针依次挑起针目 3、2、1 盖在针目 4 上面。

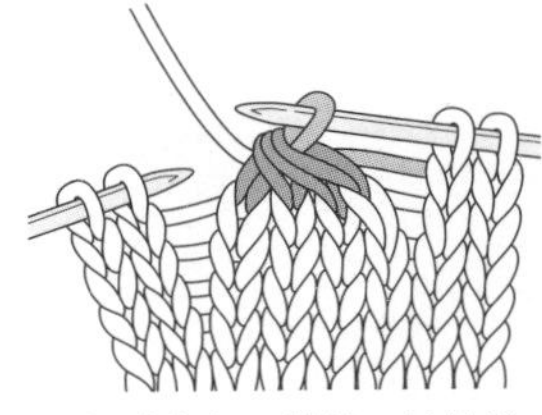
5 完成右上 4 针并 1 针的编织。

中上5针并1针

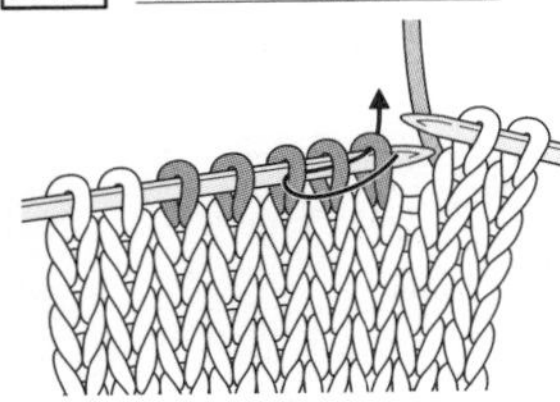
1 从左向右把右棒针插入左棒针上的 3 针中，不编织直接把这 3 针移到右棒针上。

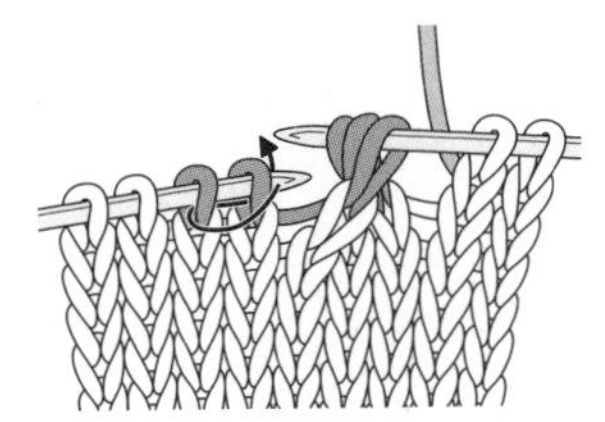
2 把右棒针按箭头所示插入左棒针上的第 5、第 4 针中。

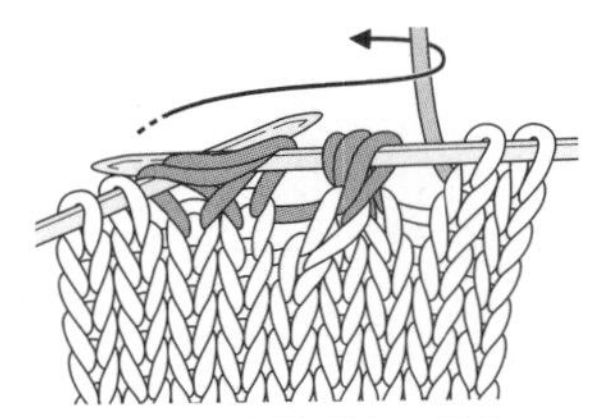
3 把线挂在右棒针上，并拉出线。

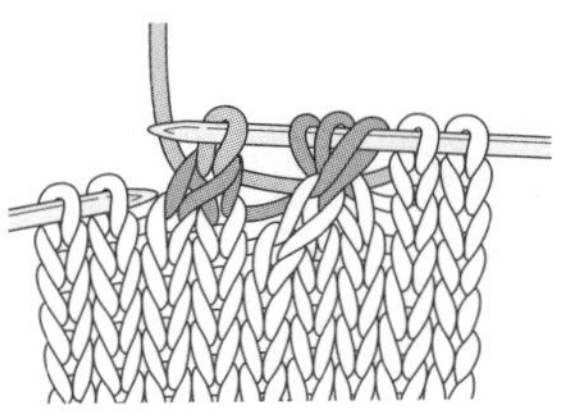
4 拉出线后的情形。

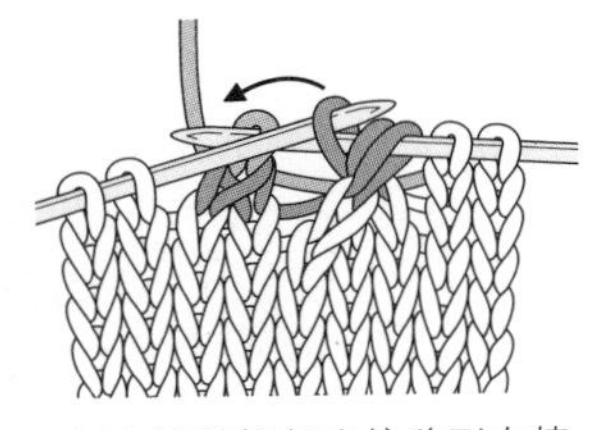
5 用左棒针挑起直接移到右棒针上的第 1 针，如图所示，盖在步骤 4 编织好的 1 针上面。

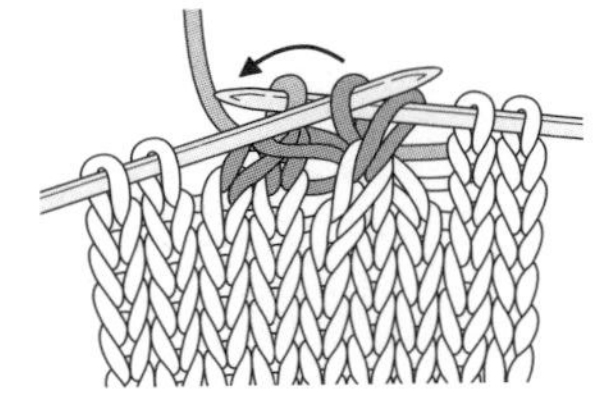
6 接下来的 2 针依次进行与步骤 5 相同的操作。

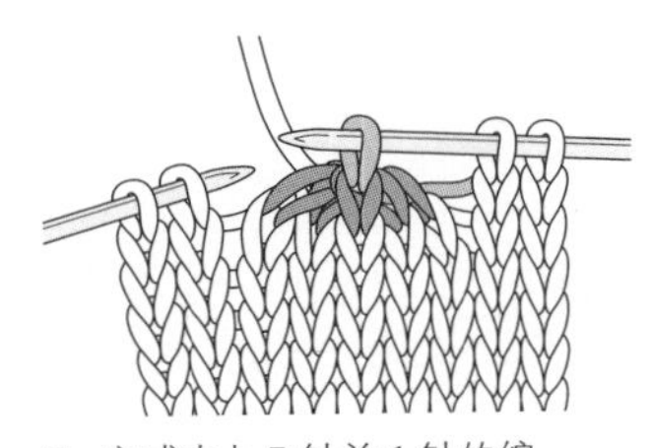
7 完成中上 5 针并 1 针的编织。

右上2针并1针（扭针）

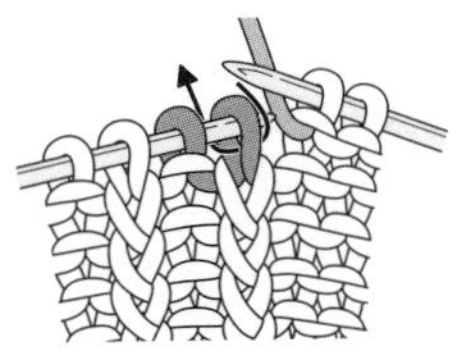
1 如箭头所示，把右棒针插入左棒针上的第 1 针中。插入后，左棒针上的线圈呈扭转状态。不编织，直接移到右棒针上。

2 将左棒针上的第 2 针织下针。

3 用左棒针挑起直接移到右棒针上的第 1 针，盖在第 2 针的上面。

4 完成右上 2 针并 1 针（扭针）的编织。

左上2针并1针（扭针）

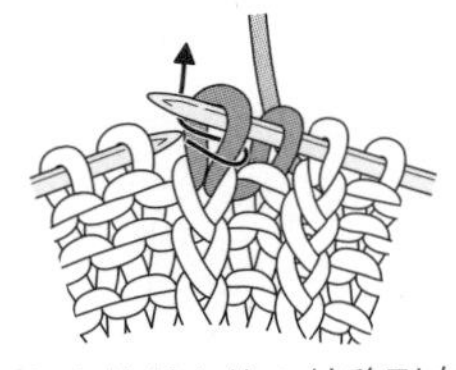
1 把左棒针上的 2 针移到右棒针上，然后如箭头所示，把左棒针插入直接移到右棒针上的第 2 针中，并使其移回到左棒针上，呈扭转状态。

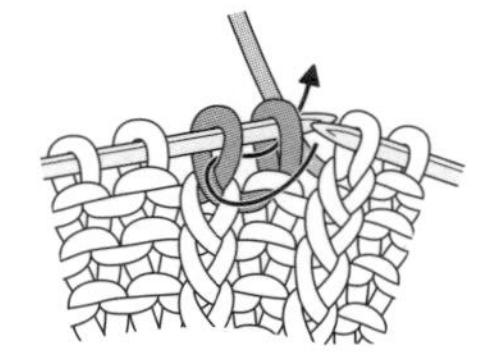
2 把步骤 1 中移到右棒针上的第 1 针也移回到左棒针上，按箭头所示把右棒针插入这 2 针中。

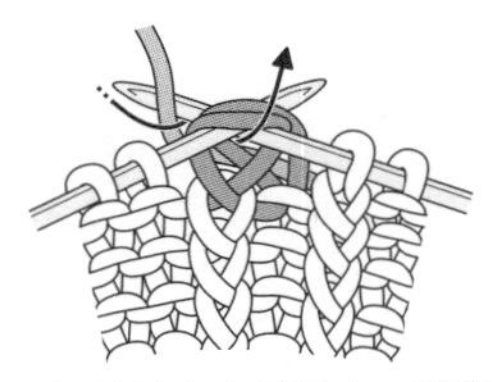
3 把线挂在右棒针上，按箭头所示拉出线。

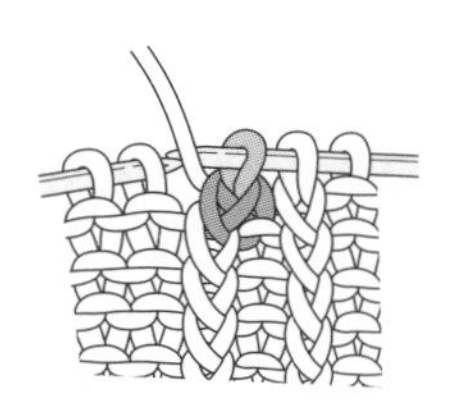
4 完成左上 2 针并 1 针（扭针）的编织。

右上 3 针并 1 针(扭针)

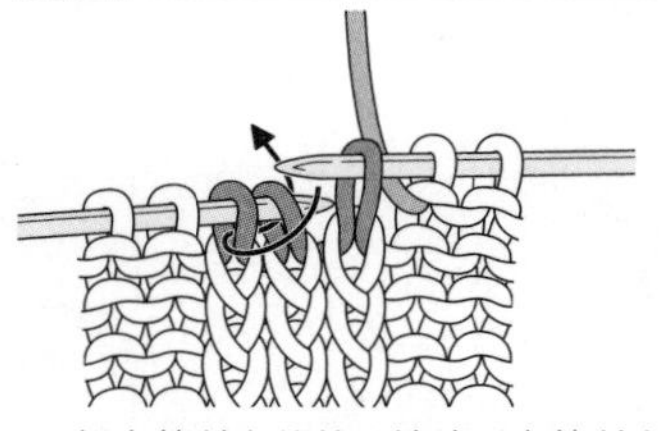

1 把左棒针上的第 1 针移到右棒针上，然后按箭头所示把右棒针插入左棒针的 2 针中。

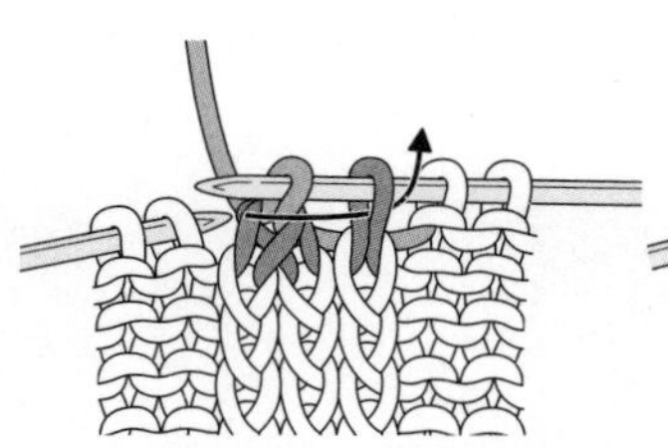

2 织下针。然后，把左棒针插入直接移到右棒针上的第 1 针中。

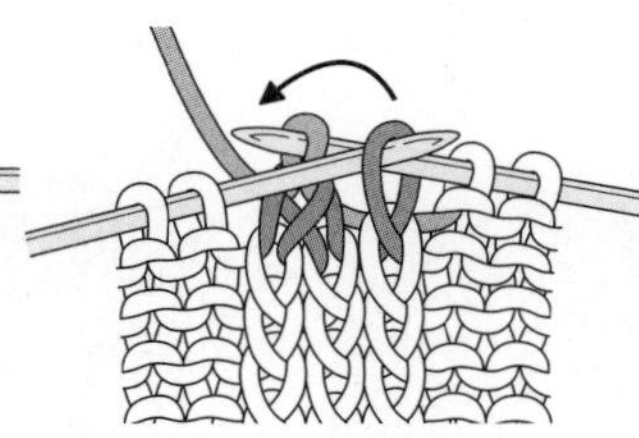

3 把这一针盖在其左侧的 1 针的上面。

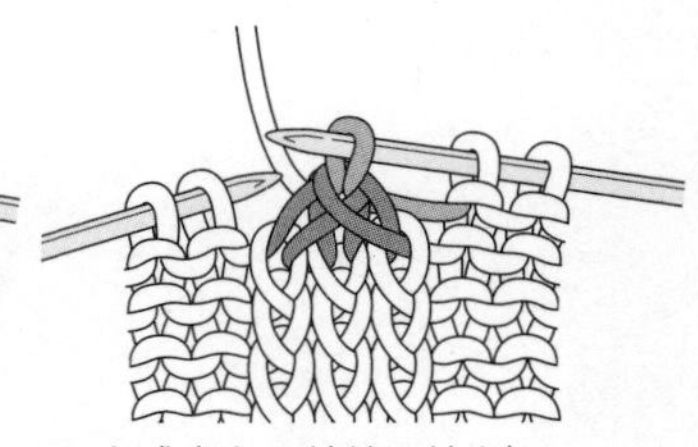

4 完成右上 3 针并 1 针(扭针)的编织。

左上 3 针并 1 针(扭针)

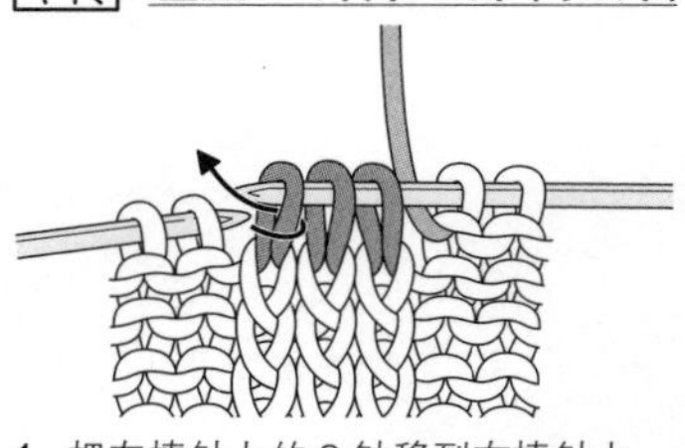

1 把左棒针上的 3 针移到右棒针上，然后如箭头所示，把左棒针插入右棒针最左侧的 1 针中，并使其移回到左棒针上，成为扭针。

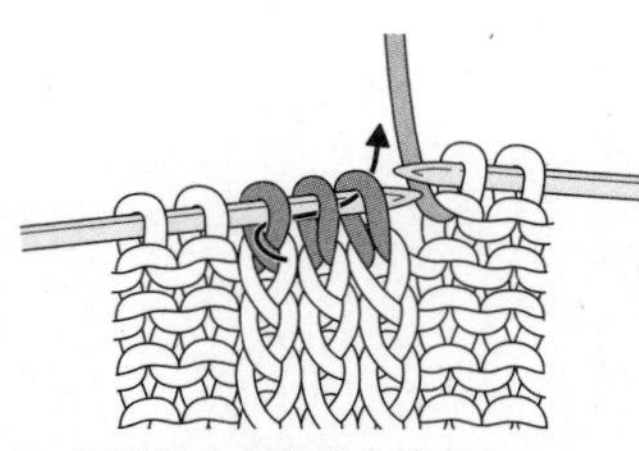

2 把步骤 1 中移到右棒针上的另外 2 针也移回到左棒针上，按箭头所示把右棒针从左向右插入这 3 针中。

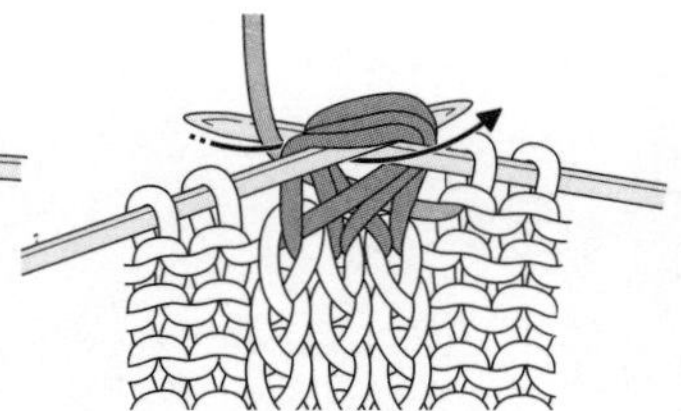

3 把线挂在右棒针上，如图所示把线拉到前面。

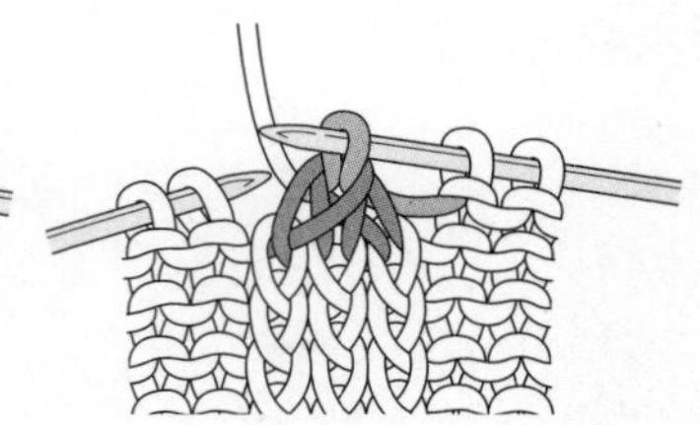

4 完成左上 3 针并 1 针(扭针)的编织。

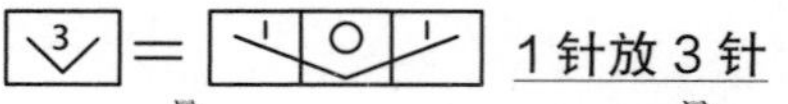

1 针放 3 针

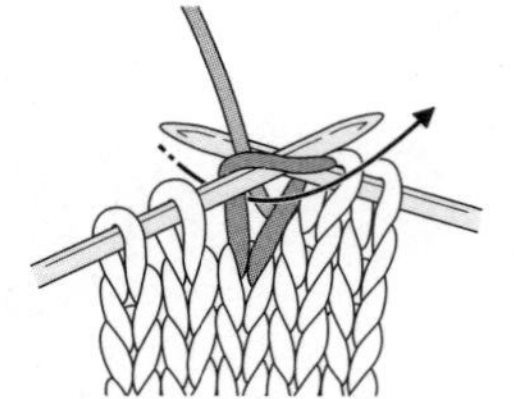

1 把右棒针插入左棒针上的第 1 针中，织下针。

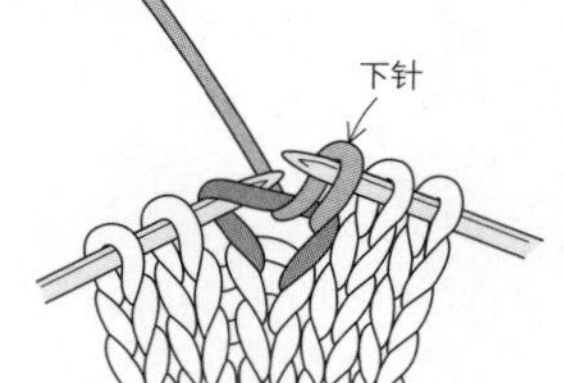

2 左棒针仍在线圈中。

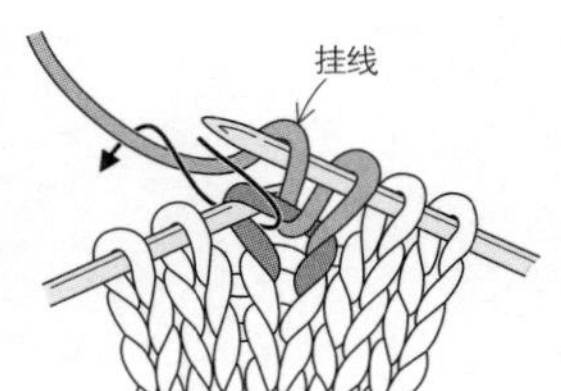

3 挂线。

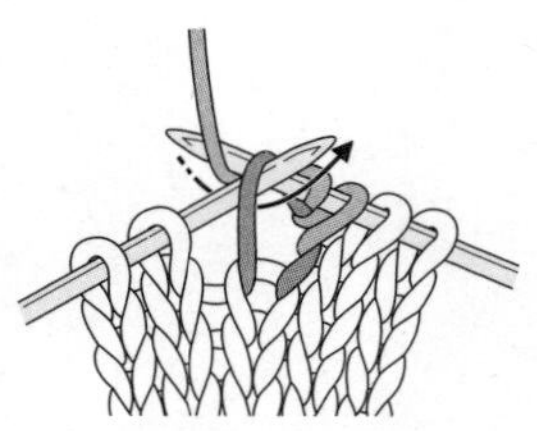

4 在同一线圈中，再次插入右棒针，织下针。

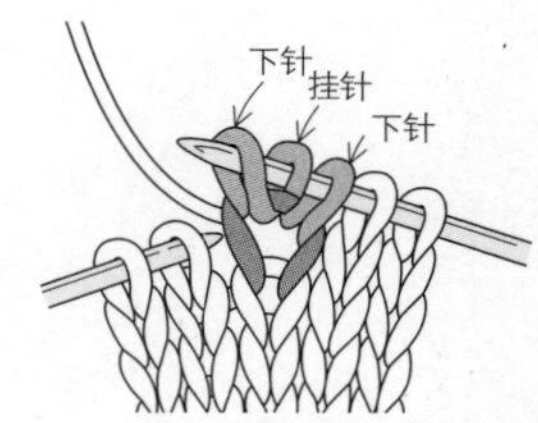

5 完成 1 针放 3 针的编织。

1 针放 5 针

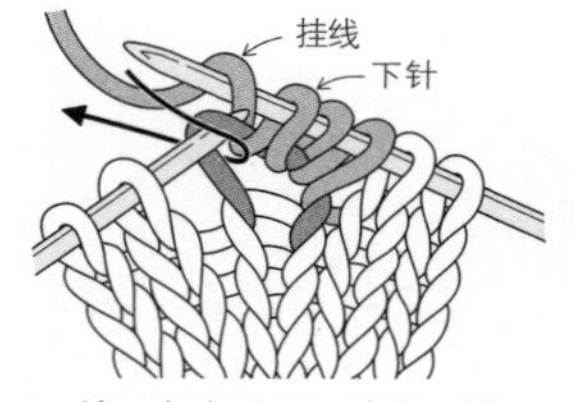

1 前 4 个步骤同 1 针放 3 针。在此基础上，再次挂线并编织 1 针下针。

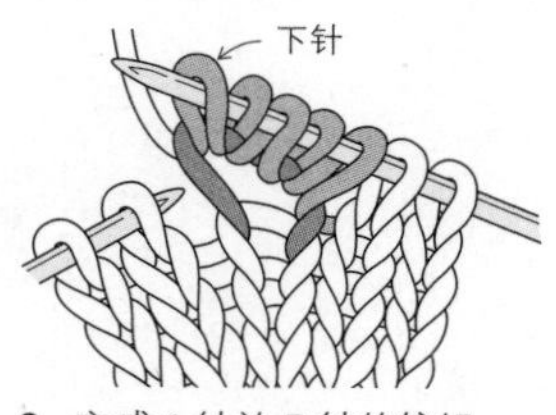

2 完成 1 针放 5 针的编织。

1 针放 4 针

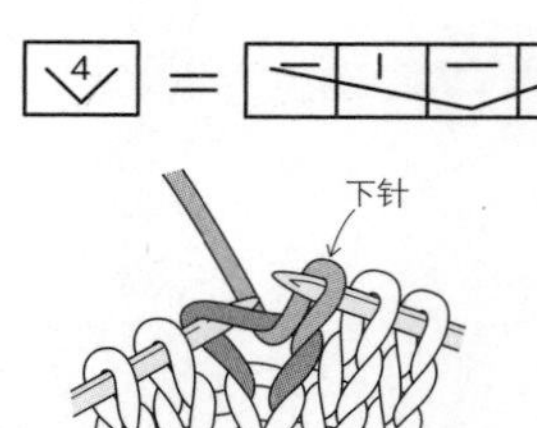

1 把右棒针插入左棒针上的第 1 针中，织下针。

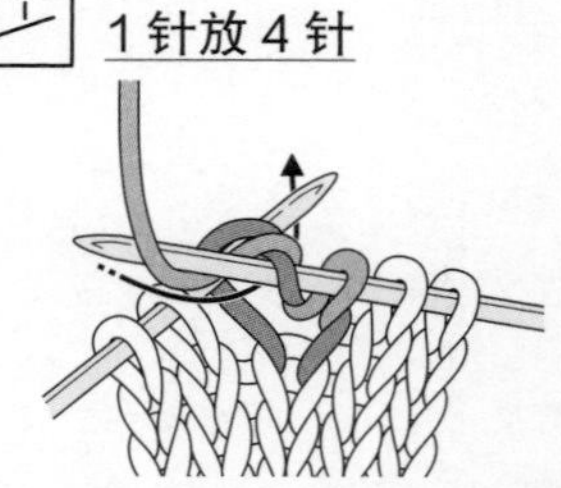

2 保持左棒针仍在线圈中，然后从后面再次插入右棒针，织上针。

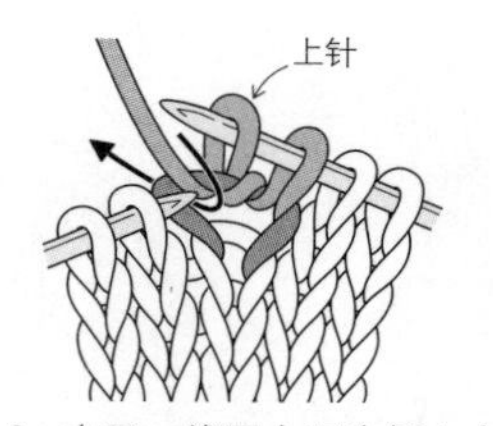

3 在同一线圈中再次插入右棒针。

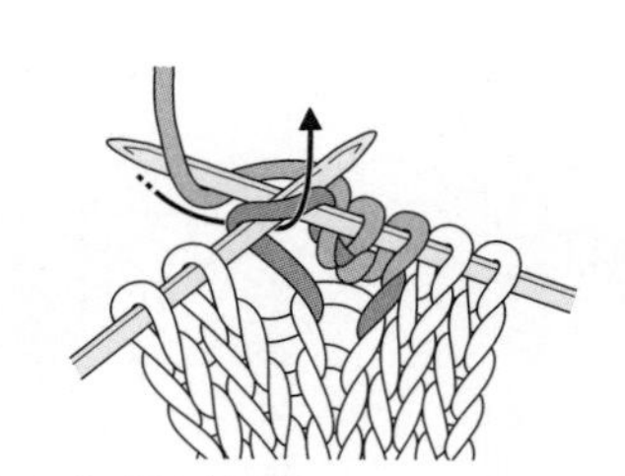

4 织 1 针下针。

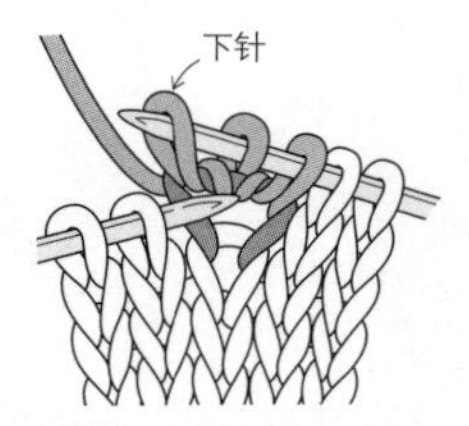

5 下针、上针、下针这 3 针织好后的情形。同步骤 2 一样再织 1 针上针。

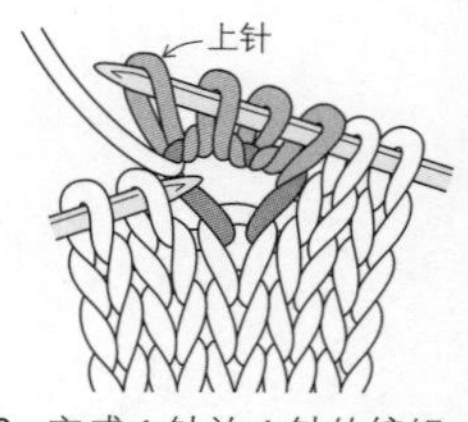

6 完成 1 针放 4 针的编织。

右加针（下针）

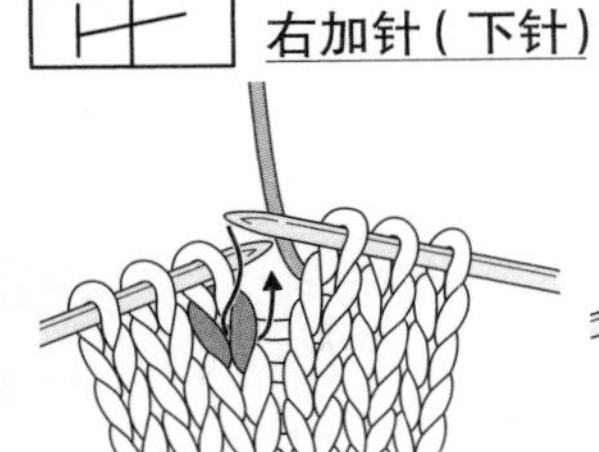

1 按箭头所示把右棒针插入图示的针目中。

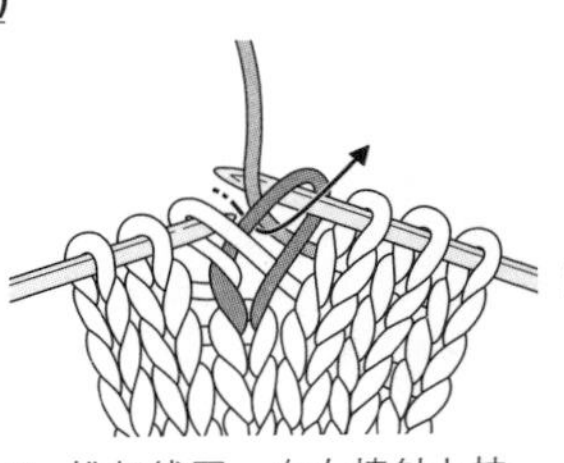

2 挑起线圈。在右棒针上挂线，并按箭头所示把线拉出。

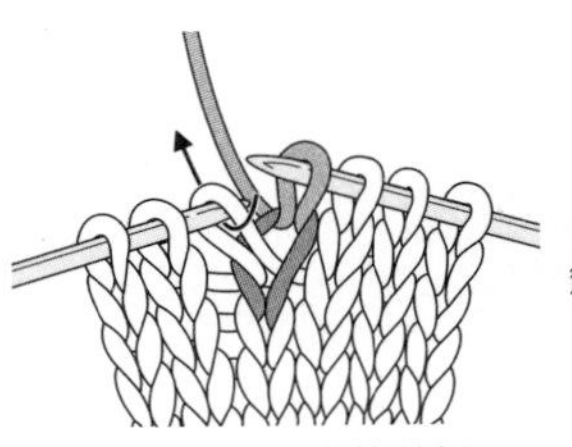

3 按箭头所示把右棒针插入左棒针上的第 1 针中。

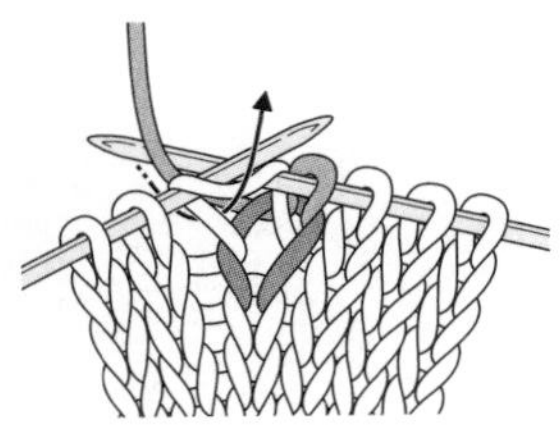

4 织下针。

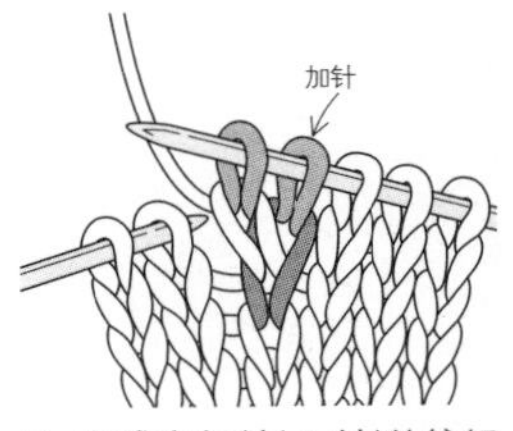

5 完成右加针（下针）的编织。

左加针（下针）

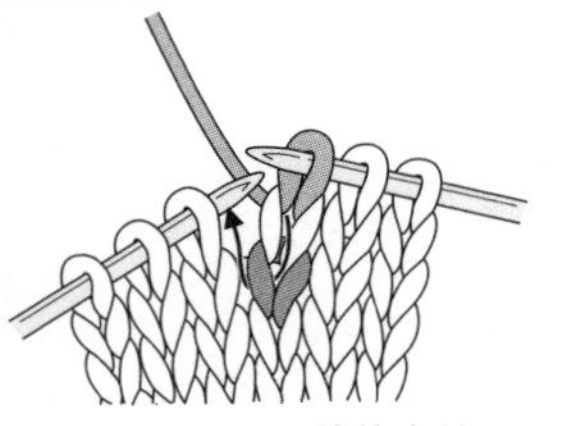

1 编织 1 针下针。按箭头所示把右棒针插入图示的针目中。

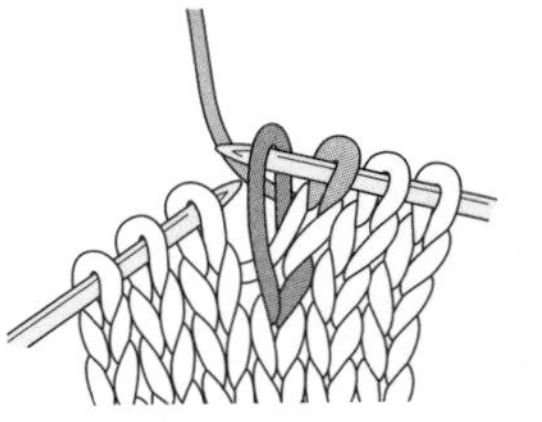

2 挑起线圈。

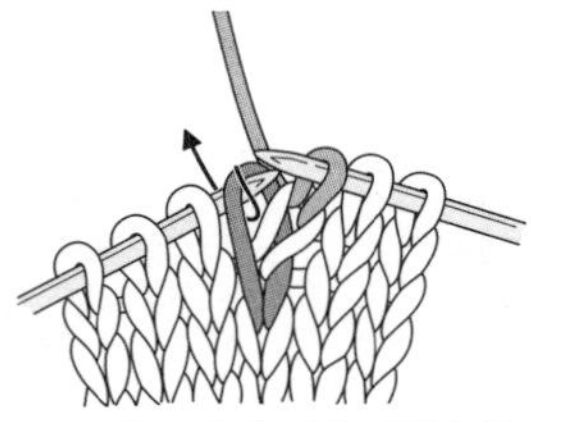

3 把挑起的线圈移回到左棒针上，然后按箭头所示插入右棒针。

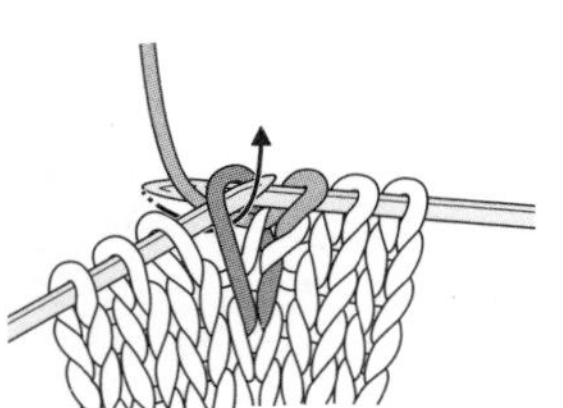

4 在右棒针上挂线并拉出。

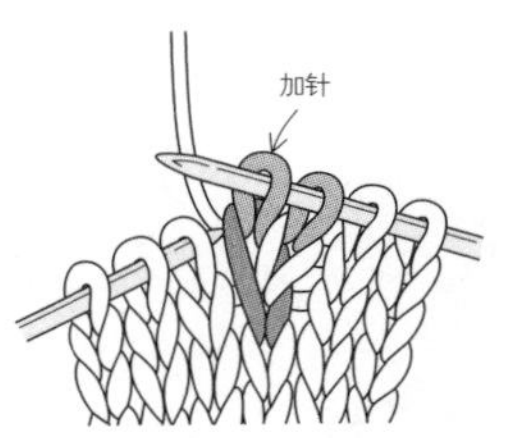

5 完成左加针（下针）的编织。

右上 1 针交叉

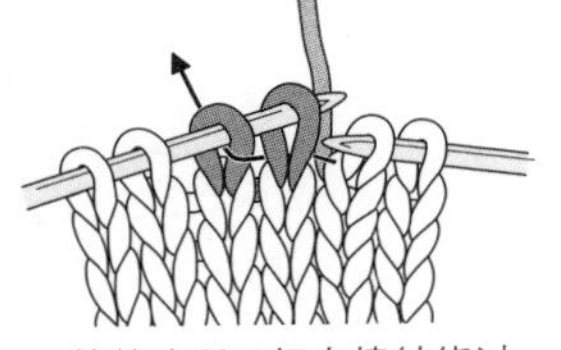

1 按箭头所示把右棒针绕过左棒针上的第 1 针的后面插入第 2 针中。

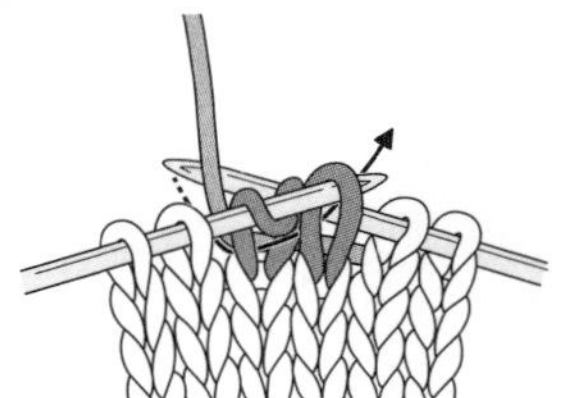

2 把线拉出，织下针。

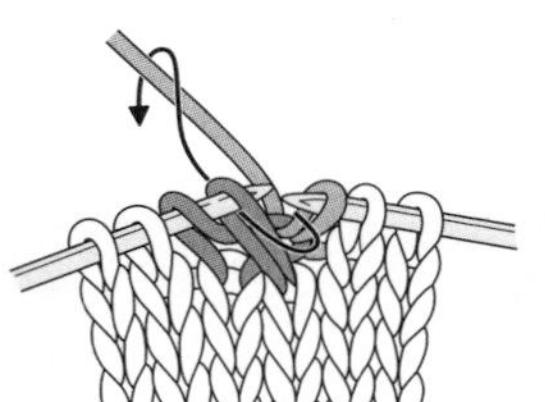

3 按箭头所示把右棒针插入左棒针上的第 1 针中。

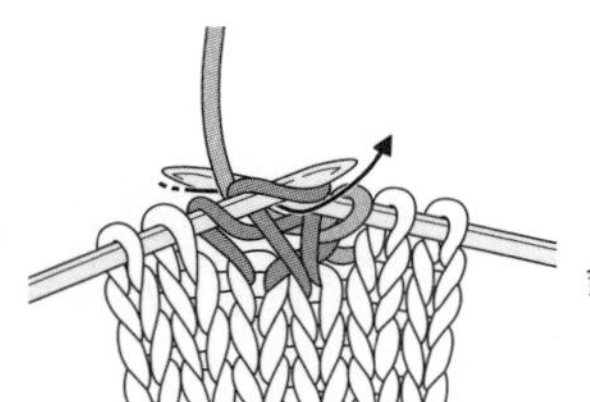

4 织下针。

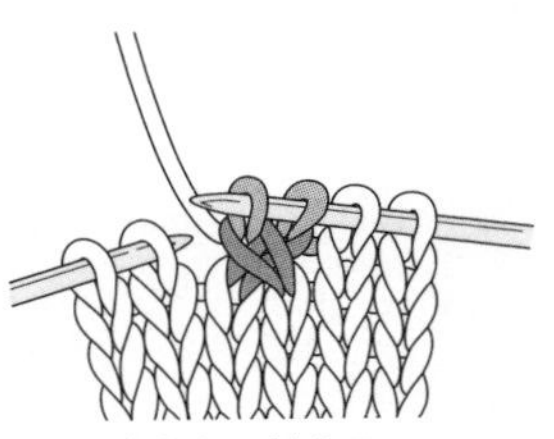

5 完成右上 1 针交叉。

穿入左侧针目交叉

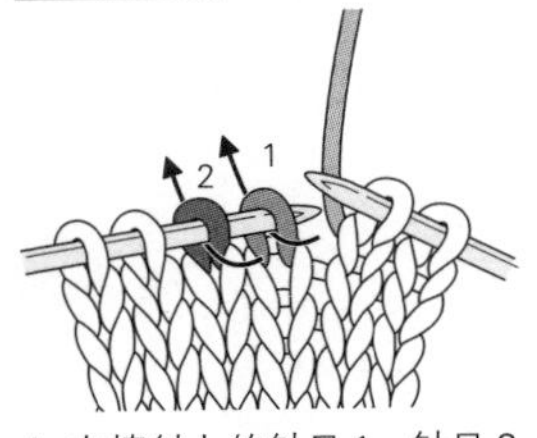

1 左棒针上的针目 1、针目 2 先不编织，按箭头所示分别移到右棒针上。

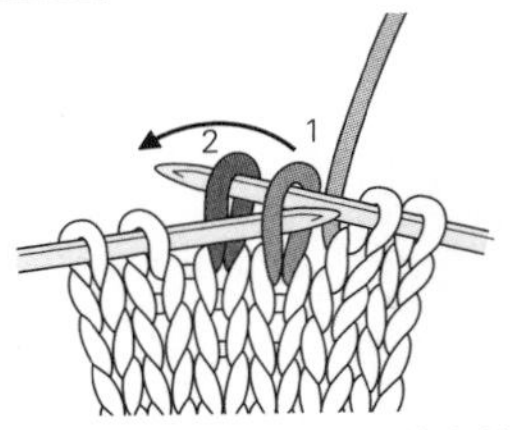

2 用左棒针把针目 1 盖在针目 2 的上面。

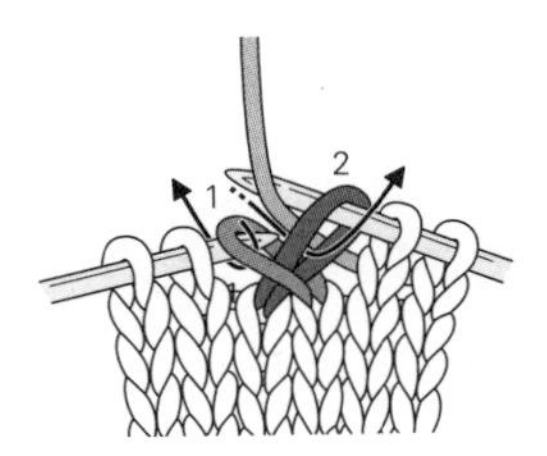

3 先将针目 2 织下针。

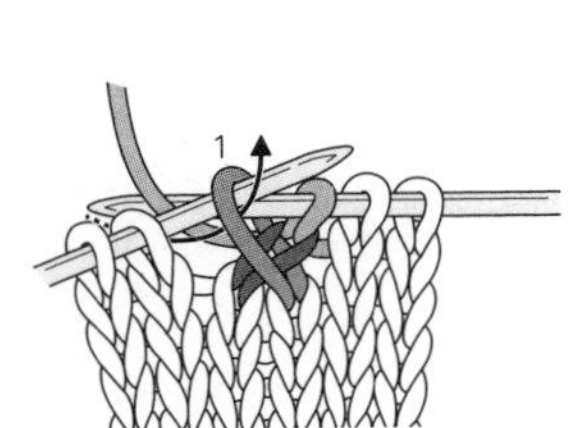

4 再把右棒针插入针目 1 中，织下针。

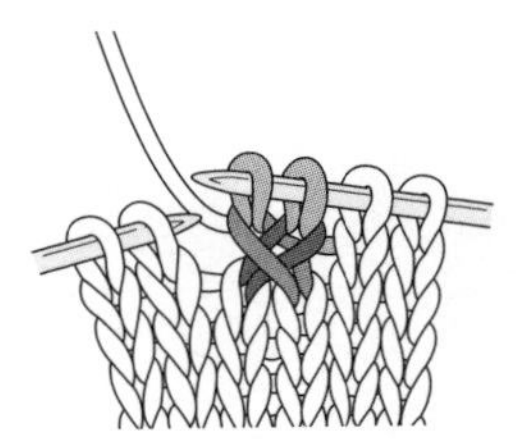

5 完成穿入左侧针目交叉的编织。

左上扭针 1 针交叉

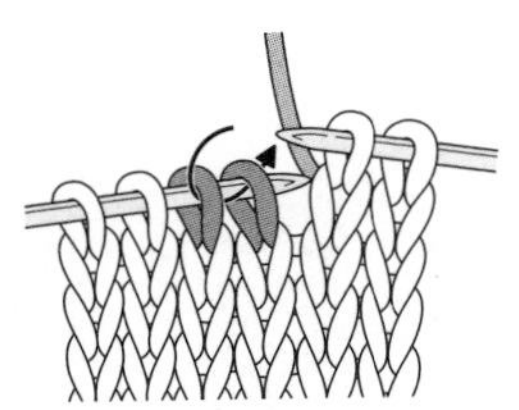

1 按箭头所示把右棒针插入左棒针上的 2 针中，并把这 2 针移到右棒针上。

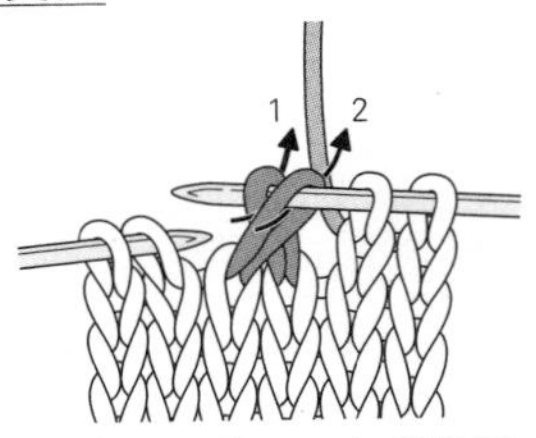

2 针目 1、针目 2 如箭头所示按顺序移回到左棒针上。

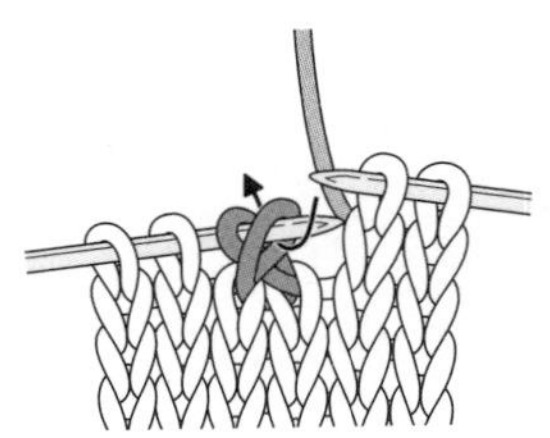

3 把右棒针插入左棒针上的针目 2 中，织扭针（下针）。

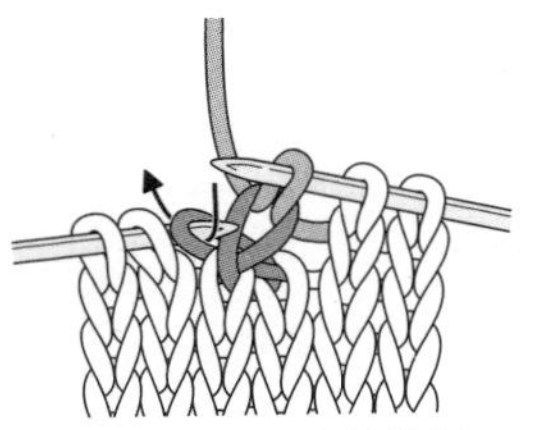

4 按箭头所示将右棒针插入针目 1 中。

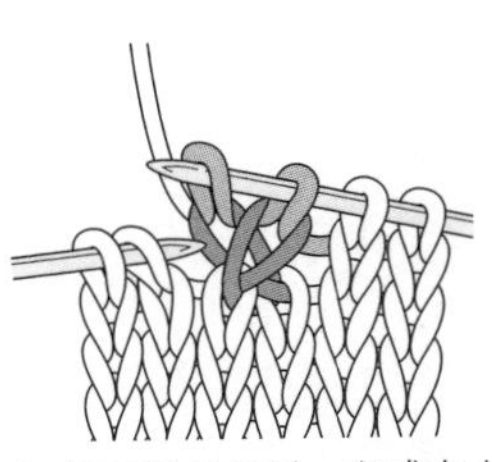

5 织下针的扭针。完成左上扭针 1 针交叉的编织。

右上 1 针交叉（中间 1 针下针）

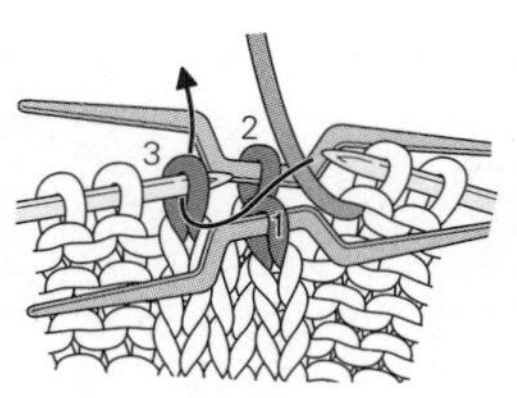

1 把左棒针上的针目 1、针目 2 分别移到 2 根麻花针上，把针目 1 放到编织物的前面，把针目 2 放到编织物的后面。把右棒针插入针目 3 中。

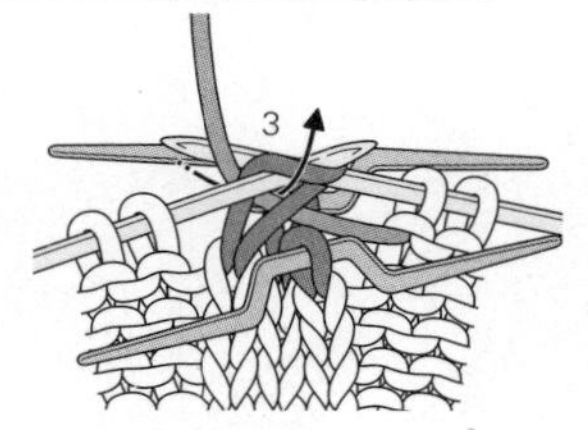

2 织下针。

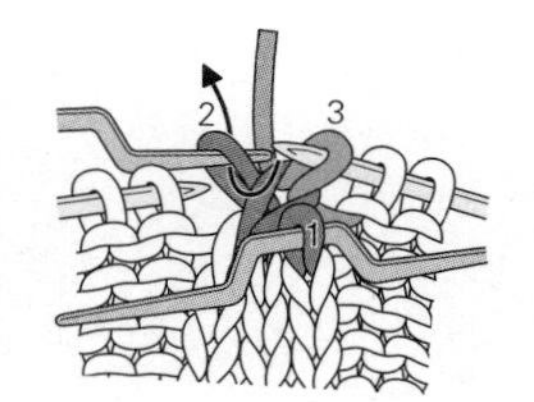

3 针目 2 织下针。

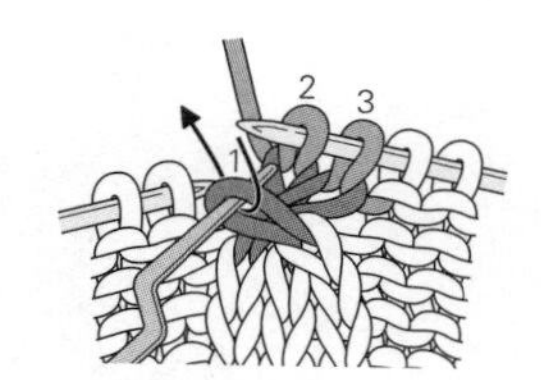

4 针目 1 也织下针。

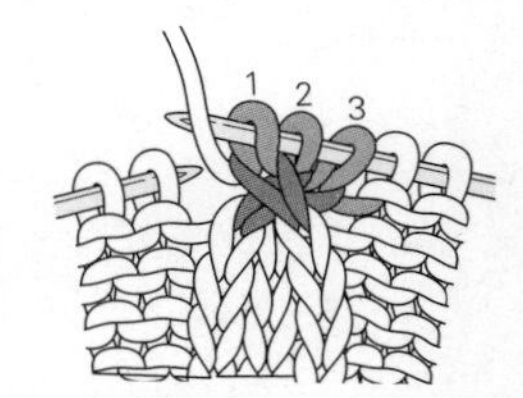

5 完成右上 1 针交叉（中间 1 针下针）的编织。

中上 1 针左右 1 针交叉

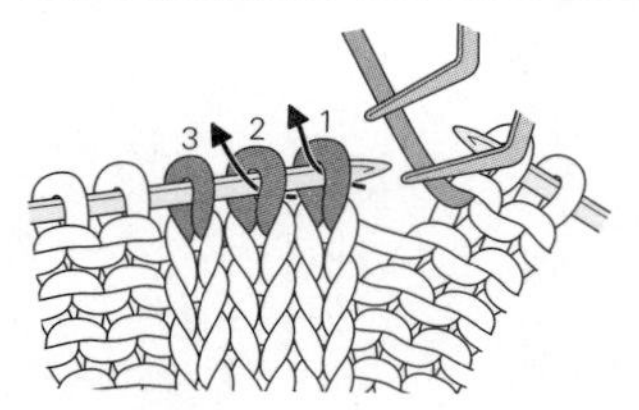

1 把左棒针上的针目 1、针目 2 分别移到 2 根麻花针上。

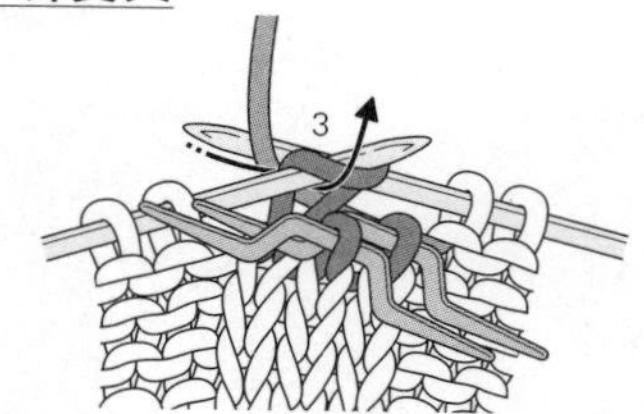

2 把针目 1、针目 2 放到编织物的前面。把右棒针插入针目 3 中，织下针。

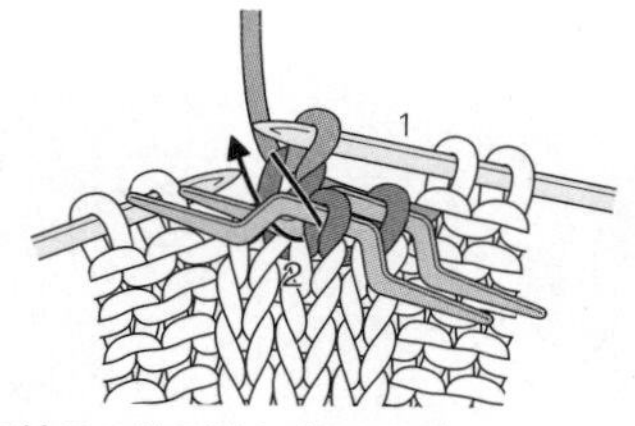

3 把针目 2 放到编织物的最前面，把针目 1 移到针目 2 的右侧。按箭头所示把右棒针插入针目 2 中。

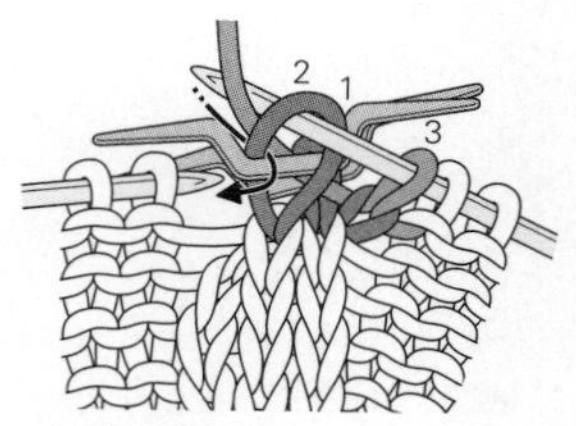

4 织下针。

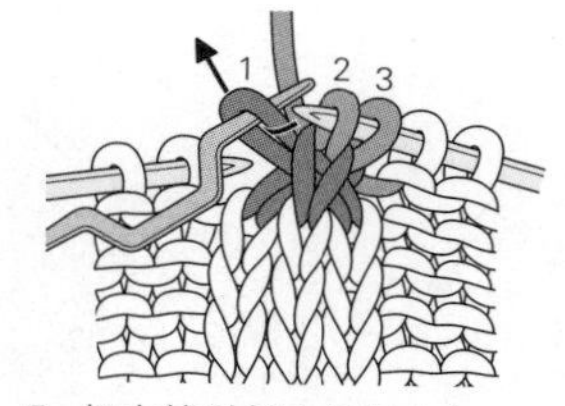

5 把右棒针插入针目 1 中。

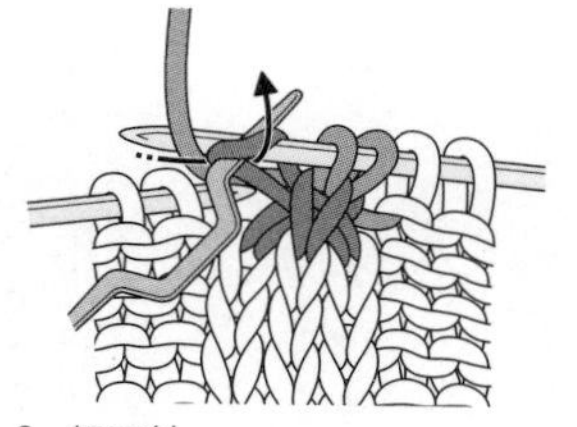

6 织下针。

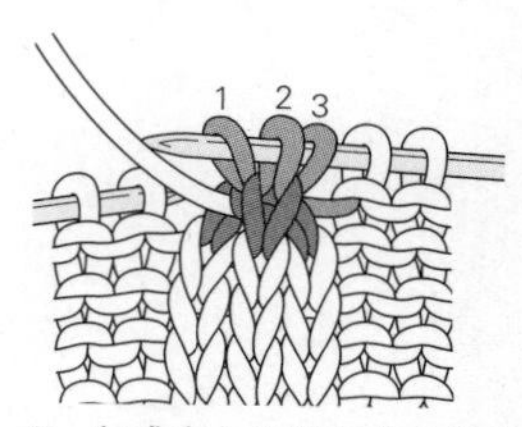

7 完成中上 1 针左右 1 针交叉的编织。

右上 1 针和 2 针的交叉

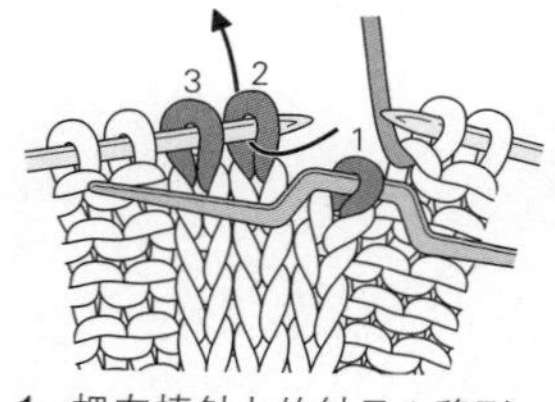

1 把左棒针上的针目 1 移到麻花针上，放到编织物的前面。把右棒针插入针目 2 中。

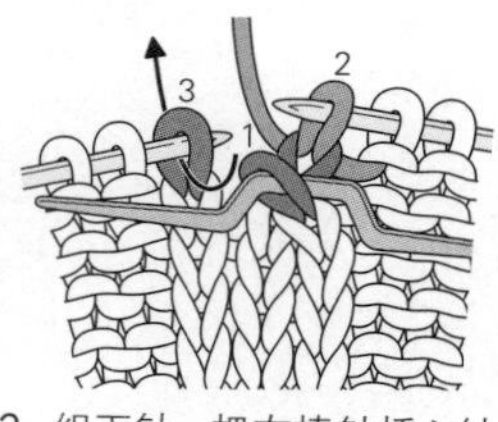

2 织下针。把右棒针插入针目 3 中。

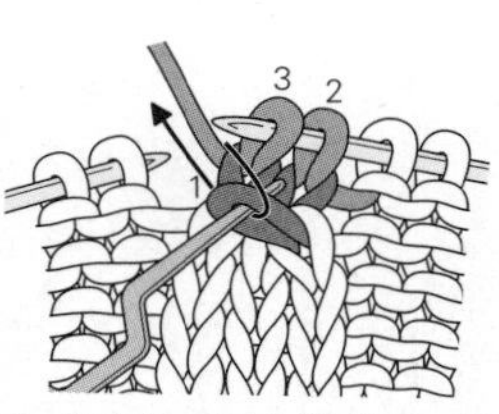

3 织下针。把右棒针插入针目 1 中。

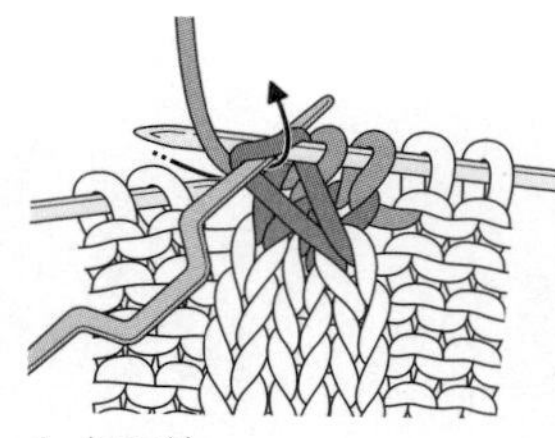

4 织下针。

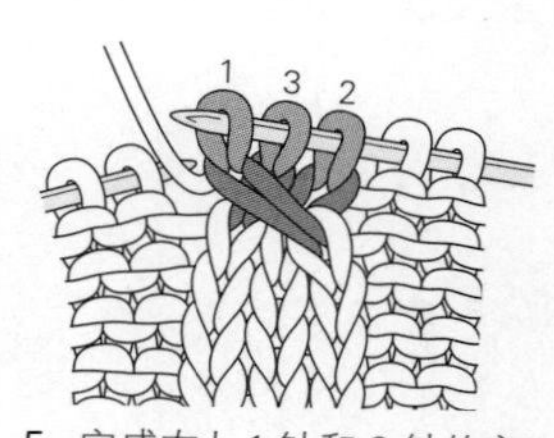

5 完成右上 1 针和 2 针的交叉的编织。

左上 1 针和 2 针的交叉

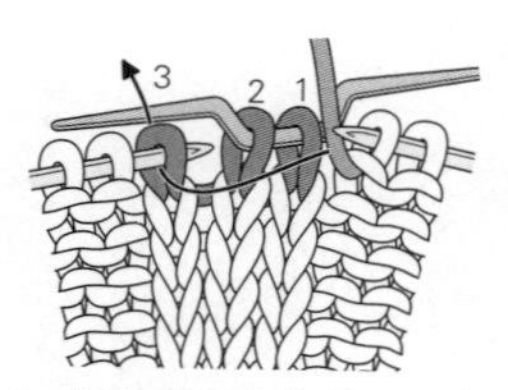

1 把左棒针上的针目 1、针目 2 移到麻花针上，放到编织物的后面。把右棒针插入针目 3 中。

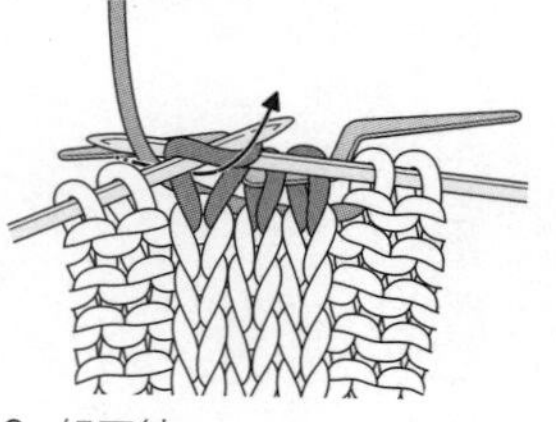

2 织下针。

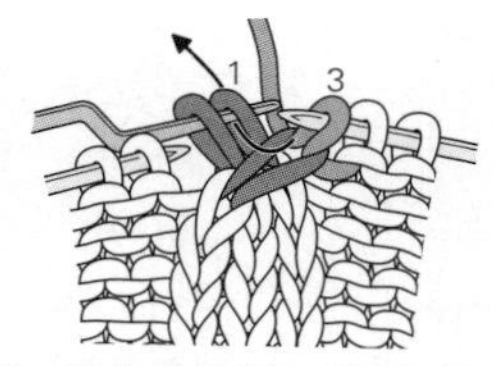

3 把右棒针插入针目 1 中，织下针。

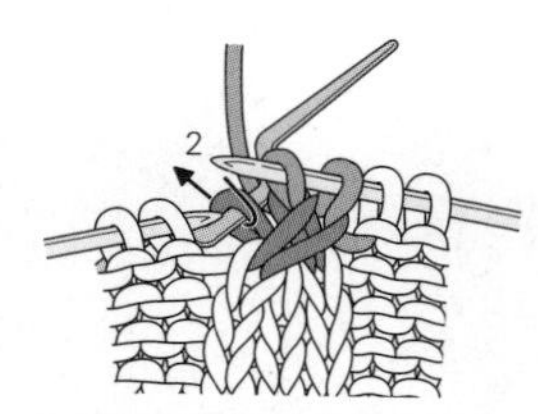

4 把右棒针插入针目 2 中，织下针。

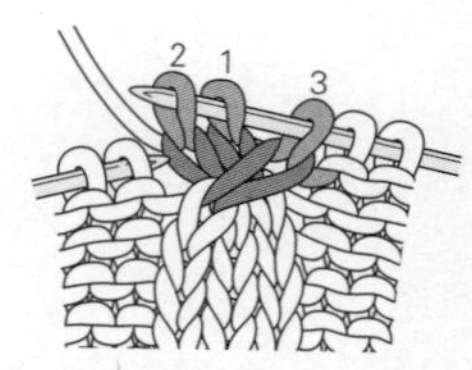

5 完成左上 1 针和 2 针的交叉的编织。

左上 2 针交叉

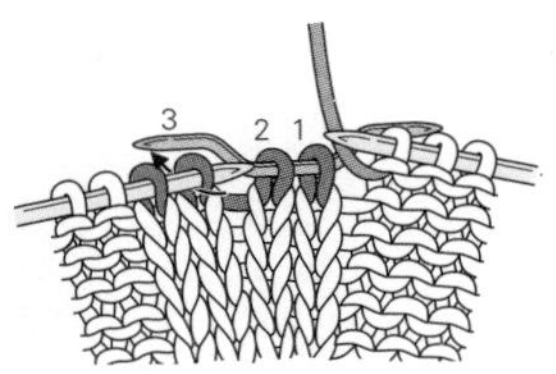

1 把左棒针上的针目 1、针目 2 移到麻花针上，放到编织物的后面。把右棒针插入针目 3 中。

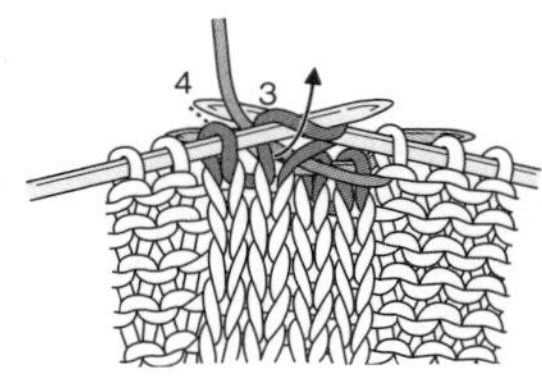

2 织下针。

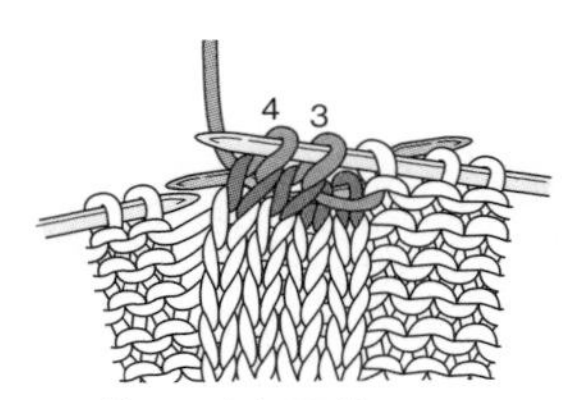

3 针目 4 也织下针。

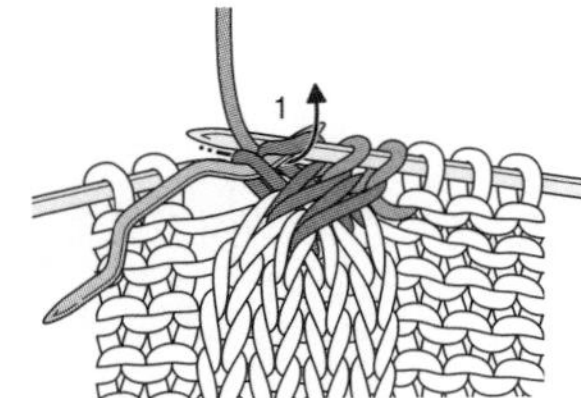

4 把右棒针插入针目 1 中，织下针。针目 2 也织下针。

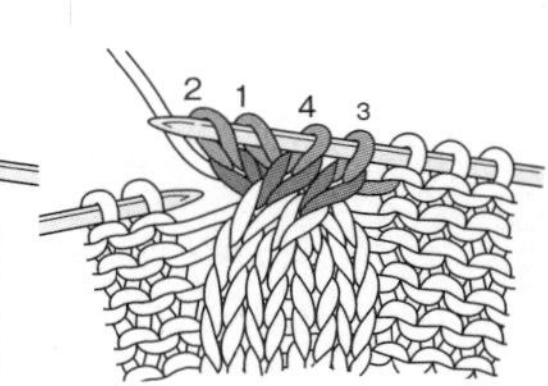

5 完成左上 2 针交叉的编织。

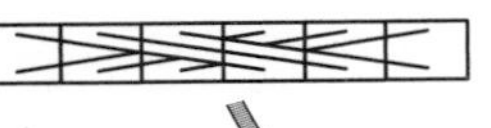

右上 3 针交叉

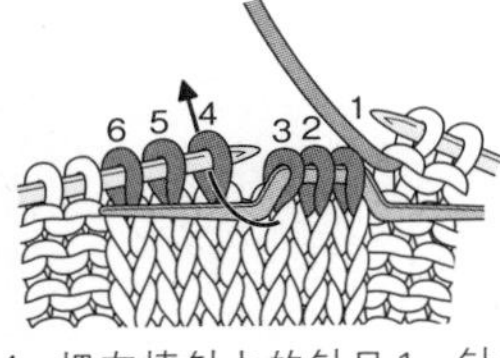

1 把左棒针上的针目 1、针目 2、针目 3 移到麻花针上，放到编织物的前面。把右棒针插入针目 4 中。

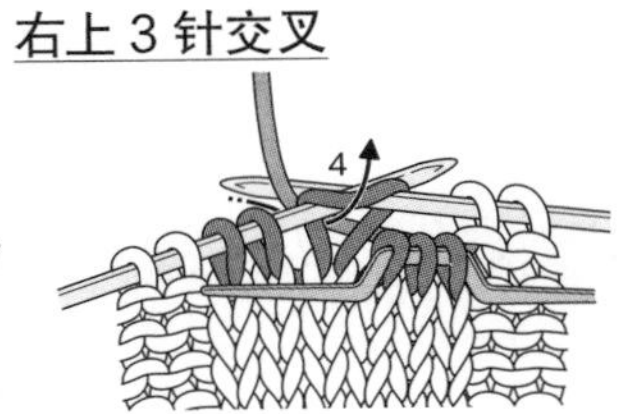

2 织下针。

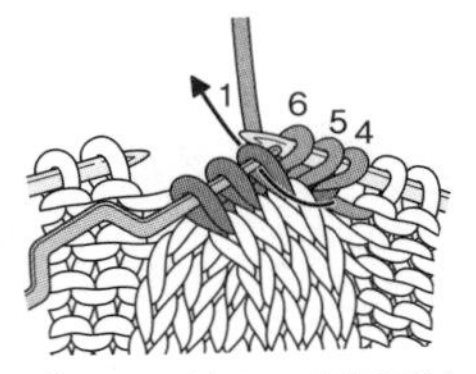

3 针目 5、针目 6 也织下针。把右棒针按箭头所示插入针目 1 中。

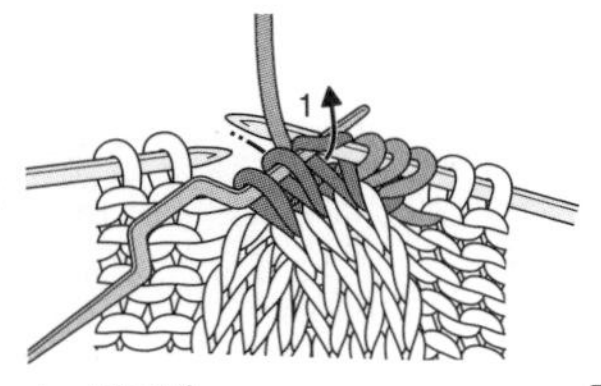

4 织下针。

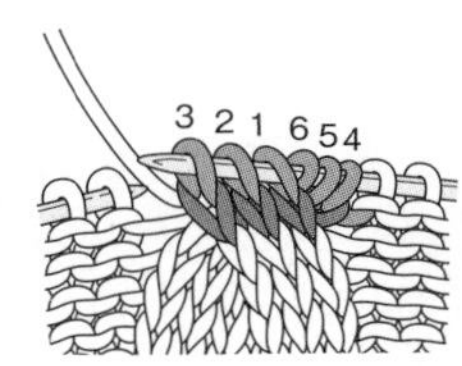

5 针目 2、针目 3 也织下针。完成右上 3 针交叉的编织。

左上 3 针交叉

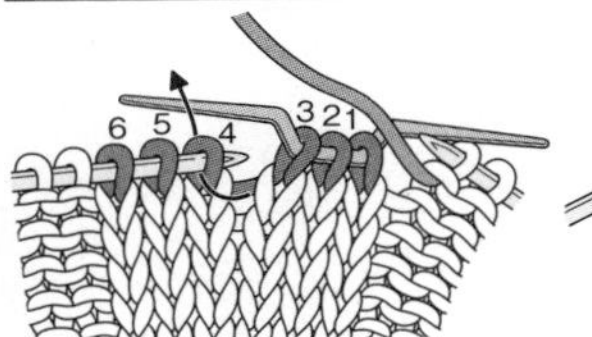

1 把左棒针上的针目 1、针目 2、针目 3 移到麻花针上，放到编织物的后面。把右棒针插入针目 4 中。

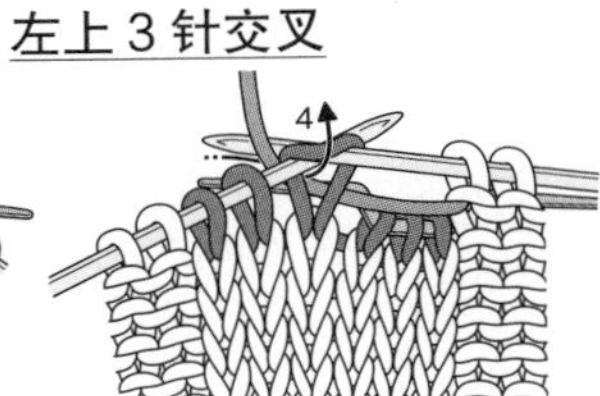

2 织下针。

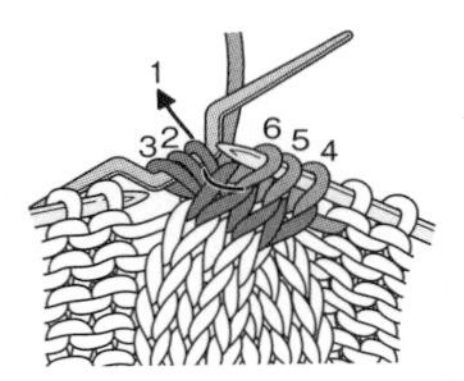

3 针目 5、针目 6 也织下针。把右棒针按箭头所示插入针目 1 中。

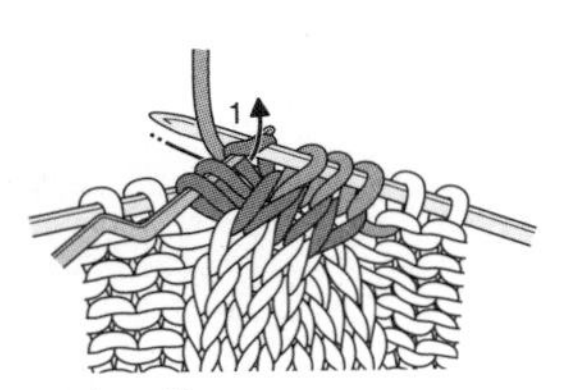

4 织下针。

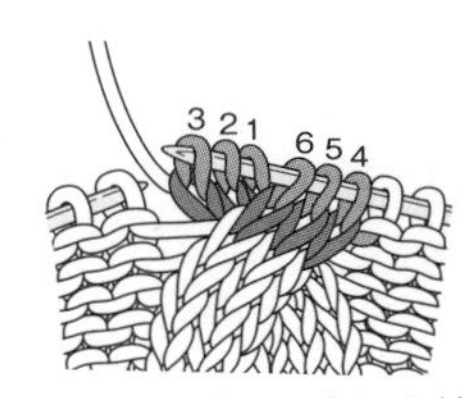

5 针目 2、针目 3 也织下针。完成左上 3 针交叉的编织。

右上 4 针交叉

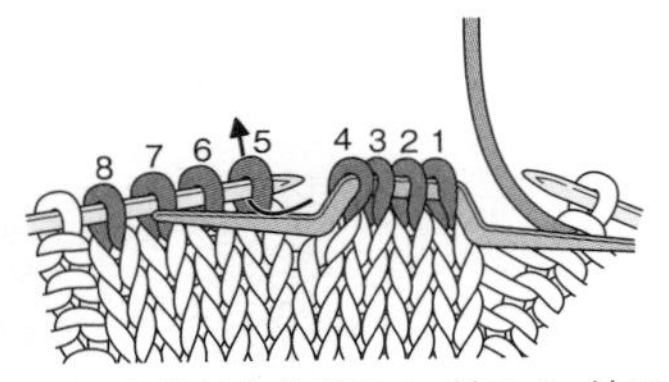

1 把左棒针上的针目 1、针目 2、针目 3、针目 4 移到麻花针上，放到编织物的前面。把右棒针插入针目 5 中。

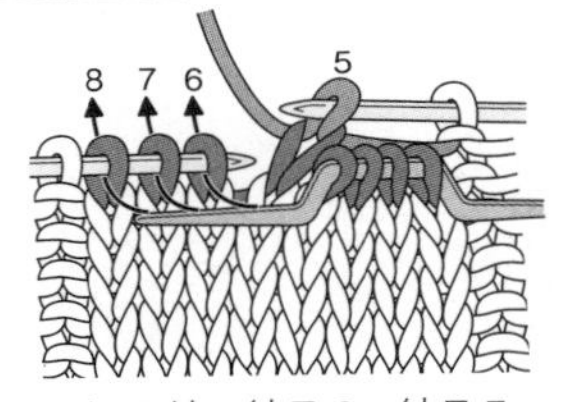

2 织下针。针目 6、针目 7、针目 8 也织下针。

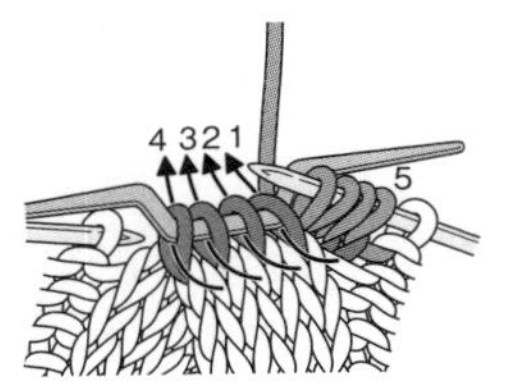

3 针目 1、针目 2、针目 3、针目 4 织下针。

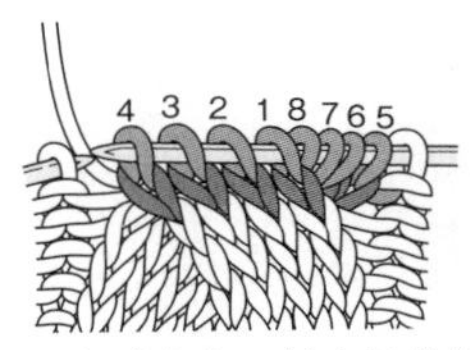

4 完成右上 4 针交叉的编织。

左上 4 针交叉

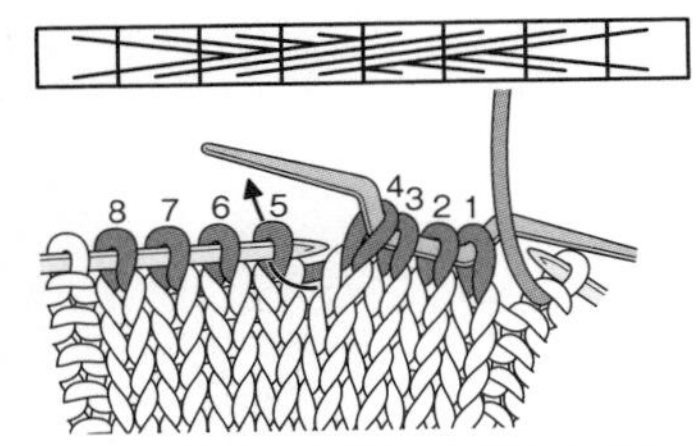

1 把左棒针上的针目 1、针目 2、针目 3、针目 4 移到麻花针上，放到编织物的后面。把右棒针插入针目 5 中。

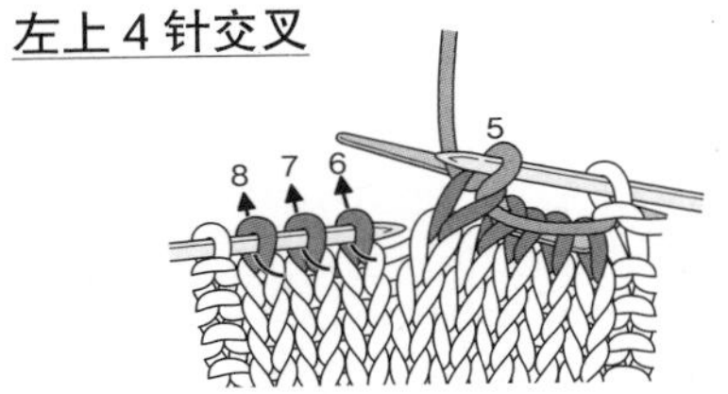

2 织下针。针目 6、针目 7、针目 8 也织下针。

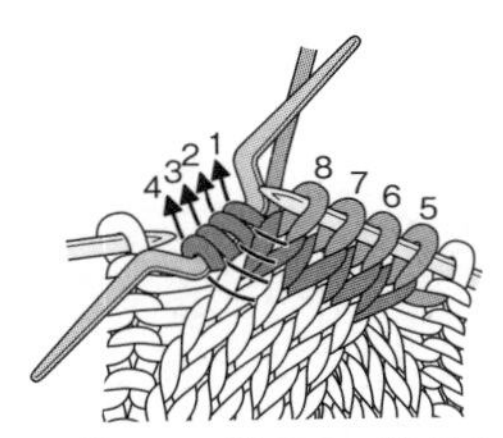

3 针目 1、针目 2、针目 3、针目 4 织下针。

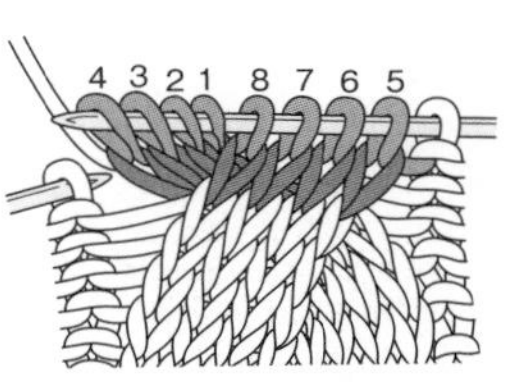

4 完成左上 4 针交叉的编织。

中上 2 针左右 2 针交叉

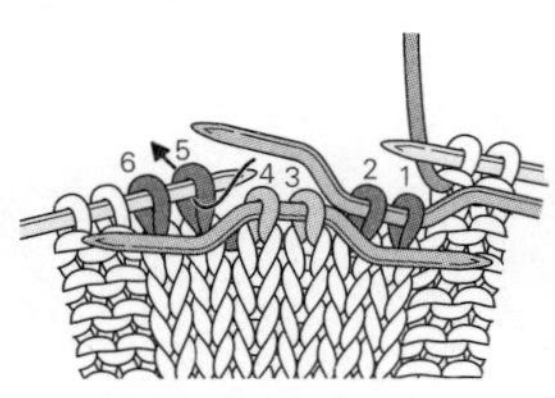

1 把左棒针上的针目 1、针目 2 移到一根麻花针上，把针目 3、针目 4 移到另一根麻花针上，并把它们放在编织物的前面。

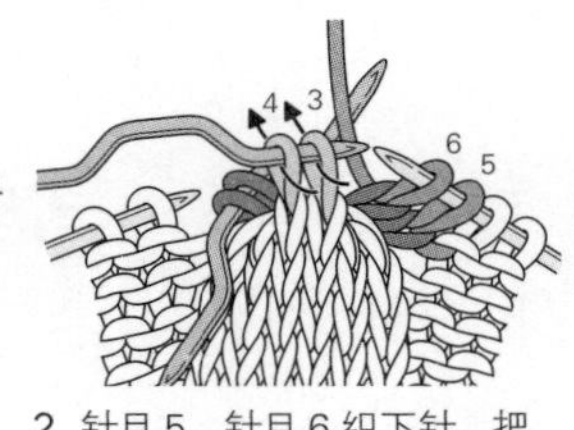

2 针目 5、针目 6 织下针。把挂着针目 1、针目 2 的麻花针移到挂有针目 3、针目 4 的麻花针的后面左侧。

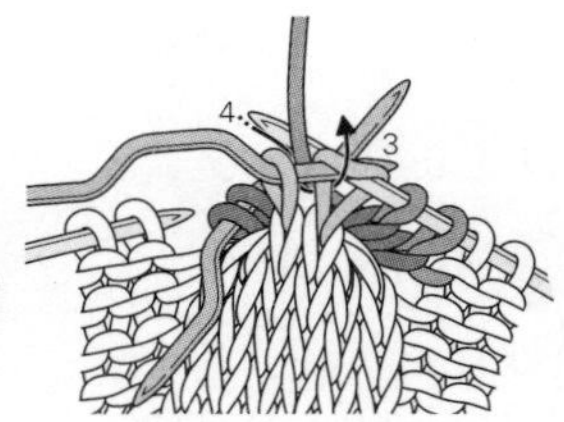

3 把右棒针插入针目 3 中，织下针。针目 4 也织下针。

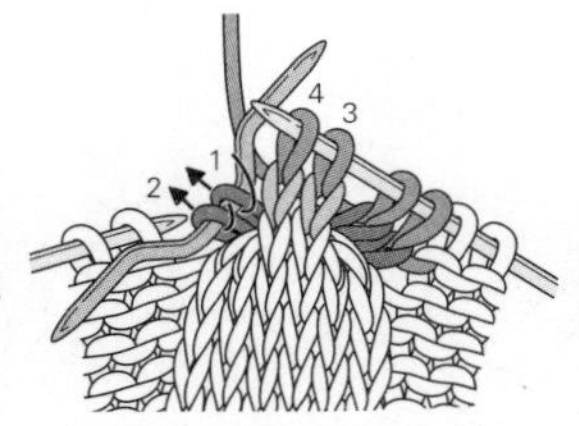

4 针目 1、针目 2 也织下针。

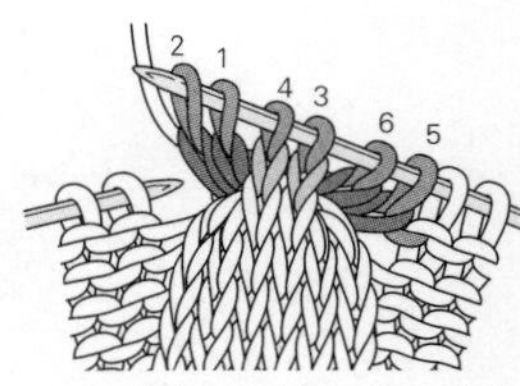

5 完成中上 2 针左右 2 针交叉的编织。

滑针

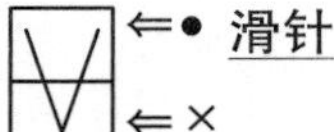

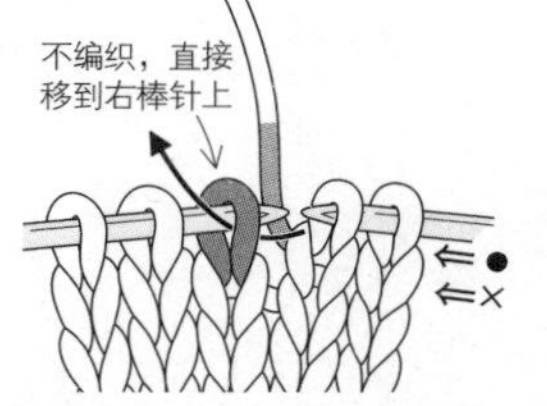

1 把线放在编织物后面，按箭头所示把右棒针插入左棒针上的第 1 针中，不编织，直接把这一针移到右棒针上。

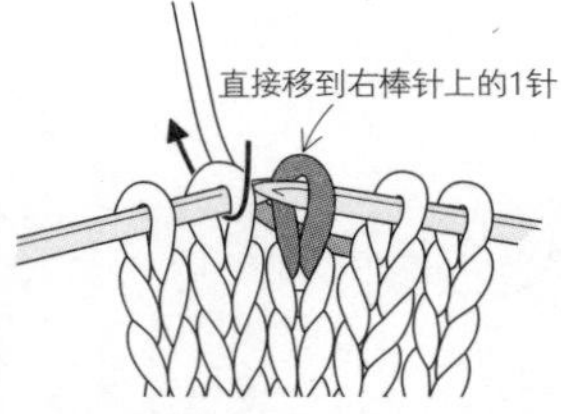

2 把右棒针按箭头所示插入左棒针上的针目中。

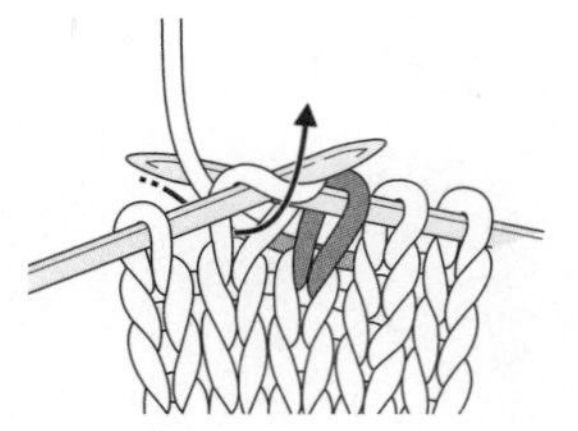

3 织下针。

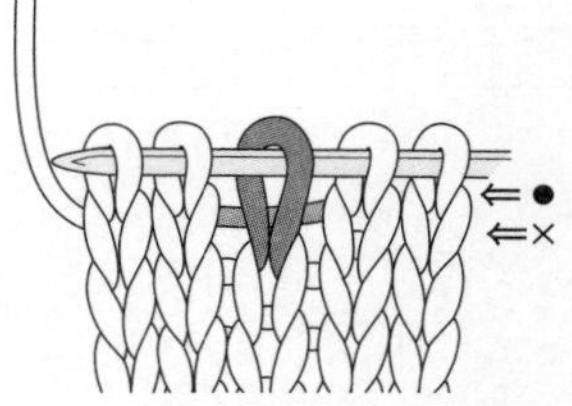

4 完成滑针的编织。

拉针（用挂针编织的方法）

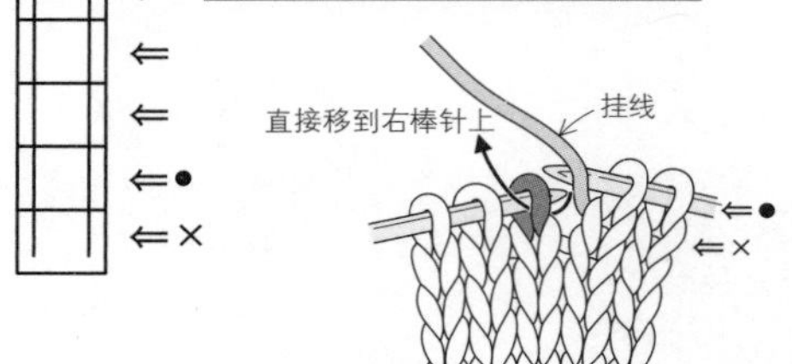

1 在右棒针上挂线，然后按箭头所示插入左棒针上的第 1 针中，不编织，直接把这一针移到右棒针上。

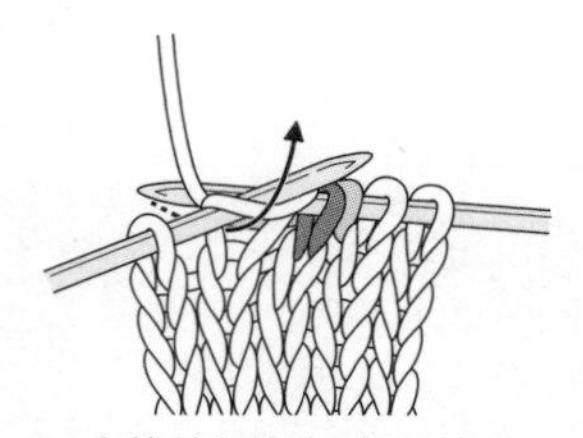

2 左棒针上的针目织下针。

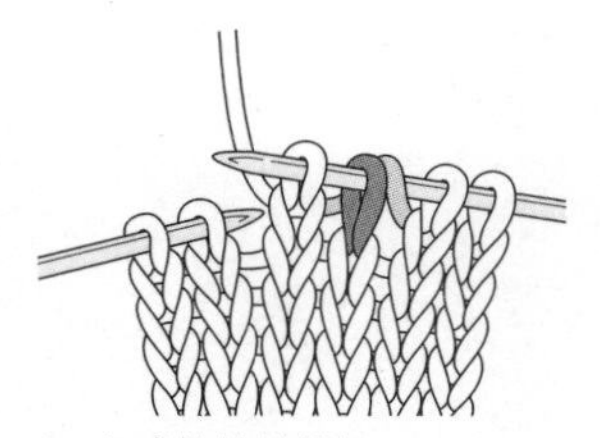

3 完成拉针的编织。

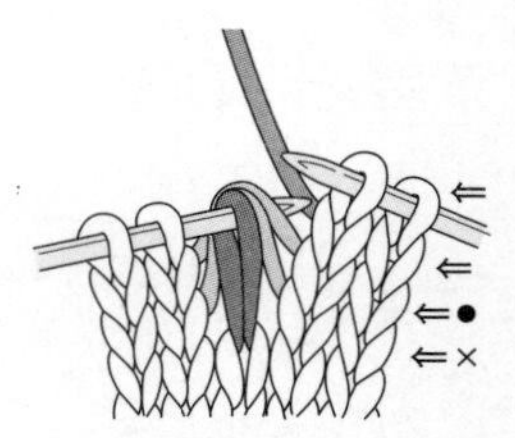

4 以下的第 2、3、4 行也按同样的要领编织。

拉针（用挑针编织的方法）

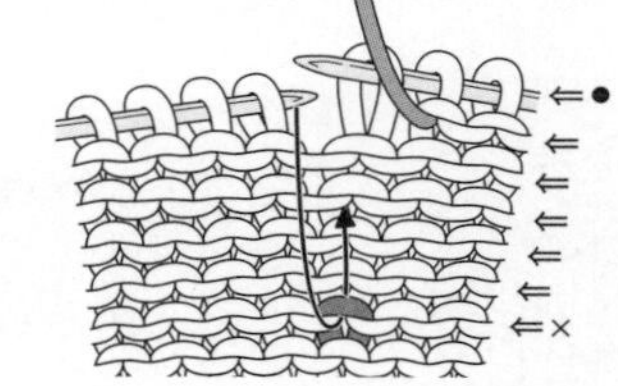

1 不改变针目的方向，不编织，把左棒针上的 1 针移到右棒针上。用左棒针按箭头所示挑起同针目下面第 6 行的线圈。

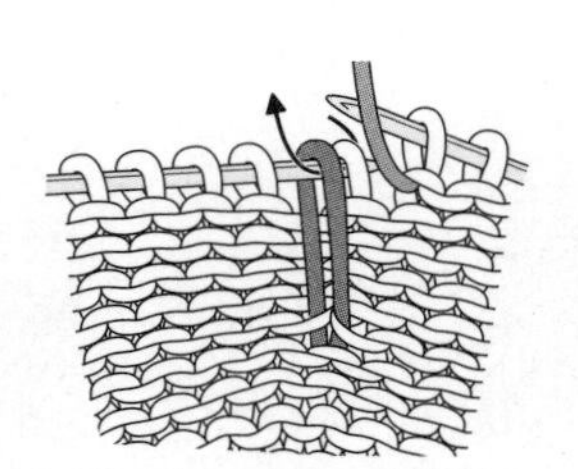

2 把步骤 1 中移到右棒针上的那一针移回到左棒针上，如图所示，把右棒针插入这 2 针中。

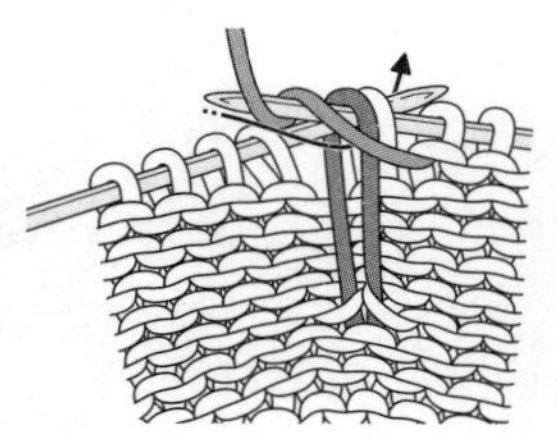

3 织上针。

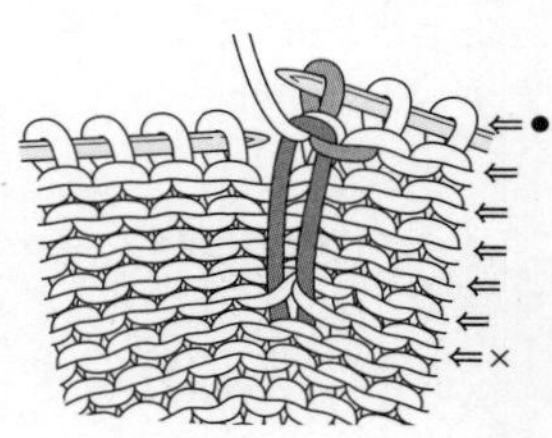

4 完成编织。

左盖针

1 把右棒针插入左棒针上的第 3 针中，按箭头所示，挑起这一针盖在第 2、第 1 针的上面。

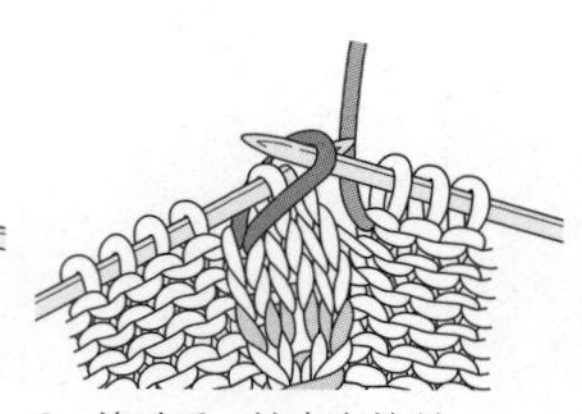

2 盖过后，抽出右棒针。

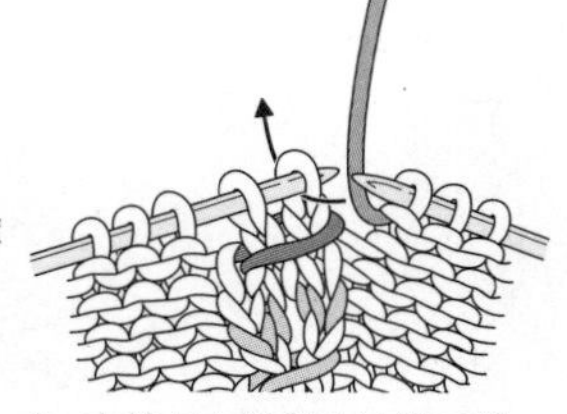

3 左棒针上的第 1 针织下针。

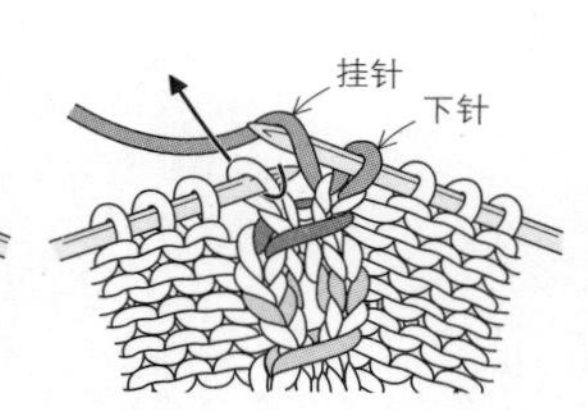

4 织挂针，第 2 针也织下针。

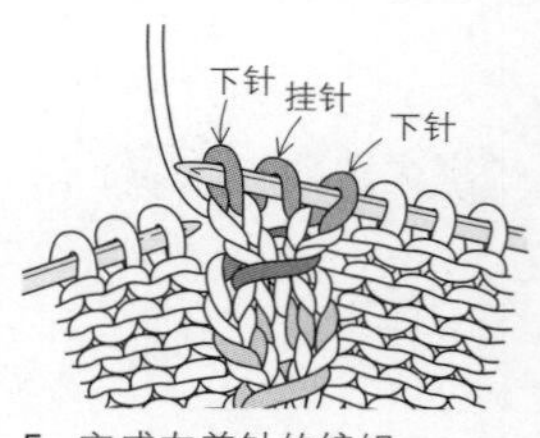

5 完成左盖针的编织。

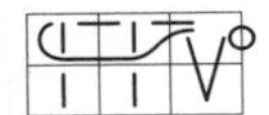

滑针右盖针

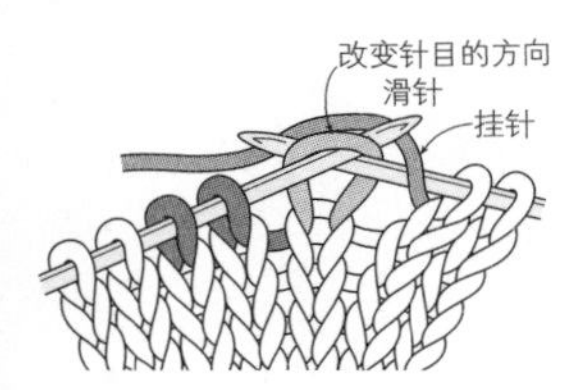

1 把线挂在右棒针上，左棒针上的第 1 针不编织，移到右棒针上（滑针）。

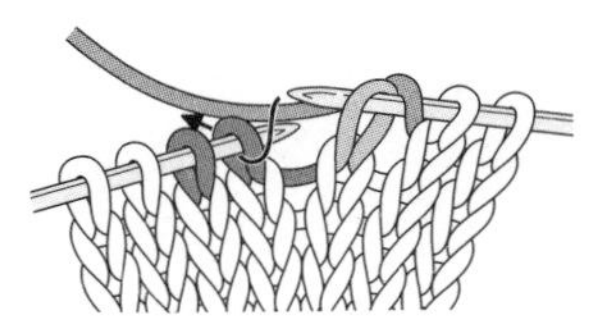

2 把右棒针插入左棒针上的第 2 针中，织下针。

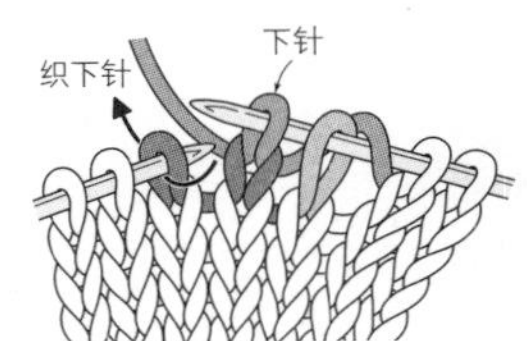

3 第 3 针也织下针。

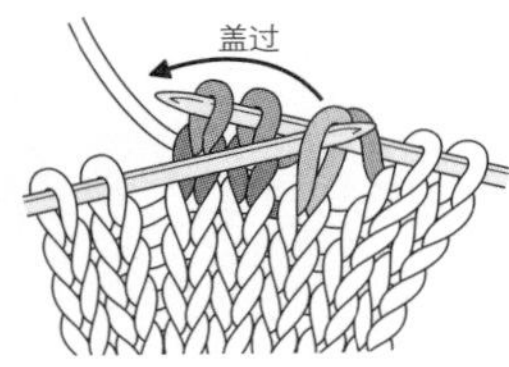

4 把左棒针插入滑针中，挑起这一针盖在第 2、第 3 针的上面。

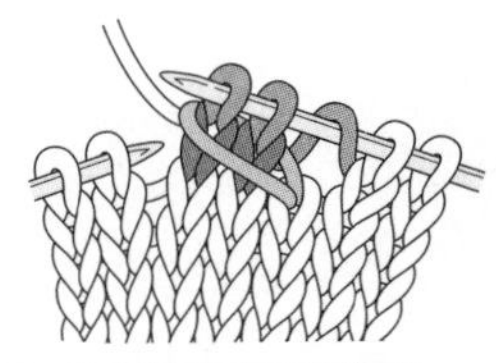

5 完成滑针右盖针编织。

卷针加针 / 卷针加针中，只有当挂线那一侧编织完成后，才能进行加针编织

右侧

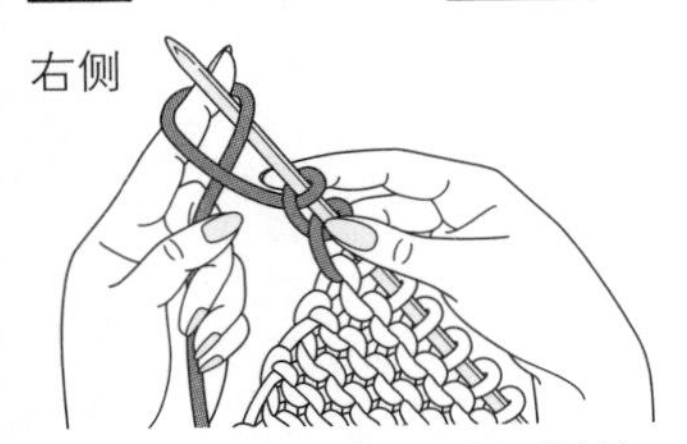

1 上针行编织完成后，进行卷针加针。如图所示把线挂在食指上，并插入棒针，然后抽出食指。

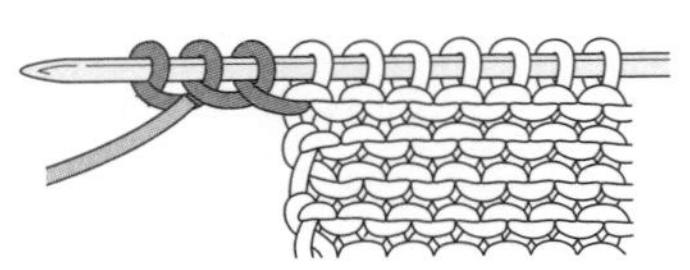

2 重复步骤 1。完成 3 针卷针加针后的情形。

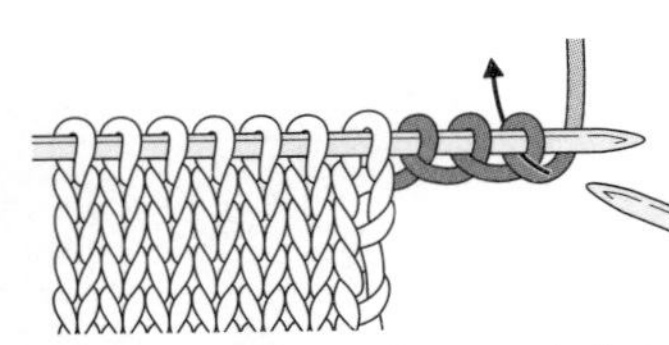

3 将编织物翻面，编织下一行（下针行），按箭头所示插入右棒针。

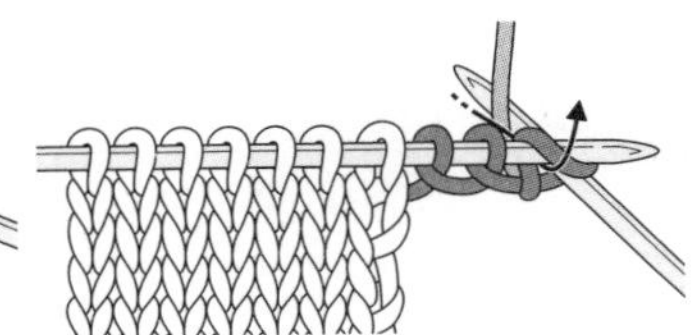

4 织下针。

左侧

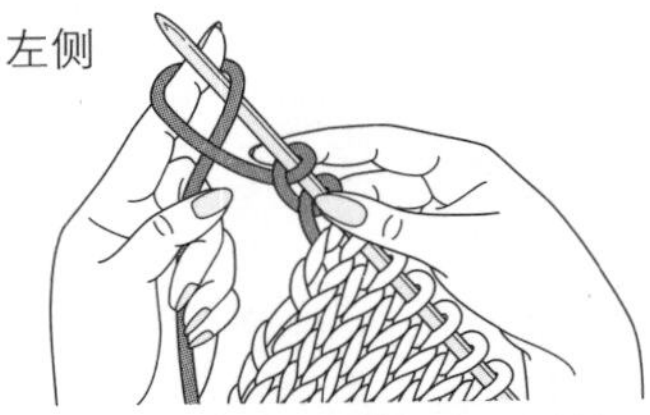

1 下针行编织完成后，进行卷针加针。如图所示把线挂在食指上，并插入棒针，然后抽出食指。

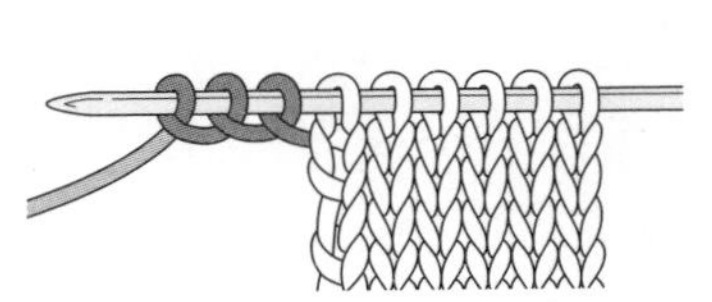

2 重复步骤 1。完成 3 针卷针加针后的情形。

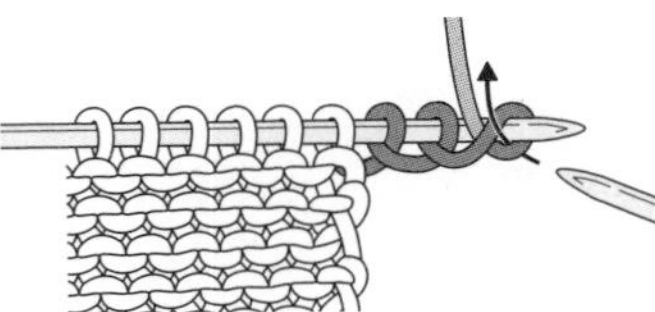

3 将编织物翻面，编织下一行（上针行），按箭头所示插入右棒针。

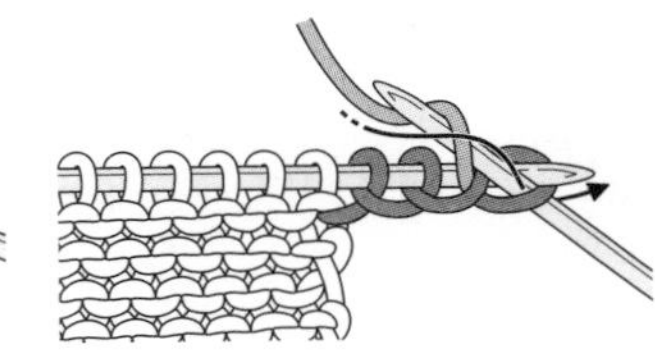

4 织上针。

3 针长针的枣形针

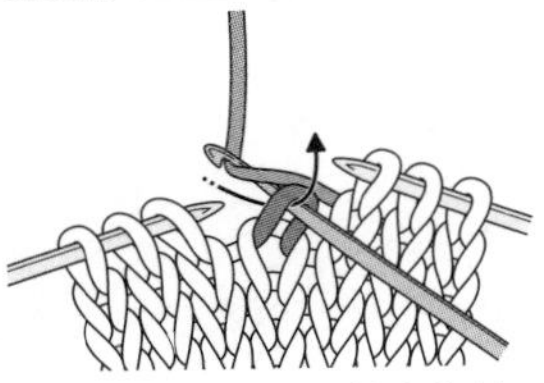

1 插入钩针，把线挂在钩针上并按箭头所示拉出线。

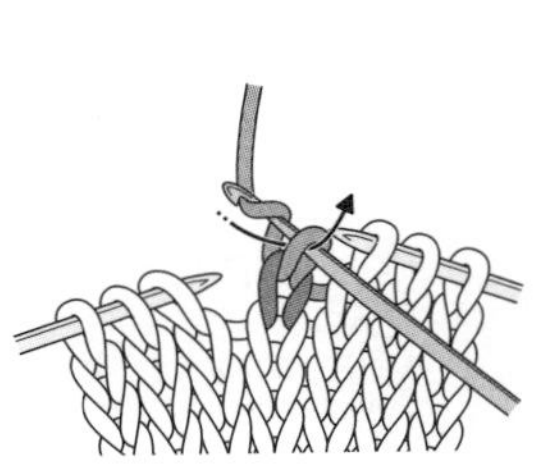

2 立织 3 针锁针。

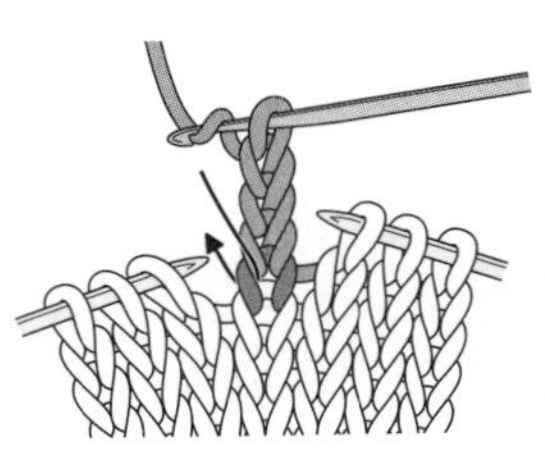

3 把线挂在钩针上，把钩针按箭头所示插入步骤 1 中的那个针目中。

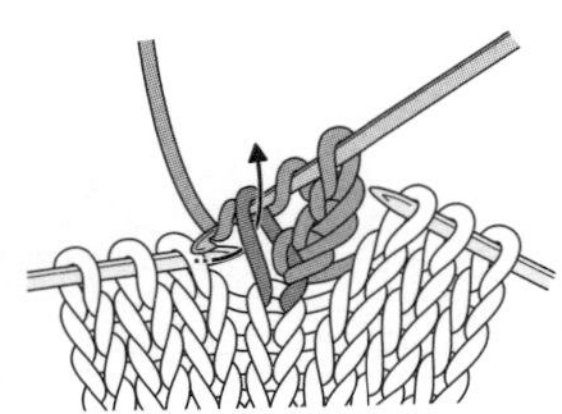

4 挂线，并拉出线。

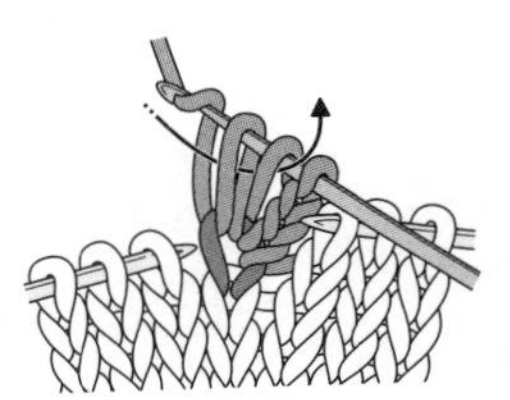

5 挂线，如图所示从 2 个线圈中拉出线（未完成的长针）。

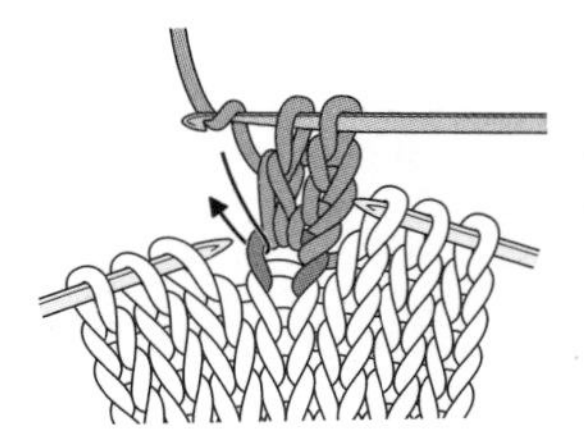

6 下一针，仍在同一针目中钩织未完成的长针。

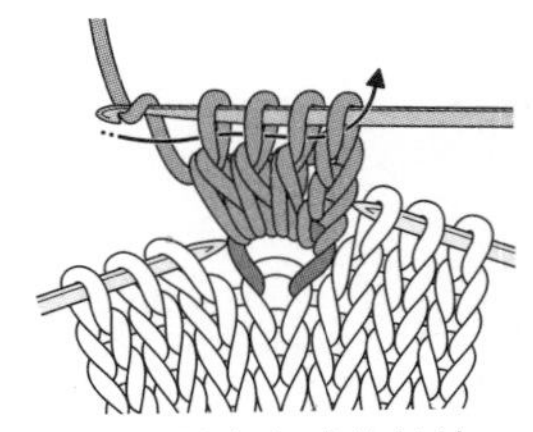

7 钩织 3 针未完成的长针。把线挂在钩针上，从 4 个线圈中引拔出。

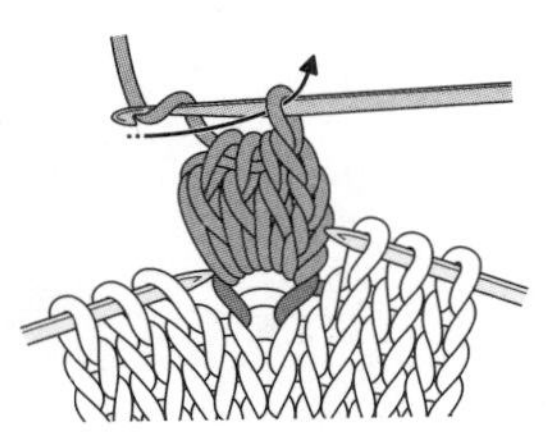

8 再次把线挂在钩针上，并引拔。

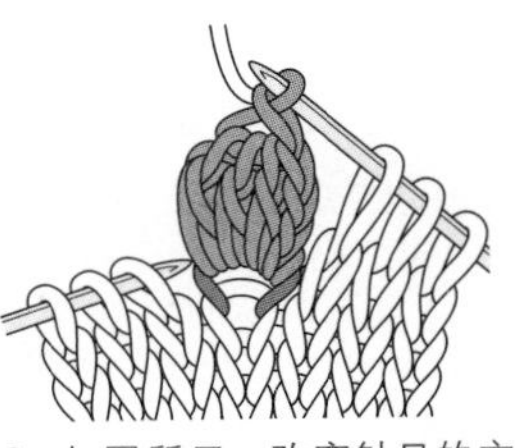

9 如图所示，改变针目的方向，把钩针上的针目移回到右棒针上。完成 3 针长针的枣形针的钩织。

| 伏针收针（下针）

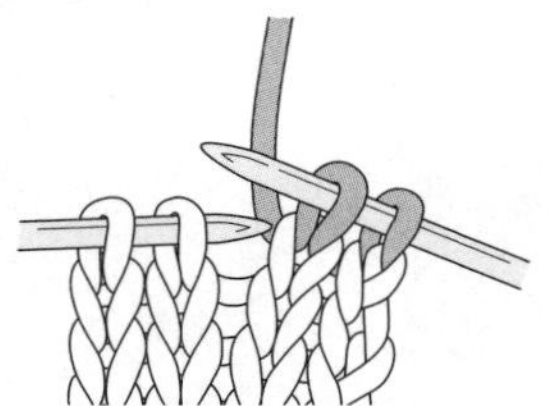

1 边端处的 2 针织下针。

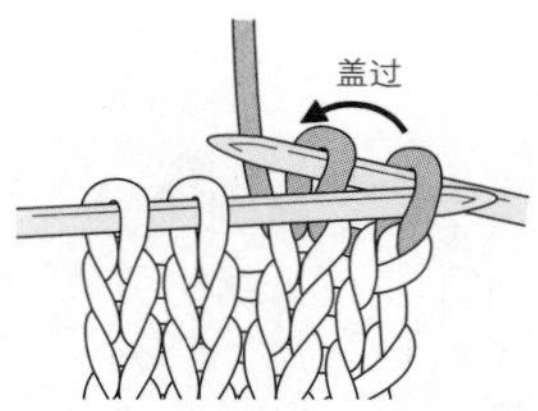

2 如图，用左棒针挑起第 1 针盖在第 2 针的上面。

3 盖过后的情形。

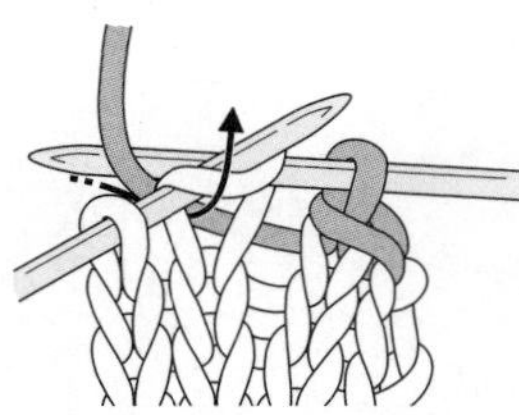

4 第 3 针也织下针。

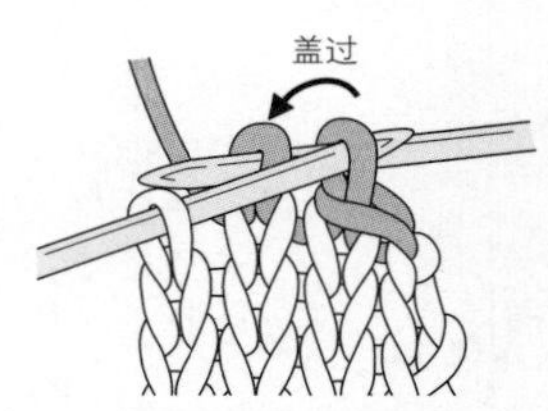

5 使用左棒针挑起右棒针上的第 2 针盖在第 3 针的上面。重复步骤 4、5。

伏针收针（上针）

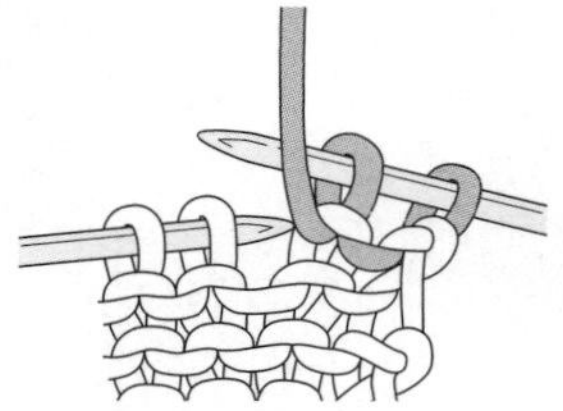

1 边端处的 2 针织上针。

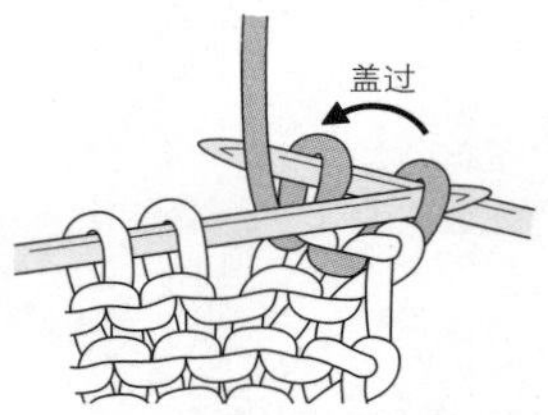

2 如图，用左棒针挑起第 1 针盖在第 2 针的上面。

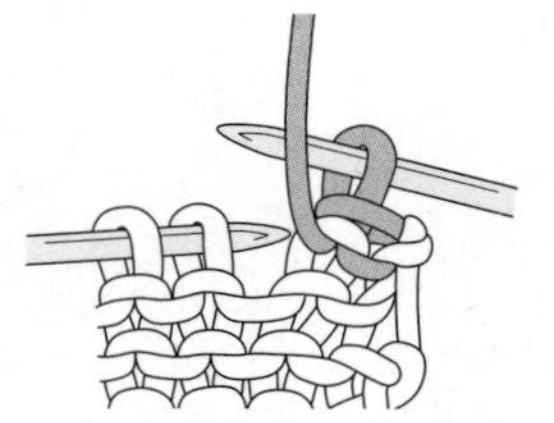

3 盖过后的情形。

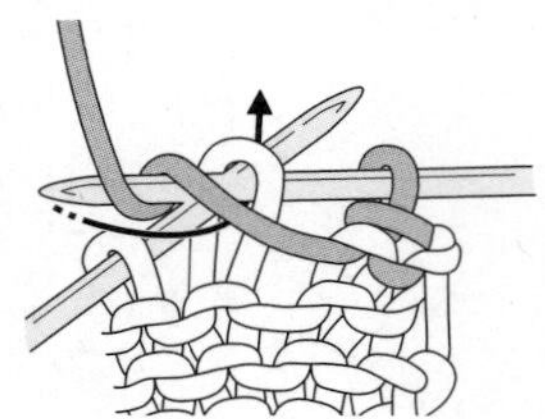

4 第 3 针也织上针。

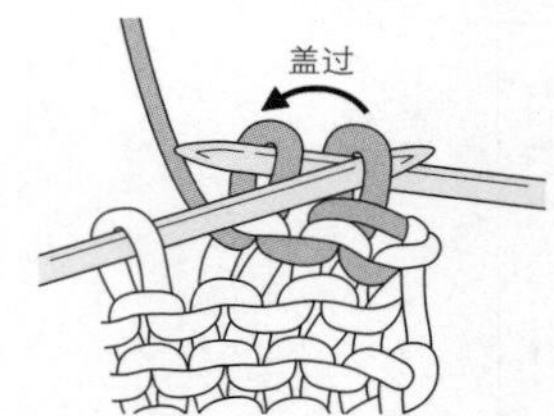

5 使用左棒针挑起右棒针上的第 2 针盖在第 3 针的上面。重复步骤 4、5。

引拔收针

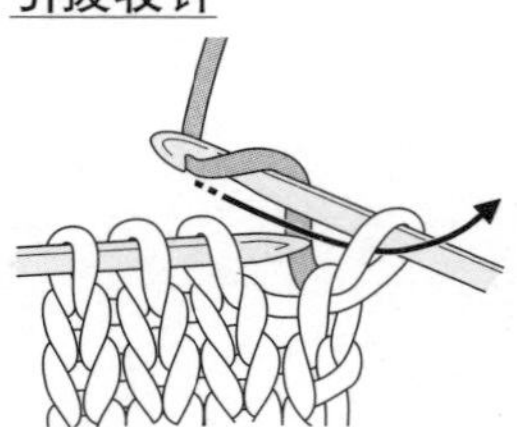

1 把左棒针上的第 1 针移到钩针上，把线挂在钩针上并拉出。

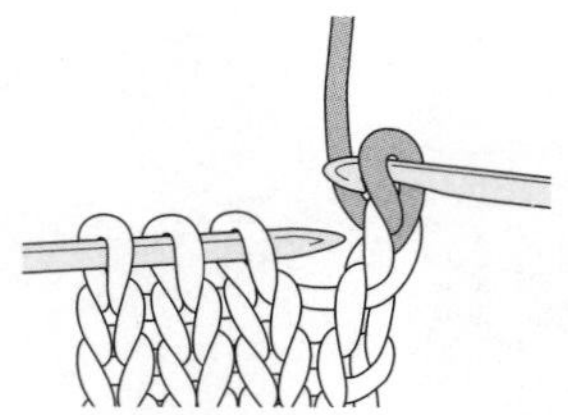

2 引拔后的情形。

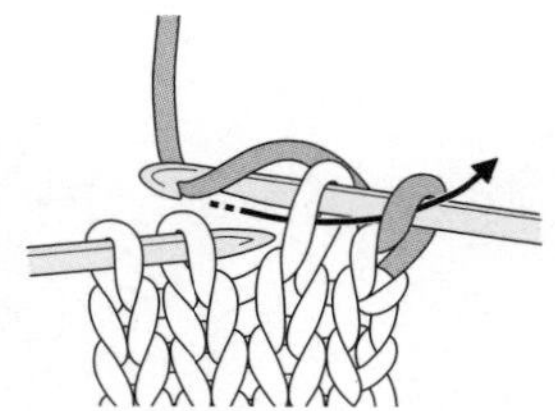

3 接着把第 2 针移到钩针上，把线挂在钩针上，从 2 个线圈中引拔出。

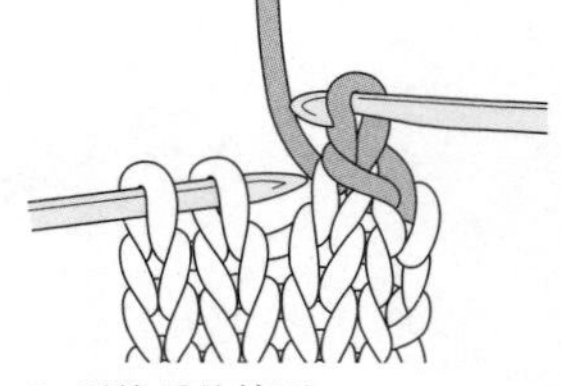

4 引拔后的情形。

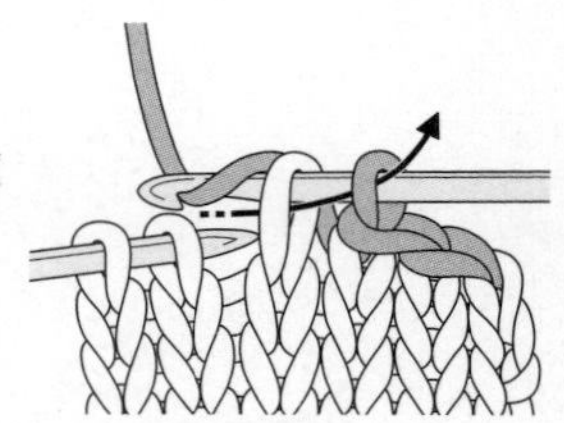

5 第 3 针重复步骤 3。

引拔钉缝

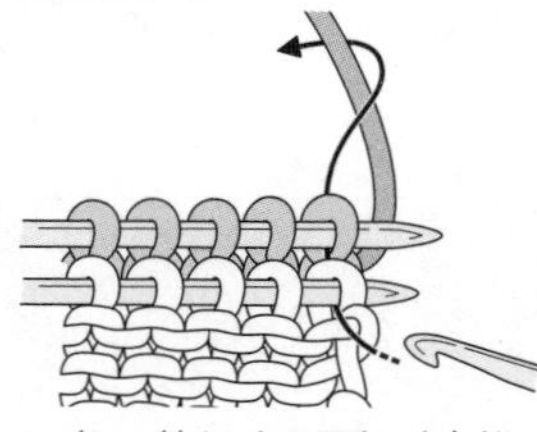

1 把 2 块织片正面相对合拢后用左手拿着，按箭头所示，把钩针顺次插入前面织片的上针与后面织片的下针中。

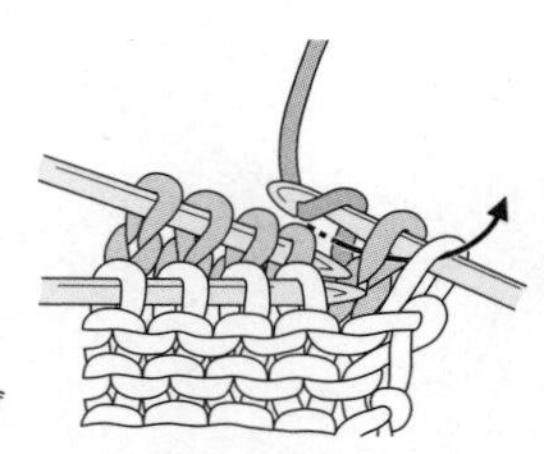

2 把线挂在钩针上，从 2 个线圈中引拔出。

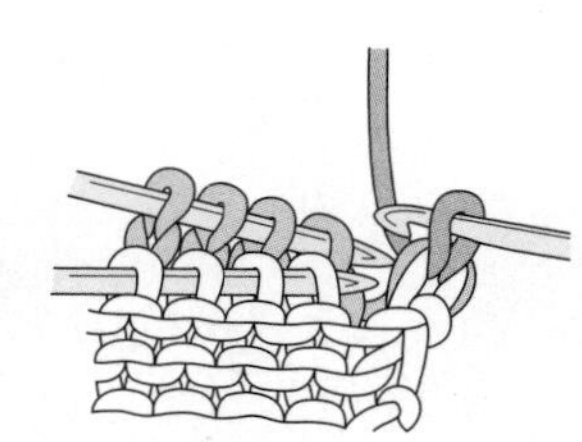

3 引拔后的情形。

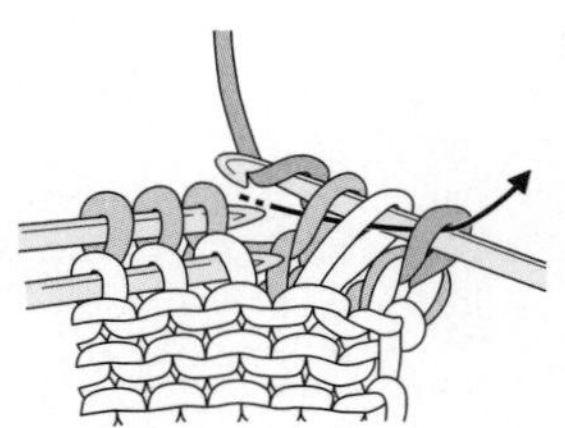

4 挑取前面织片与后面织片的下一针。把线挂在钩针上后引拔 3 个线圈。

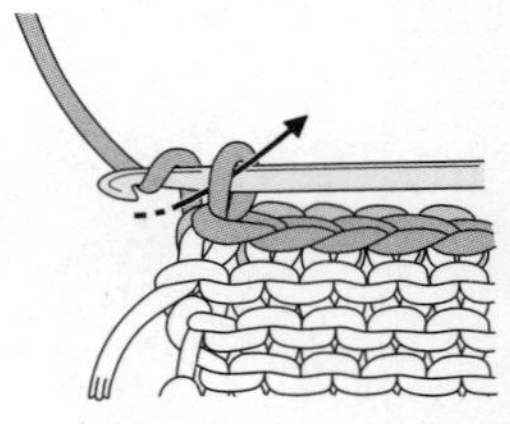

5 重复步骤 4。最后 1 针引拔收针。

针与行的钉缝

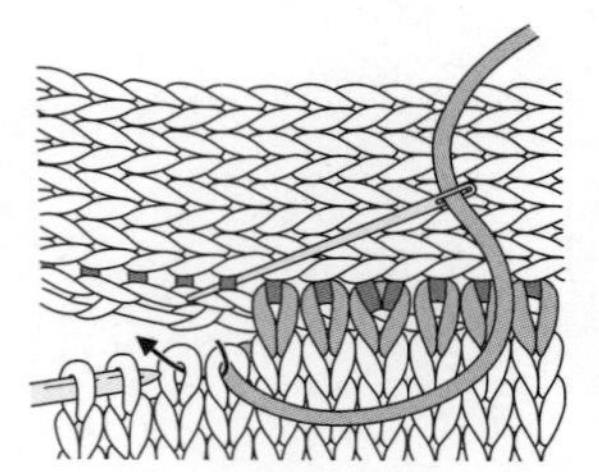

1 上面织片的边和下面织片的针目对齐，把毛线缝针插入下面织片的 2 针中。

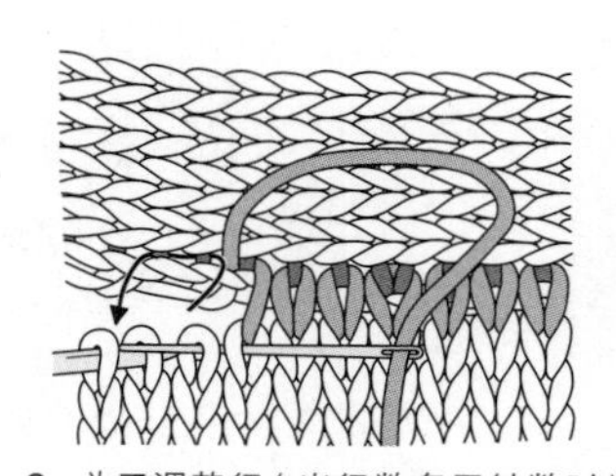

2 为了调整行（当行数多于针数时）与针目，有时候会挑取两行。

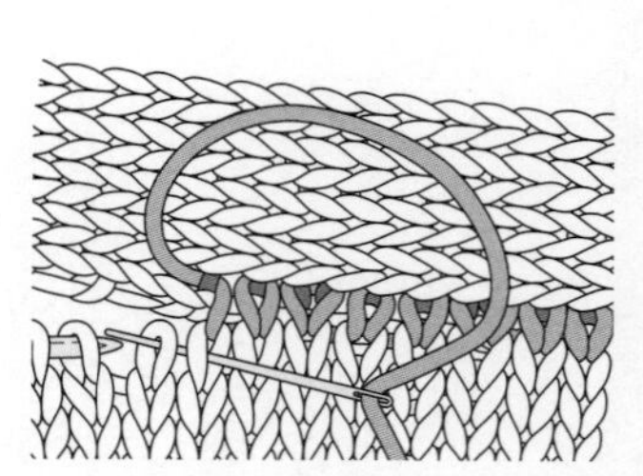

3 在针目和行中交替插入毛线缝针。收紧缝合线，尽量使缝合线不露在外面。

编织符号及编织方法

锁针

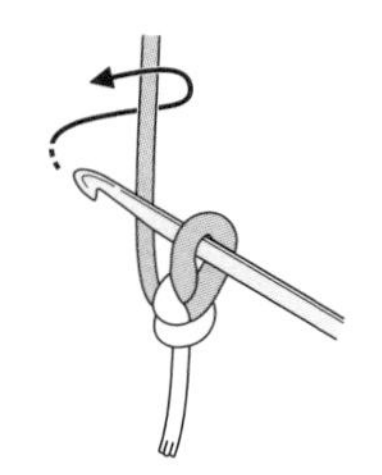

1 按箭头所示，转动钩针，把线挂在钩针上。

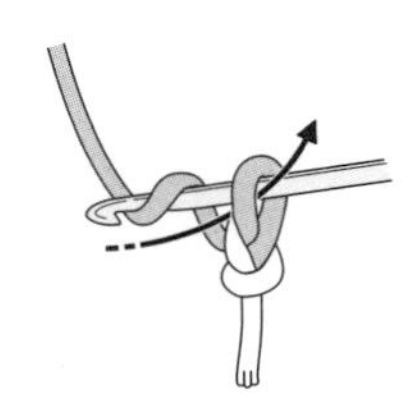

2 把线拉出并收紧。

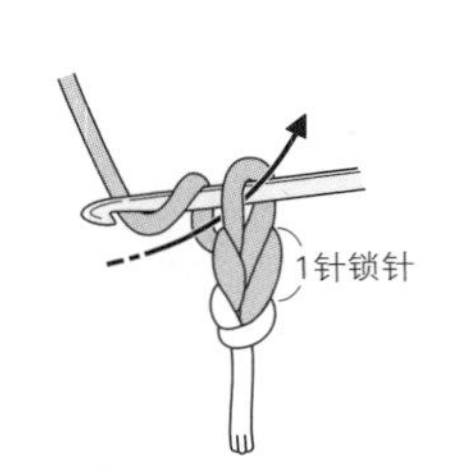

3 再次把线挂在钩针上按箭头所示把线拉出。

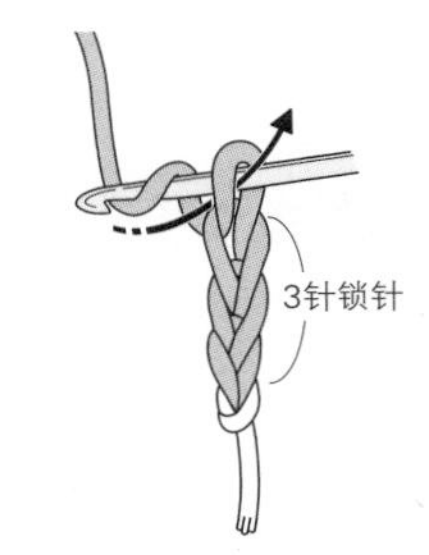

4 重复“把线挂在钩针上并拉出”的钩织。

引拔针

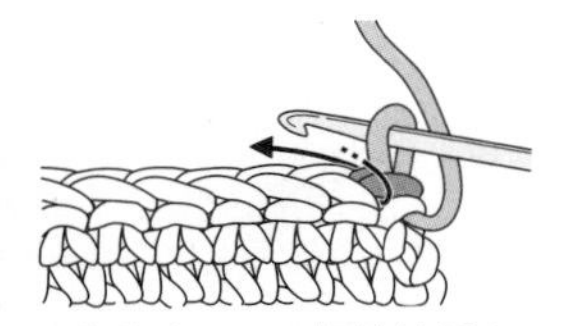

1 按箭头所示，把钩针插入上一行针目头部的2根线中。

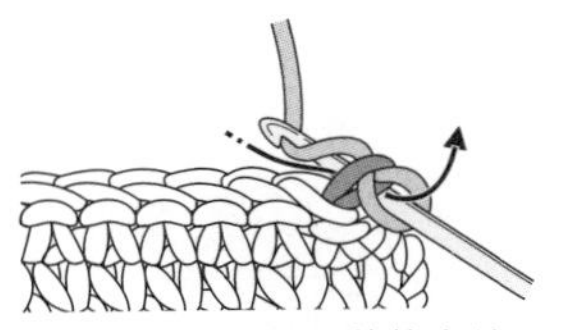

2 把线挂在钩针上，按箭头所示引拔。

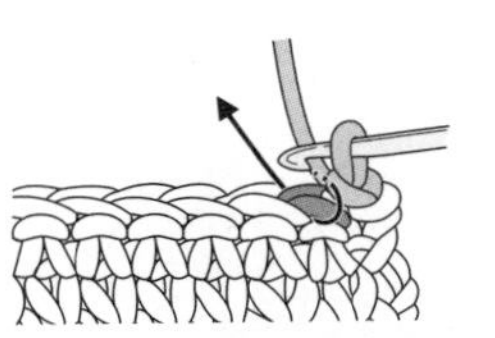

3 钩织第2针时，把钩针插入上一行对应针目头部的2根线中引拔。之后，重复步骤3。

在长针上钩织时

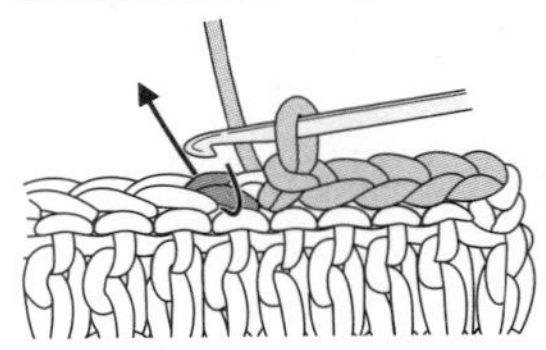

当上一行是长针时，要领一样，把钩针插入上一行针目头部的2根线中并引拔。

＋（╳）短针

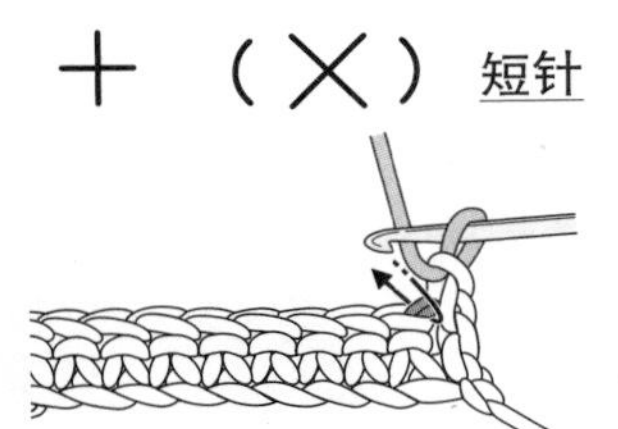

1 按箭头所示，把钩针插入上一行短针头部的2根线中。

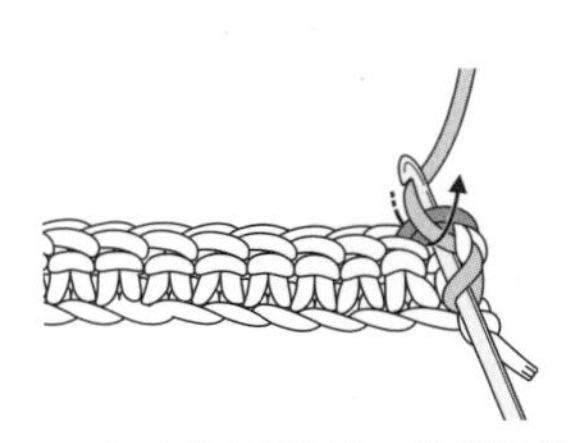

2 把线挂在钩针上，按箭头所示拉出线。

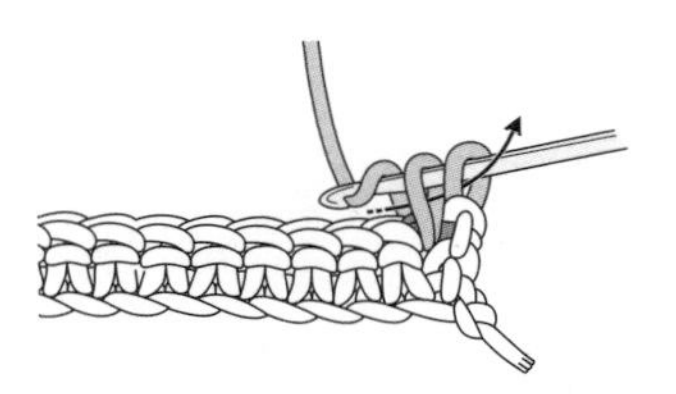

3 再次把线挂在钩针上，从钩针上的2个线圈中引拔出。

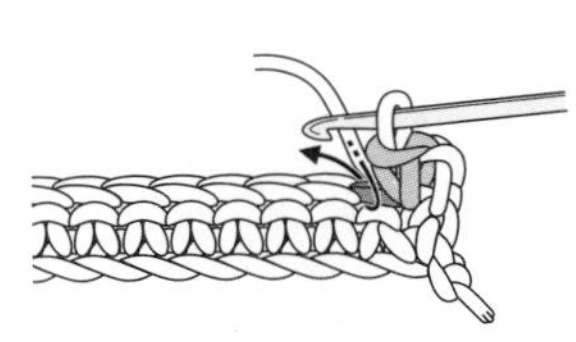

4 完成短针的钩织。重复步骤1~3。

长针

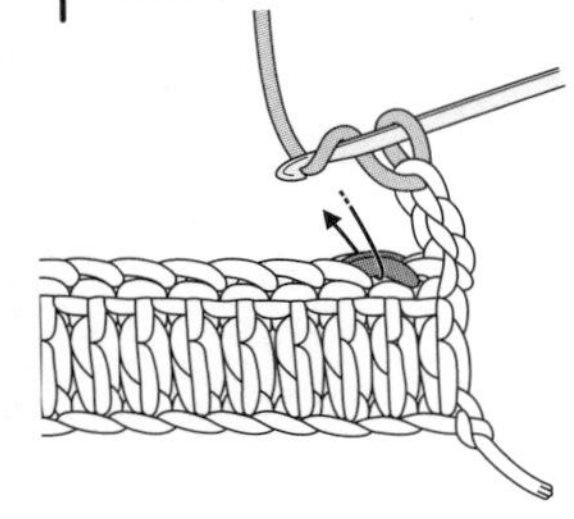

1 把线挂在钩针上，按箭头所示，把钩针插入上一行针目头部的2根线中。

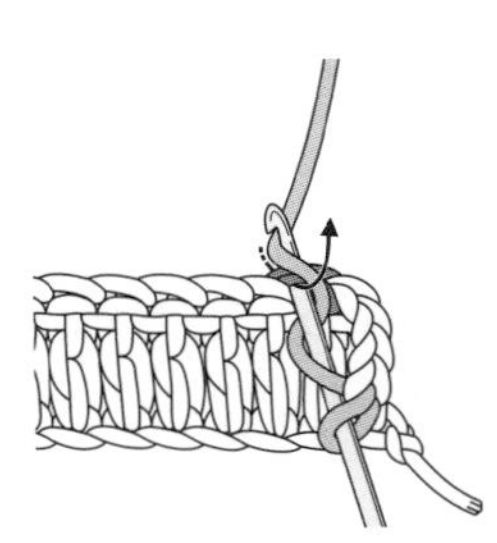

2 把线挂在钩针上，按箭头所示，拉出线。

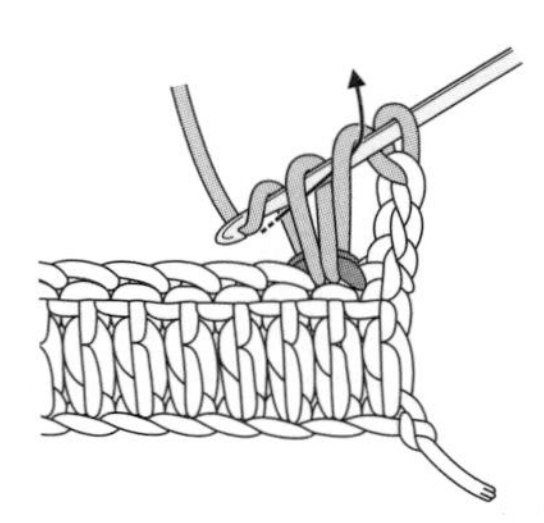

3 把线挂在钩针上，按箭头所示从钩针上的2个线圈中引拔出。

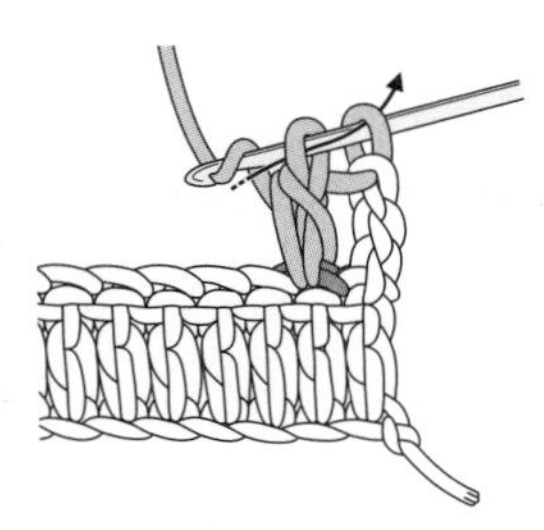

4 再次把线挂在钩针上，按箭头所示从钩针上的2个线圈中引拔出。

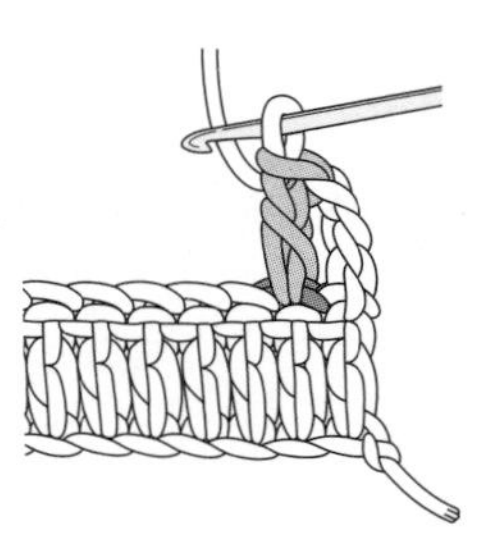

5 完成长针的钩织。重复步骤1~4。

长长针

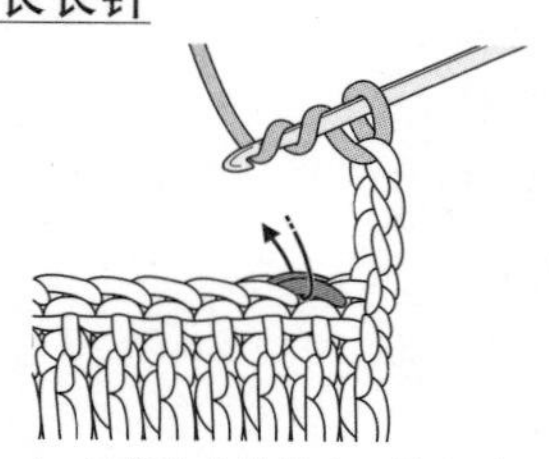
1 把线挂在钩针上，绕 2 次。然后按箭头所示，把钩针插入上一行针目头部的 2 根线中。

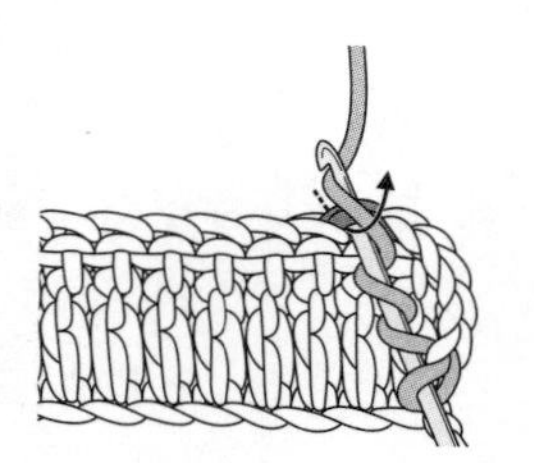
2 把线挂在钩针上，按箭头所示拉出线。

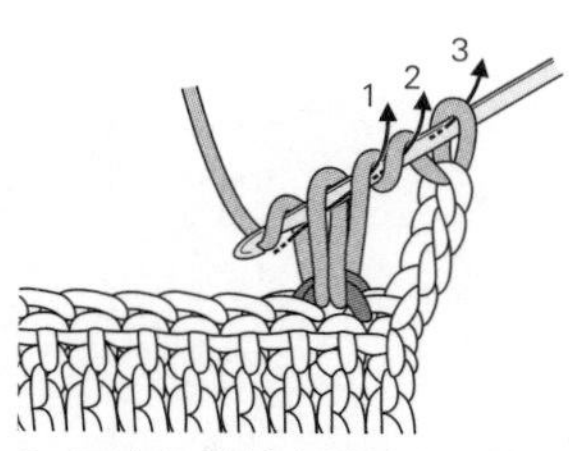

3 再次把线挂在钩针上，按箭头所示，从钩针上的 2 个线圈中拉出线。（重复 3 次。）

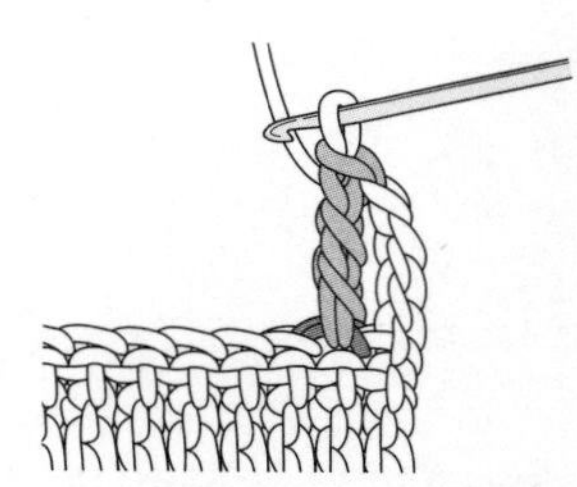
4 完成长长针的钩织。重复步骤 1~3。

短针 2 针并 1 针

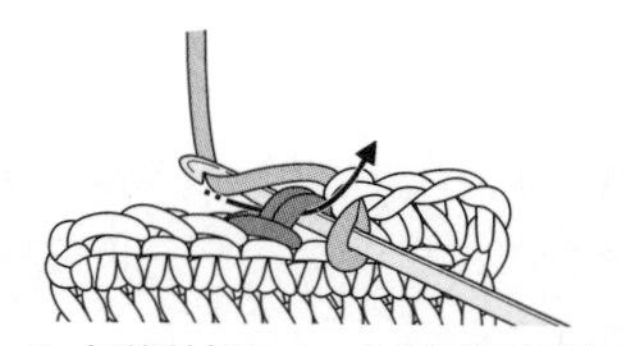
1 把钩针插入上一行针目头部的 2 根线中，挂好线后拉出。

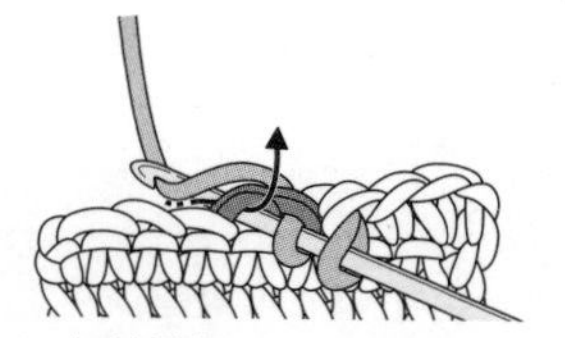
2 把钩针插入下一针对应的上一行针目头部的 2 根线中，挂好线后拉出。

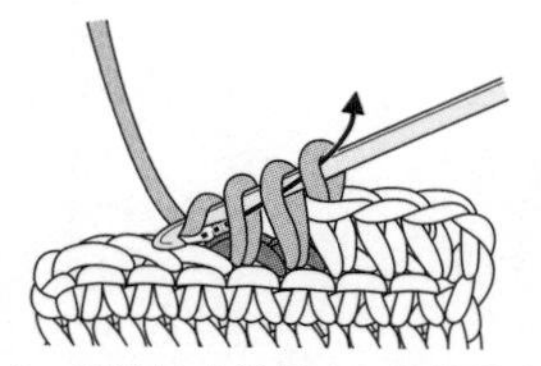
3 把线挂在钩针上，从钩针上的 3 个线圈中引拔出（2 针并 1 针）。

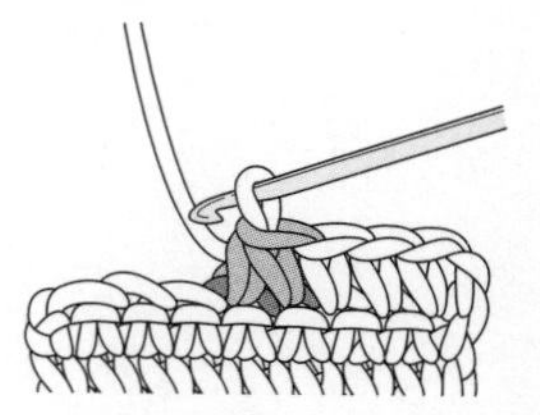
4 完成短针 2 针并 1 针的钩织。

长针 5 针并 1 针

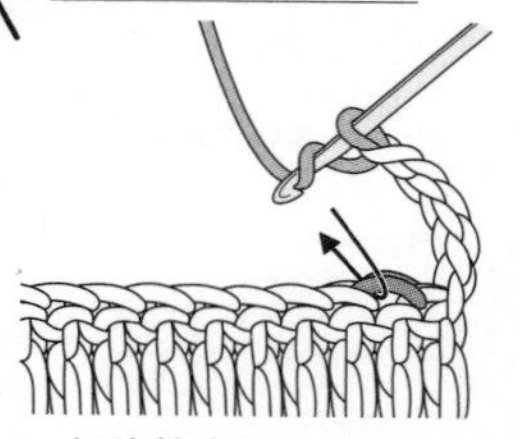
1 把线挂在钩针上，按箭头所示，把钩针插入上一行第 1 针头部的 2 根线中。

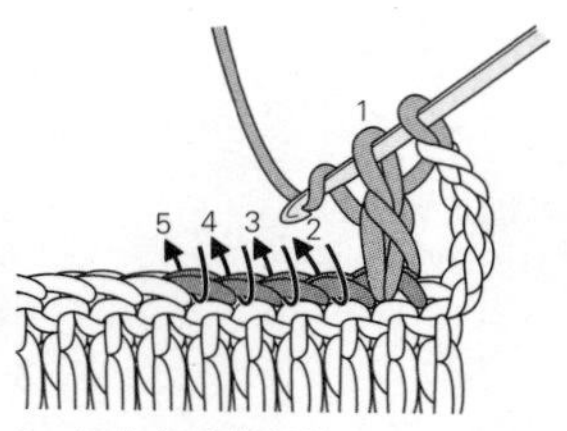

2 织未完成的长针。之后，再钩织 4 针未完成的长针。

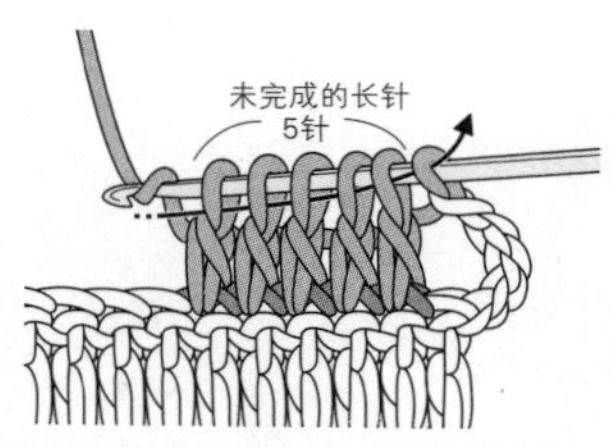

3 把线挂在钩针上，从钩针上的 6 个线圈中引拔出。

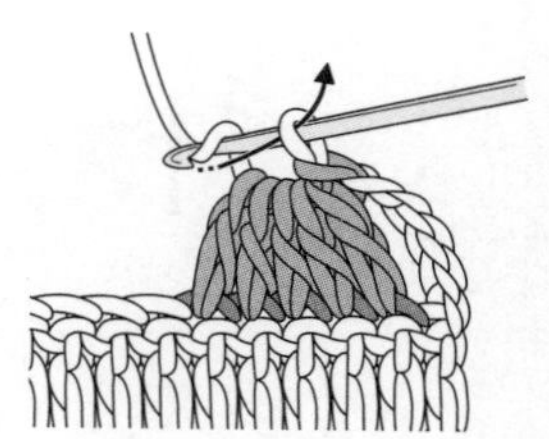
4 完成长针 5 针并 1 针的钩织。

3 针锁针的狗牙拉针（短针钩织）

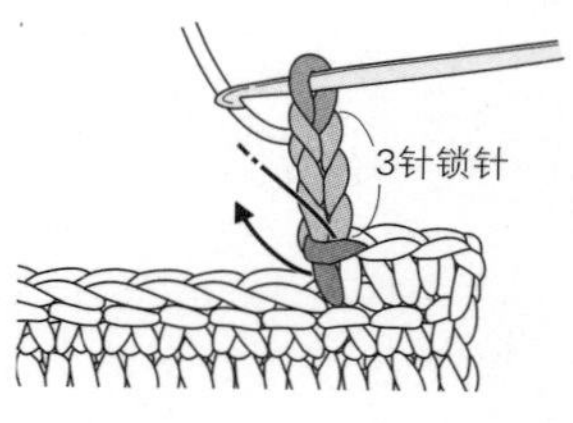

1 在短针基础上织 3 针锁针，如图所示，在短针头部半针和尾部半针中插入钩针。

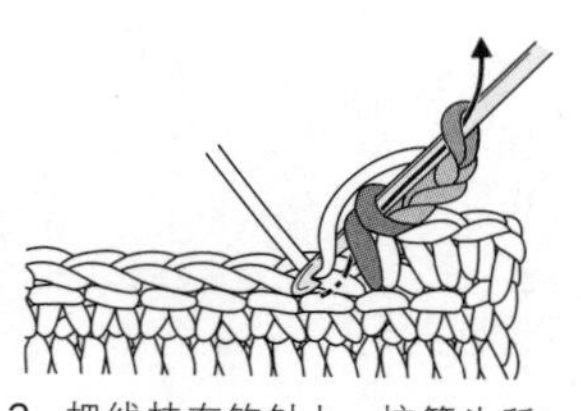
2 把线挂在钩针上，按箭头所示引拔出。

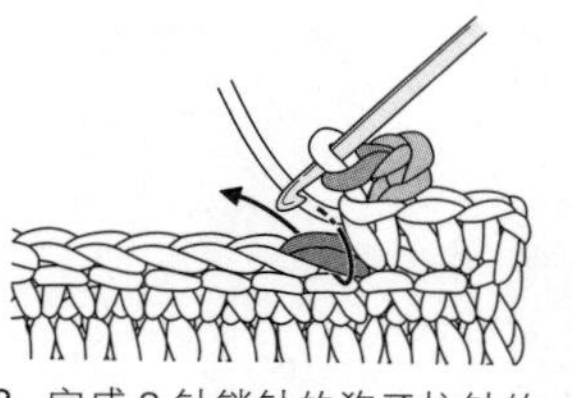
3 完成 3 针锁针的狗牙拉针的钩织。下一针织短针。

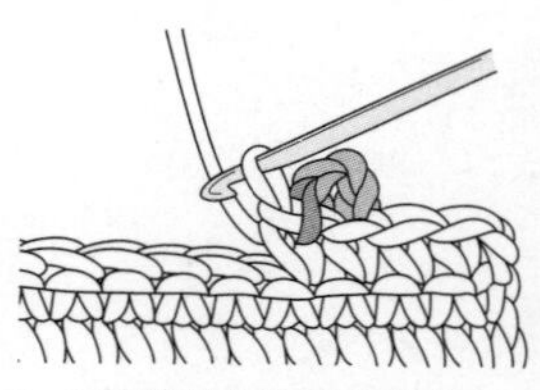
4 3 针锁针的狗牙拉针钩织完的情形。

3 针锁针的狗牙拉针（网格花钩织）

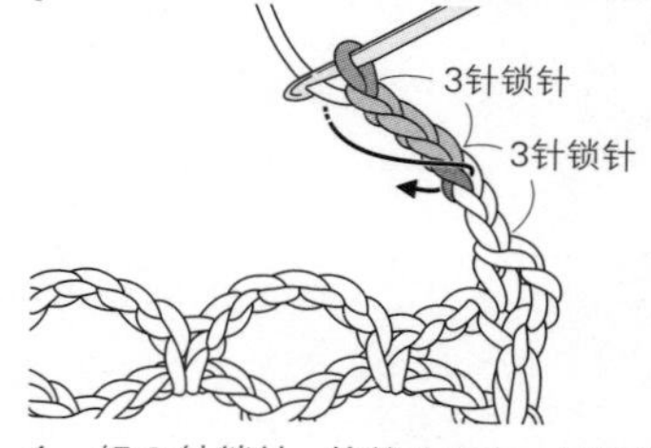

1 织 3 针锁针，按箭头所示，把钩针插入图示的针目中。

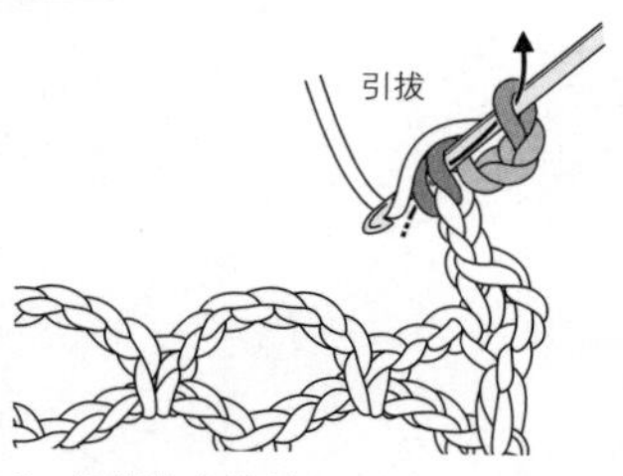

2 把线挂在钩针上，按箭头所示引拔出。

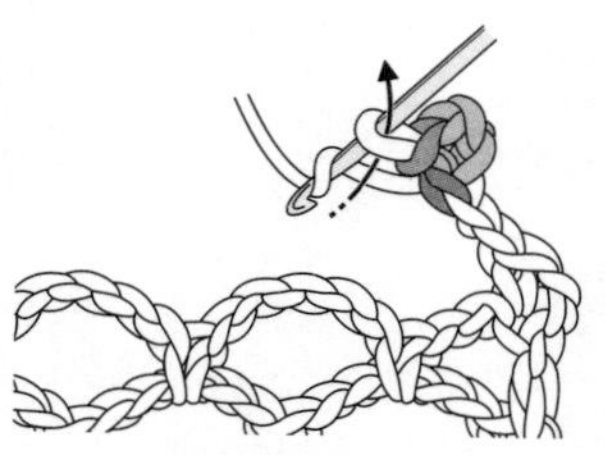
3 完成 3 针锁针的狗牙拉针的钩织。

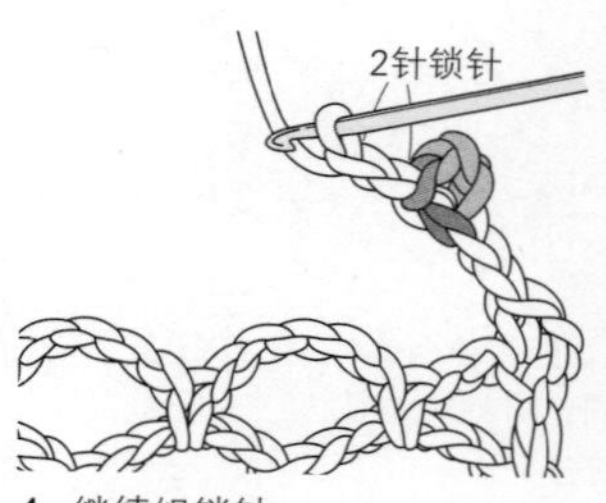

4 继续织锁针。

花片的连接方法

用引拔针连接 4 枚花片

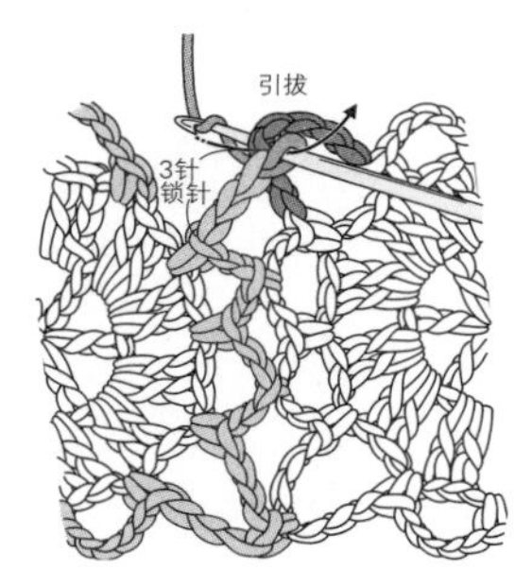

1 如图所示，把钩针从上方插入第 1 枚花片的锁针环中。把线挂在钩针上，按箭头所示引拔。

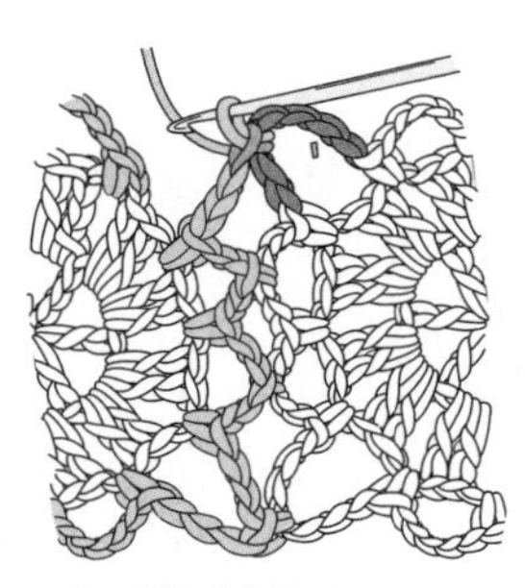

2 引拔后的情形。

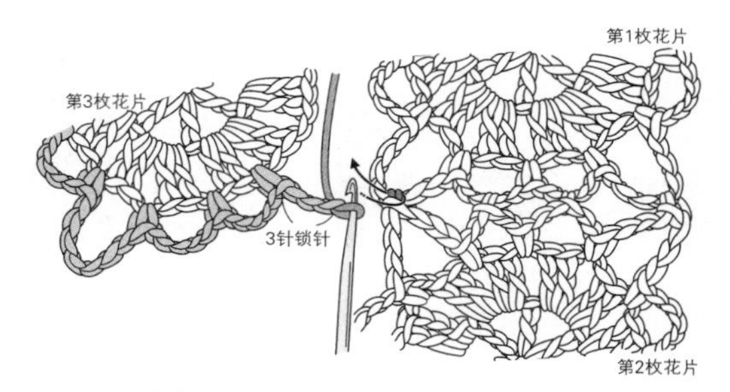

3 连接第 3 枚花片时，把钩针插入第 2 枚花片上引拔那针尾部的 2 根线中。

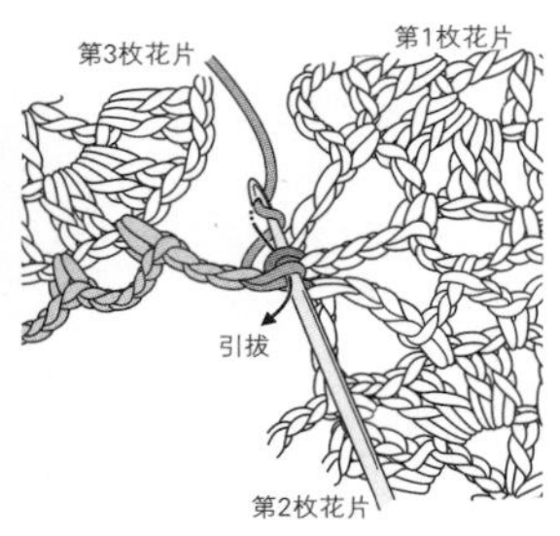

4 把线挂在钩针上，按箭头所示引拔。

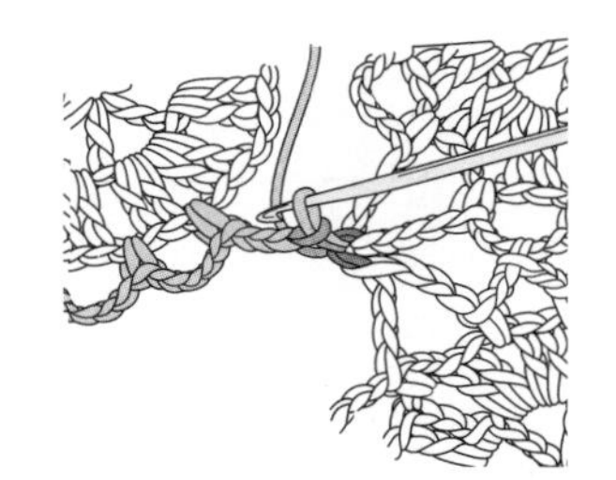

5 引拔后的情形。

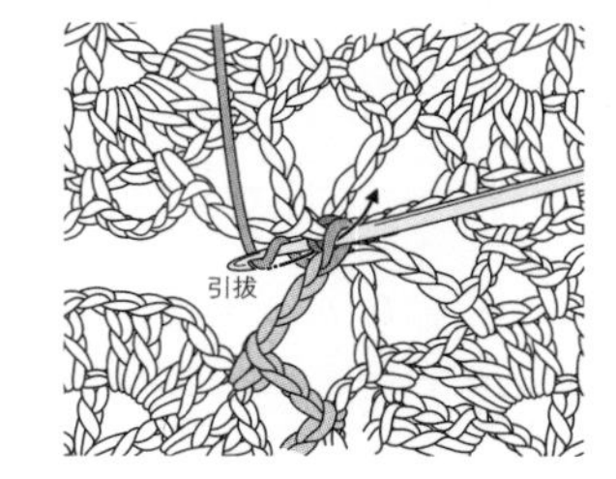

6 第 4 枚花片同样把钩针插入第 2 枚花片上引拔那针尾部的 2 根线中，并把线挂在钩针上，按箭头所示引拔。

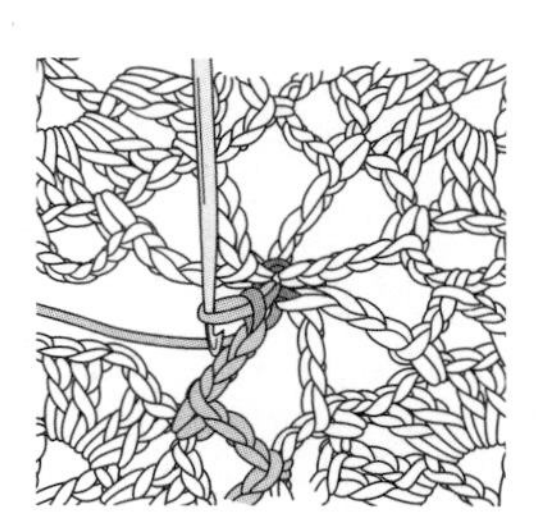

7 4 枚花片连接在一起后的情形。

通过连接长针的头部来连接花片

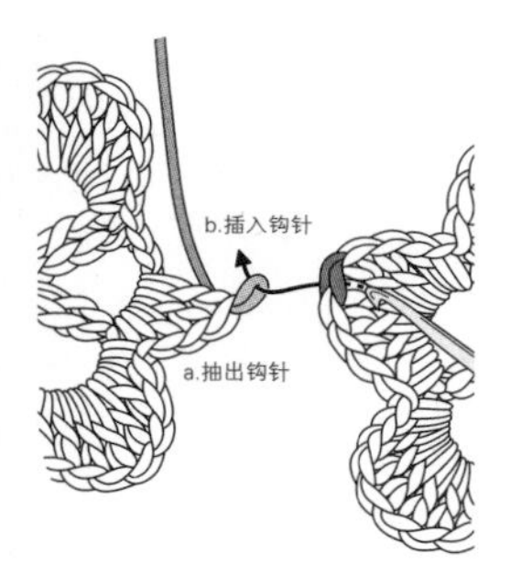

1 如图所示，把钩针从第 2 枚花片的针目中抽出来，把钩针插入第 1 枚花片长针头部的 2 根线中。

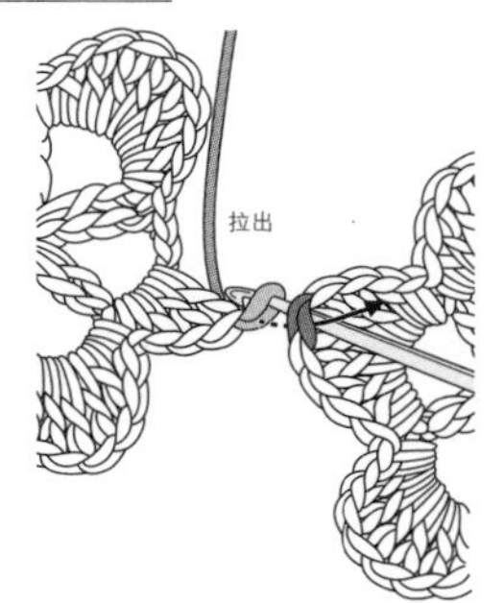

2 钩针挑取第 2 枚花片的针目，按箭头所示拉出。

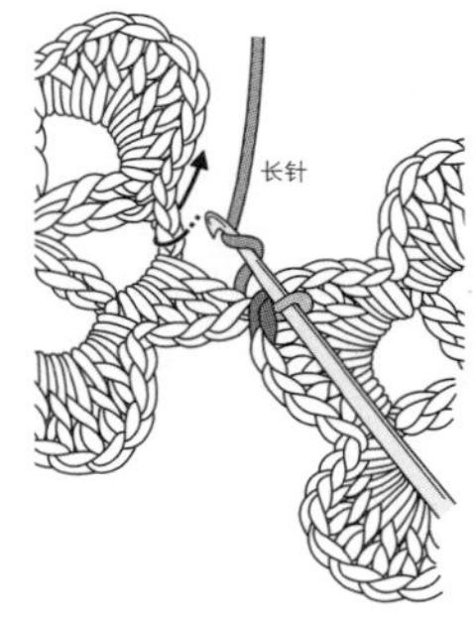

3 把线挂在钩针上，按箭头所示把钩针插入第 2 枚花片的锁针环中。

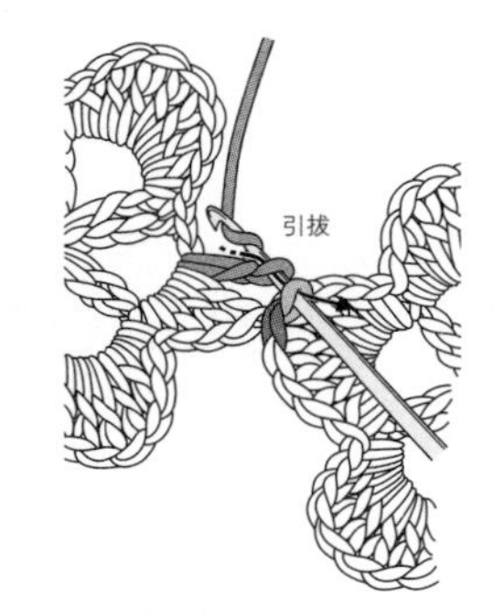

4 织长针。

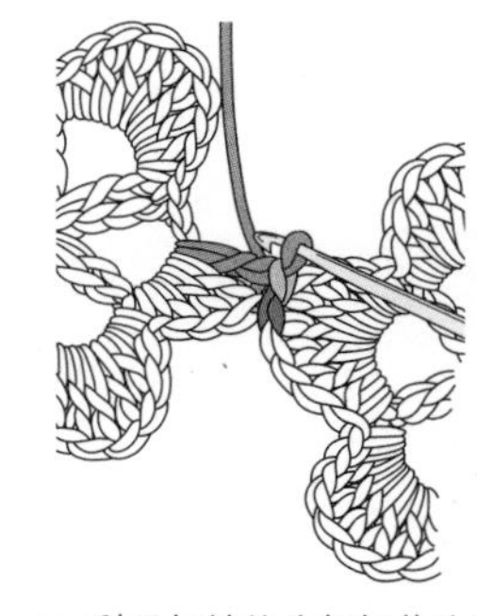

5 利用长针的头部把花片连接在一起。

孔斯特艺术蕾丝编织的定型方法

孔斯特艺术蕾丝编织物，由于网眼镂空较多，质地松软，容易歪斜。因此，为了能使花样大小一致，防止其变形，可以插入珠针，并用喷雾浆使之定型。首先，在编织用制图纸上描绘出关键的圆形轮廓，并画出等分线。四边形、八边形、十六边形画出 4、8、16 等份，六边形和十二边形、二十四边形画出 6、12、24 等份，再细分画出各自一半的分割线。在编织用制图纸上放上描图纸，把编织物翻过来，然后沿着圆形图案及分割线，插入珠针。棒针与棒针交界处编织的针目容易松斜，所以要特别留意整理。最后，均匀地把喷雾浆喷涂在编织物上，晾一整夜。等完全晾干后，轻轻地将珠针去掉。喷雾浆的黏度根据自己的喜好来调配。

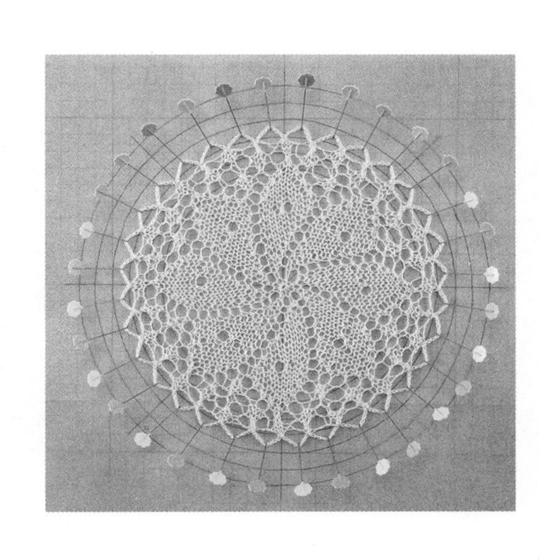

Page 13

材料及工具

线 OLYMPUS EMMY GRANDE 贵夫人系列〈HERBES〉3= 象牙色（800）12 g 4= 浅驼色（721）20 g

针 5 根 4 号棒针 蕾丝钩针 0 号

成品尺寸 3=20 cm×20 cm

4=28 cm×28 cm

编织要点

3 从中心起针开始编织。起针 12 针，然后均分到 4 根棒针上。从第 2 圈开始环形编织。符号图中标记的为奇数圈和部分偶数圈，未标记的偶数圈一律编织下针。第 3 圈按照“扭针、挂针”的方法重复编织 12 次。之后，继续按符号图所示编织。共需编织 4 个花样。第 23 圈先织完 1 针，再接入花样。织完第 38 圈后，用蕾丝钩针重复进行“指定针数并 1 针短针、9 针锁针”的编织，收针。

4 1~30 圈的编织方法和编织终点的处理方法与 No.3 的相同。用“上针、下针”和“下针、上针”的方法编织第 35 圈的 2 针挂针。编织中上 5 针并 1 针。第 41 圈先织完 2 针，再接入花样。编织完第 60 圈后，收针。

No.3

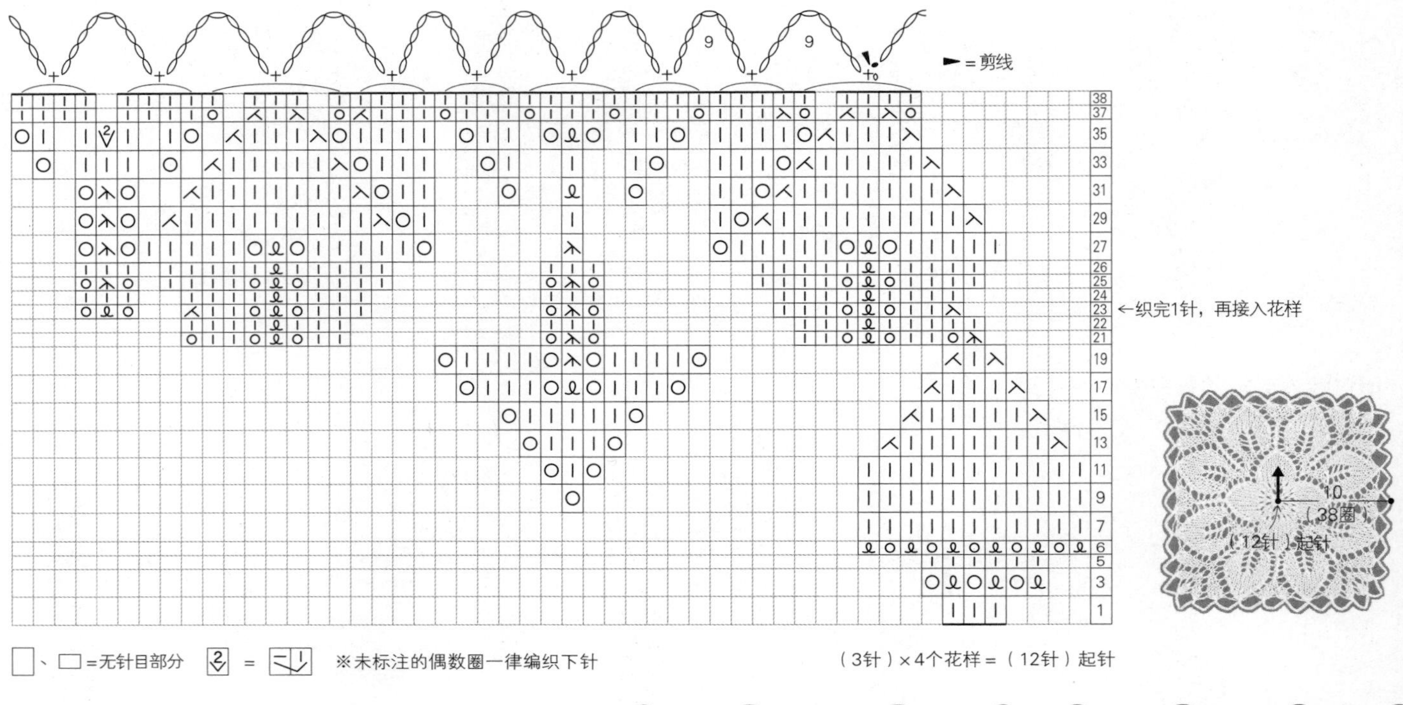

□、□=无针目部分 2 =  ※未标注的偶数圈一律编织下针

（3针）×4个花样=（12针）起针

No.4

□、□=无针目部分 5 = 中上5针并1针 ※未标注的偶数圈一律编织下针

No.5

Page 17

材料及工具

线 DMC 粗丝线SPECIAL#20 浅驼色（ECRU）13 g

针 5根2号棒针 蕾丝钩针6号

成品尺寸（直径） 33 cm

编织要点

从中心起针开始编织。起针10针，按2针、3针、2针、3针的数目分到4根棒针上。起针圈算作1圈。从第2圈开始环形编织。符号图中标记的为奇数圈和部分偶数圈，未标记的偶数圈一律编织下针。第3圈按照“挂针、下针”的方法重复编织10次。之后，继续按符号图所示编织。共需编织10个花样。有★标记的圈先织完1针，再接入花样。用“下针、上针”编织2针挂针处。织完第70圈后，用蕾丝钩针重复进行“指定针数并1针短针、8针锁针”的编织，收针。

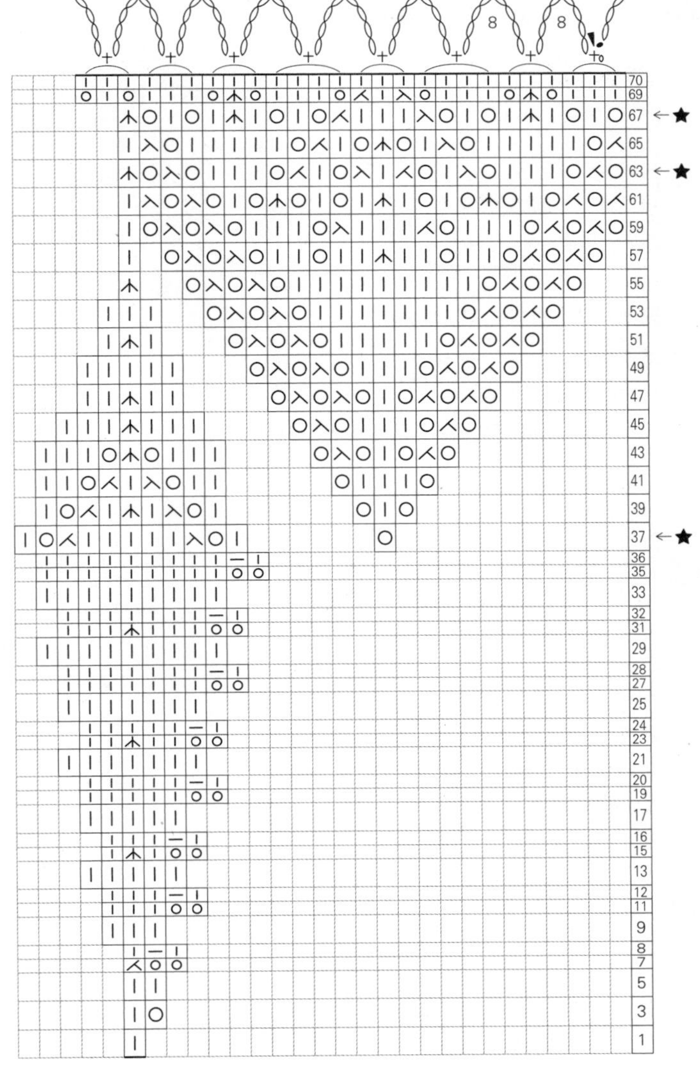

□、□ =无针目部分　（1针）×10个花样 =（10针）起针

※未标记的偶数圈一律编织下针

★ =织完1针，再接入花样

16.5（70圈）

（10针）起针

No.4

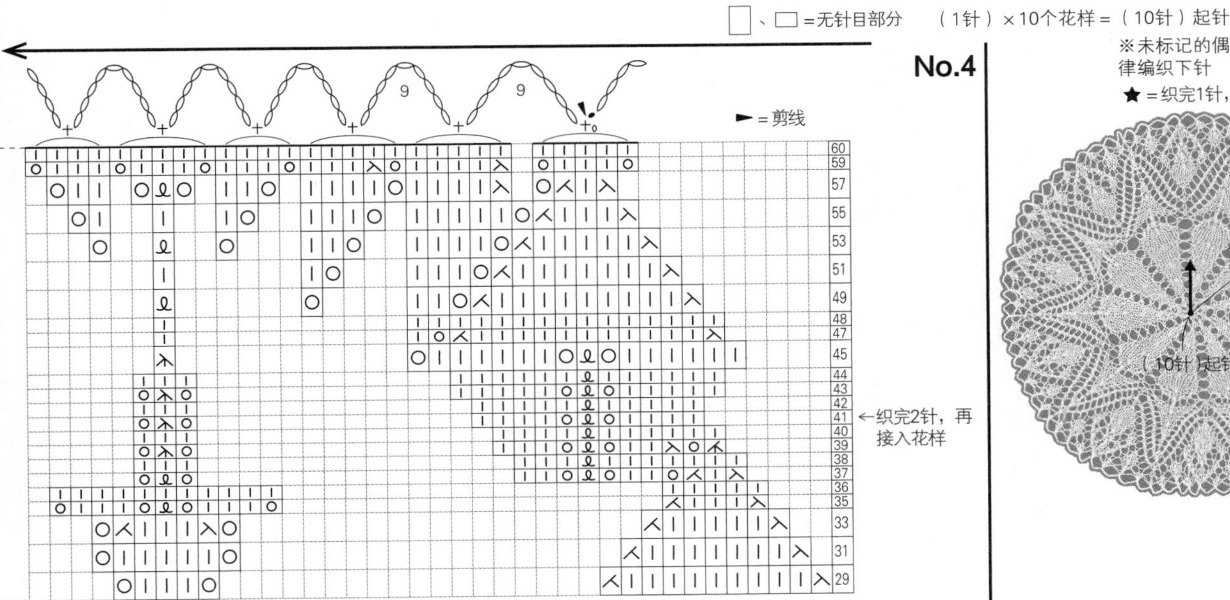

※ 1~30圈的编织方法同No.3

No.13

Page 29

材料及工具

线 DARUMA 蕾丝线 #30　灰白色（15）13 g

针 5 根 2 号棒针　蕾丝钩针 0 号

成品尺寸（直径） 28 cm

编织要点

从中心起针开始编织。起针 8 针，然后均分到 4 根棒针上。起针圈算作 1 圈。从第 2 圈开始环形编织。第 3 圈按照“2 针挂针、上针、扭针”的方法重复编织 4 次。下一圈按照“下针、上针”的方法织 2 针挂针处。织到第 20 圈时为 4 个花样，织到第 21 圈时为 8 个花样。第 41 圈先织完 1 针，再接入花样；第 49 圈从 1 针前面接入花样。符号图中 43~49 圈仅标记了奇数圈，其间的偶数圈一律编织下针。编织完第 52 圈后，参照符号图，用蕾丝钩针收针。

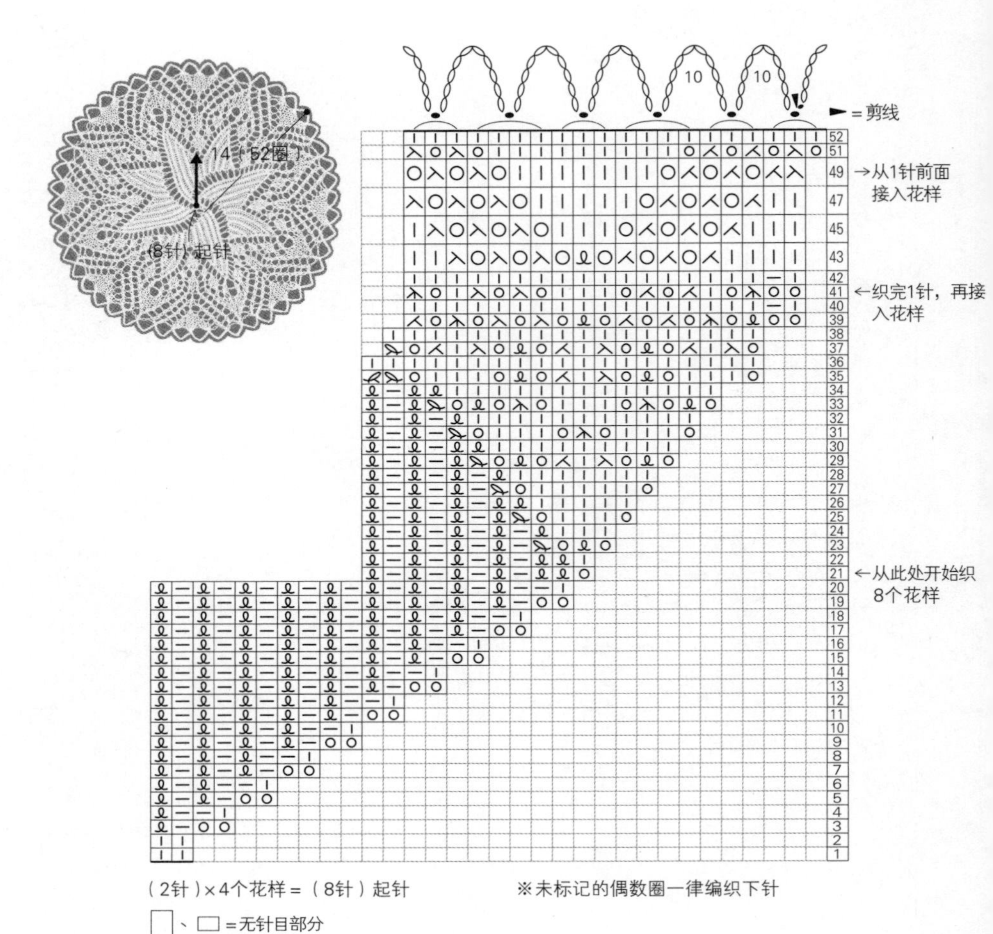

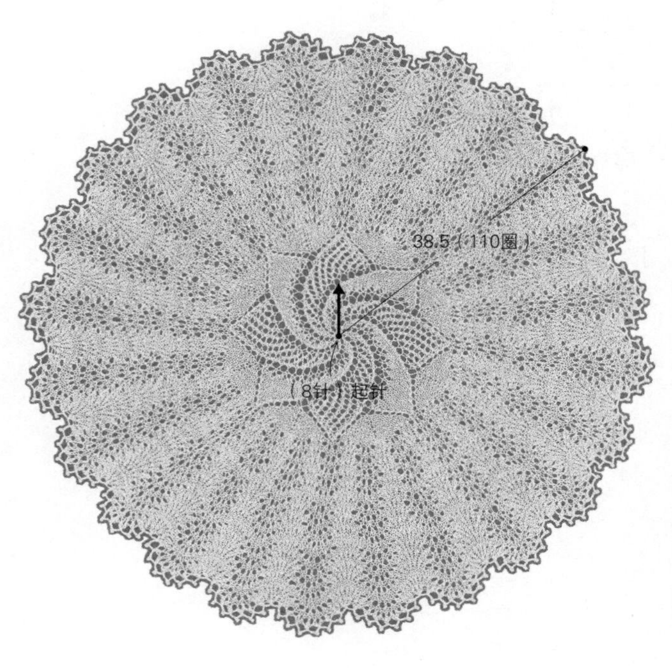

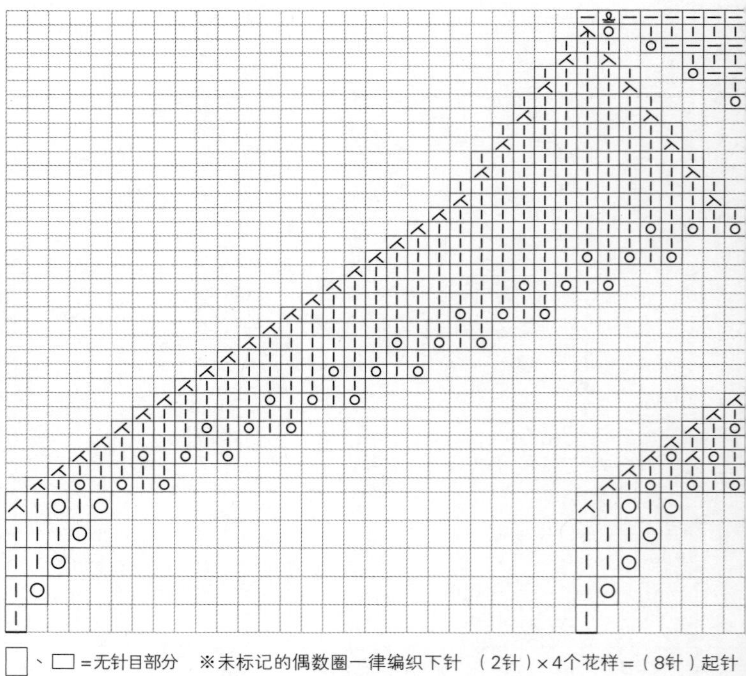

No.6

Page 18

材料及工具

线 DARUMA蕾丝线　桑蚕丝蕾丝线 #30　鼠灰色（10）55 g

针 5根3号棒针　蕾丝钩针2号

成品尺寸（直径） 77 cm

编织要点

从中心起针开始编织。起针8针，然后均分到4根棒针上。起针圈算作1圈。从第2圈开始环形编织。符号图中标记的为奇数圈和部分偶数圈，未标记的偶数圈一律编织下针。第3圈按照“挂针、下针”的方法重复编织8次。之后，继续按符号图所示编织。织到第44圈时为4个花样，织到第45圈时为24个花样。编织完第110圈后，参照符号图，织1针后用蕾丝钩针收针。

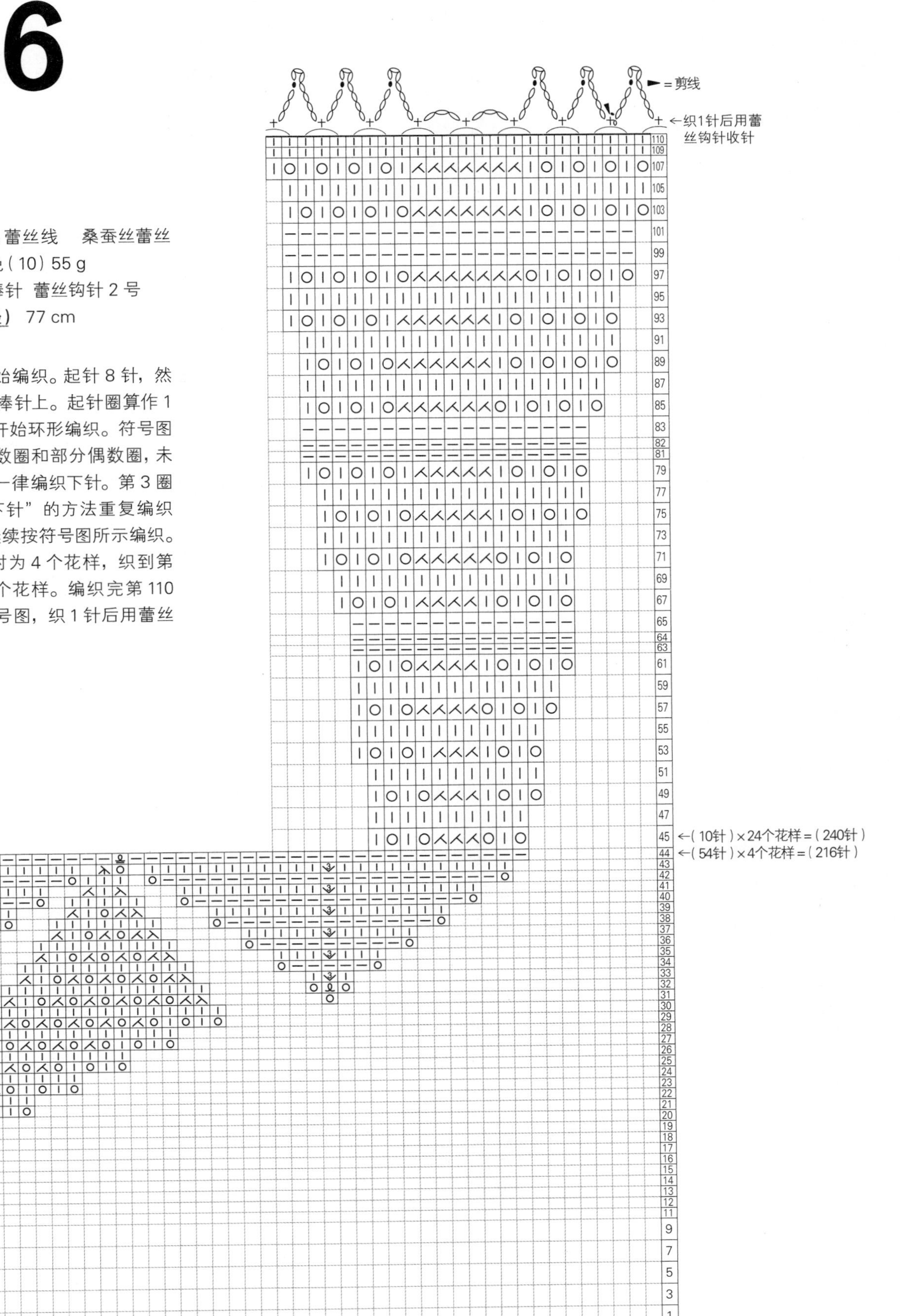

No.7

Page 20

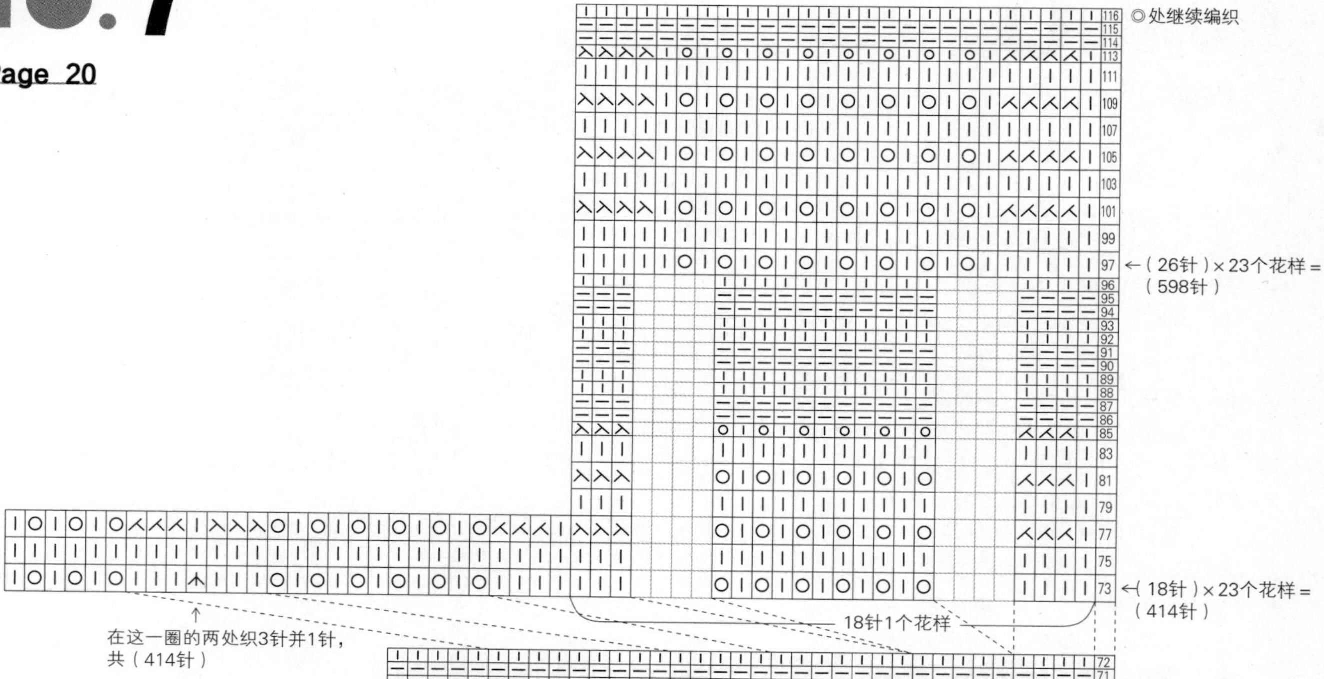

◎处继续编织

116 115 114 113 111 109 107 105 103 101 99 97 96 95 94 93 92 91 90 89 88 87 86 85 83 81 79 77 75 73

←（26针）×23个花样＝（598针）

←（18针）×23个花样＝（414针）

18针1个花样

在这一圈的两处织3针并1针，共（414针）

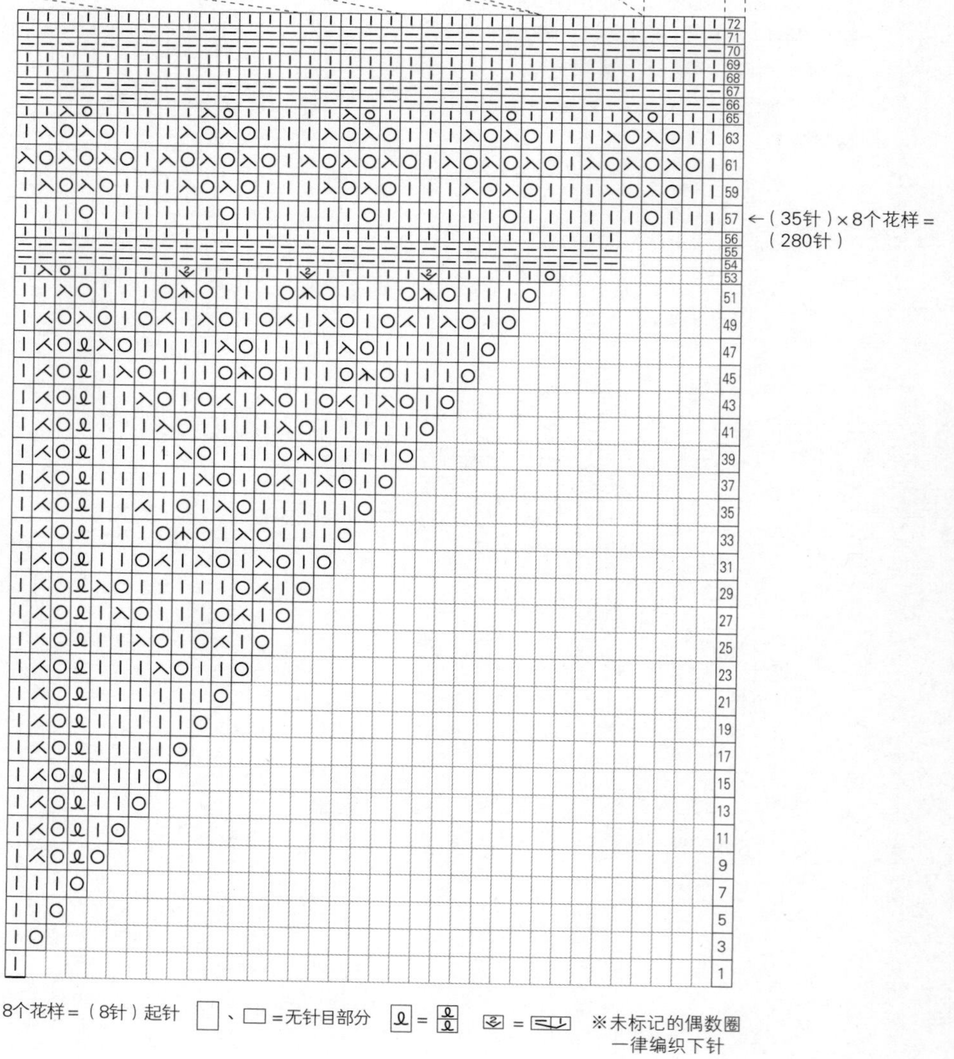

72 71 70 69 68 67 66 65 63 61 59 57 56 55 54 53 51 49 47 45 43 41 39 37 35 33 31 29 27 25 23 21 19 17 15 13 11 9 7 5 3 1

←（35针）×8个花样＝（280针）

材料及工具

线 DARUMA蕾丝线#30 灰白色（15）84 g

针 5根2号棒针 蕾丝钩针0号

成品尺寸（直径） 60 cm

编织要点

从中心起针开始编织。起针8针，然后均分到4根棒针上。起针圈算作1圈。从第2圈开始环形编织。符号图中标记的为奇数圈和部分偶数圈，未标记的偶数圈一律编织下针。第3圈按照“挂针、下针”的方法重复编织8次。之后，继续按符号图所示编织。织到第72圈时为8个花样，织到第73圈时为23个花样（18针1个花样）。重复织18针来完成第73圈花样的编织。在2针挂针的中央，织3针并1针，共2处。编织完第127圈后，用蕾丝钩针从反面引拔收针。

（1针）×8个花样＝（8针）起针 □、□＝无针目部分

※未标记的偶数圈一律编织下针

No.8

Page 23

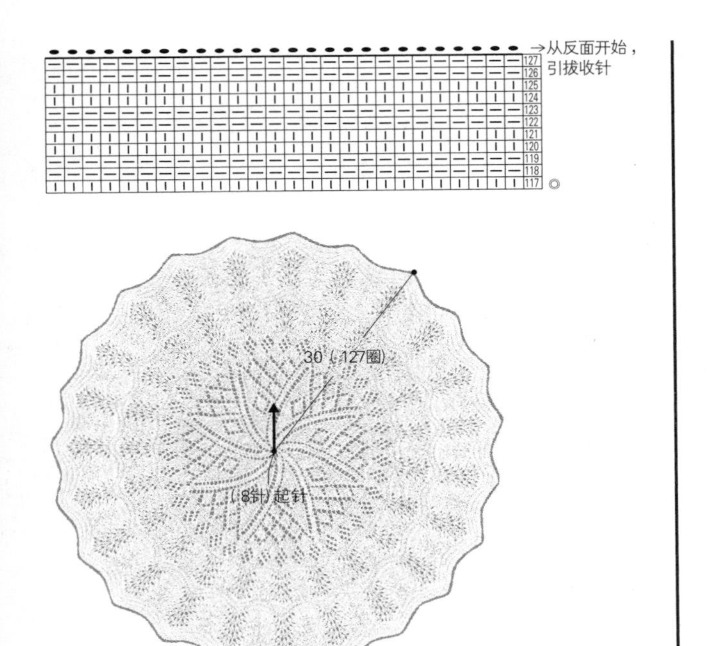

No.7

材料及工具

线 DMC SIBERIA#20 原白色（712）16 g

针 5 根 3 号棒针 蕾丝钩针 8 号

成品尺寸（直径） 36 cm

编织要点

从中心起针开始编织。起针 8 针，然后均分到 4 根棒针上。起针圈算作 1 圈。从第 2 圈开始环形编织。符号图中标记的为奇数圈和部分偶数圈，未标记的偶数圈一律编织下针。第 3 圈按照“挂针、下针”的方法重复编织 8 次。之后，继续按符号图所示编织。共需织 8 个花样。第 62 圈重复织 2 针挂针、63~66 圈重复织拉针。织完第 66 圈后，用蕾丝钩针收针。在拉针编织的部分中，需挑取挂在棒针上的 5 根线，织短针。

（边缘编织）

1.5（2圈）

16.5(66圈)

(8针)起针

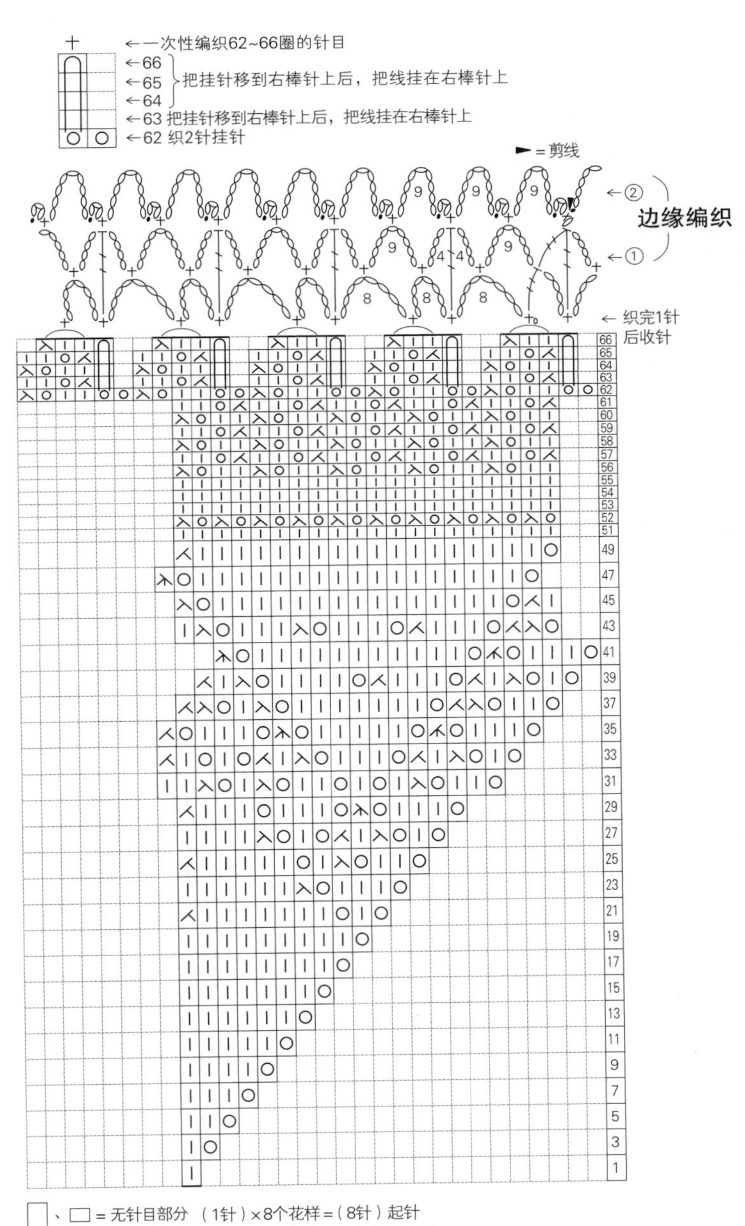

□、□ = 无针目部分 （1针）×8个花样 =（8针）起针

※未标记的偶数圈一律编织下针

No.9~No.11

Page 24 、Page 25

材料及工具

线 OLYMPUS GOLD LABEL 蕾丝线#40 灰白色（852）9=25 g 10=12 g 11=14 g

针 5 根 1 号棒针 蕾丝钩针 8 号

成品尺寸（直径） 9=34 cm 10=28 cm 11=28 cm

编织要点

从中心起针开始编织。起针16针，然后均分到4根棒针上。起针圈算作1圈。从第2圈开始环形编织。符号图中标记的为奇数圈和部分偶数圈，未标记的偶数圈一律编织下针。第3圈按照“下针、2针挂针、下针”的方法重复编织8次。之后，继续按符号图所示编织。共需织8个花样。有★标记的圈，是在编织完指定的针数后接入花样，有☆标记的圈从指定针数的前面接入花样。No.9的1~26圈的编织方法同No.10，27~40圈的编织方法同No.11；No.11的1~26圈的编织方法同No.10。分别编织到指定的圈数后，用蕾丝钩针收针。调整No.9和No.11的编织起止位置。

※ 成品图在 P. 118

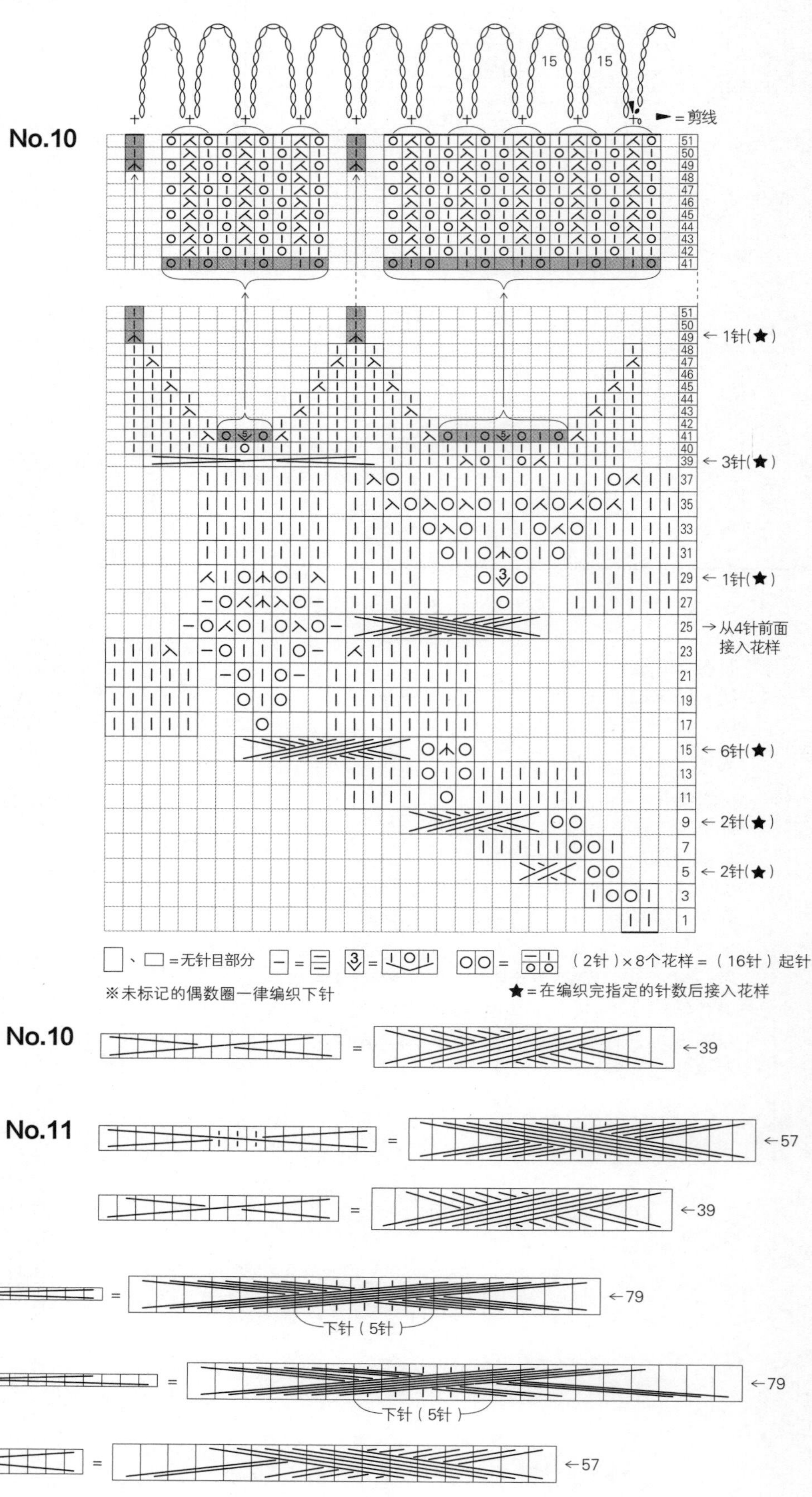

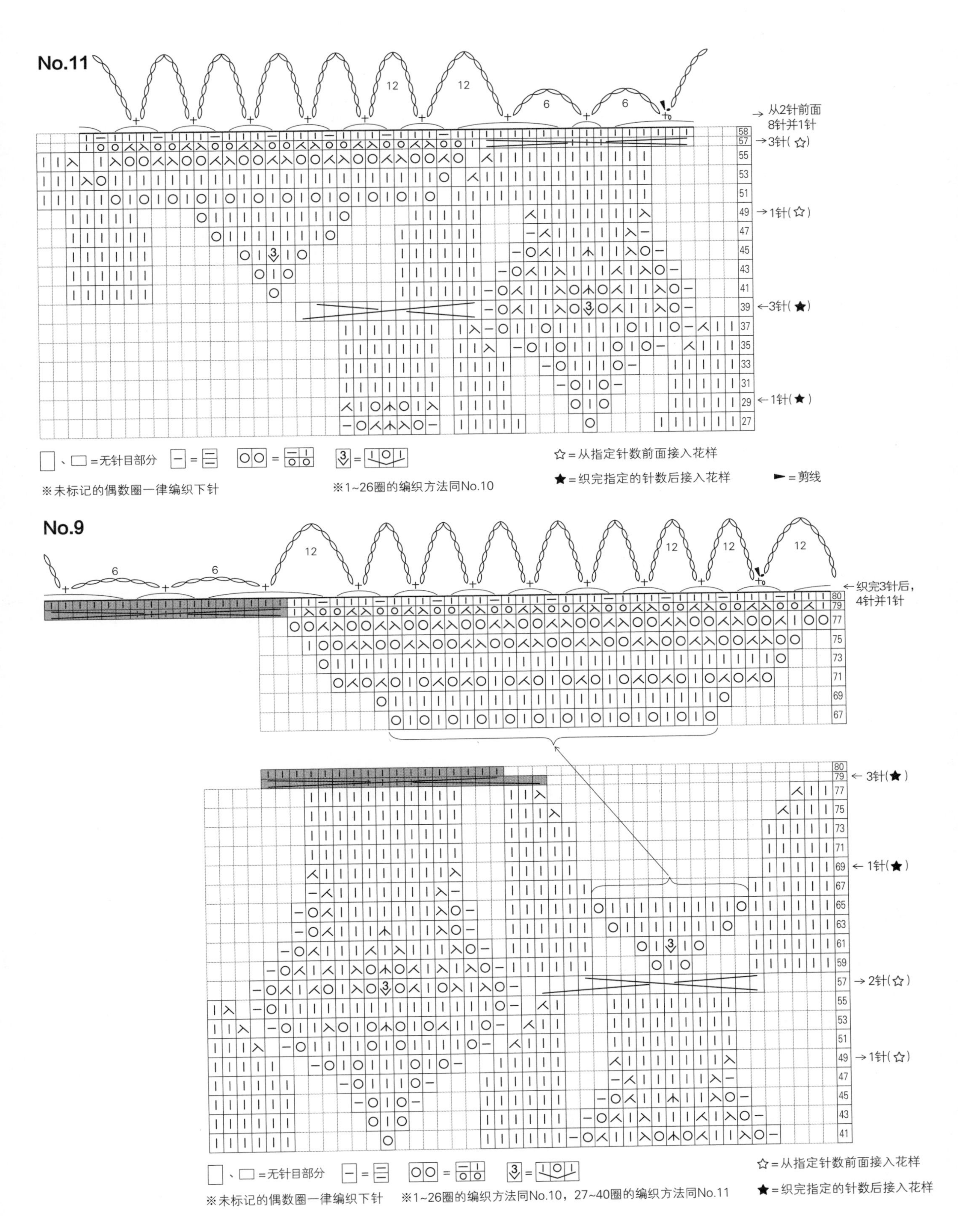
No.11
12
12
6
6
从2针前面
8针并1针
3针(☆)
1针(☆)
3针(★)
1针(★)
、 =无针目部分
※未标记的偶数圈一律编织下针
※1~26圈的编织方法同No.10
☆=从指定针数前面接入花样
★=织完指定的针数后接入花样
=剪线
No.9
6
6
12
12
12
12
织完3针后，
4针并1针
3针(★)
1针(★)
2针(☆)
1针(☆)
、 =无针目部分
※未标记的偶数圈一律编织下针
※1~26圈的编织方法同No.10，27~40圈的编织方法同No.11
☆=从指定针数前面接入花样
★=织完指定的针数后接入花样

No.12

Page 27

材料及工具

线 OLYMPUS GOLD LABEL 蕾丝线 #40 A= 象牙色（802）8 g B= 超浅驼色（731）18 g C= 浅驼色（741）35 g

针 5 根 2 号棒针 蕾丝钩针 2 号

成品尺寸（直径） A=20 cm B=34 cm C=49 cm

编织要点

从中心起针开始编织。起针 8 针，然后均分到 4 根棒针上。起针圈算作 1 圈。从第 2 圈开始环形编织。符号图中标记的为奇数圈和部分偶数圈，未标记的偶数圈一律编织下针。第 3 圈按照"挂针、扭针"的方法重复编织 8 次。之后，继续按符号图所示编织。织到第 26 圈时为 4 个花样，从第 27 圈开始为 8 个花样，B、C 织到第 43 圈时为 16 个花样。有★标记的圈在编织指定针数后接入花样。B 与 A 的 1~38 圈的编织方法相同，C 在 50 圈之前与 B 的编织方法相同。分别编织到指定的圈数后，用蕾丝钩针收针。C 再钩织 1 圈边缘编织。

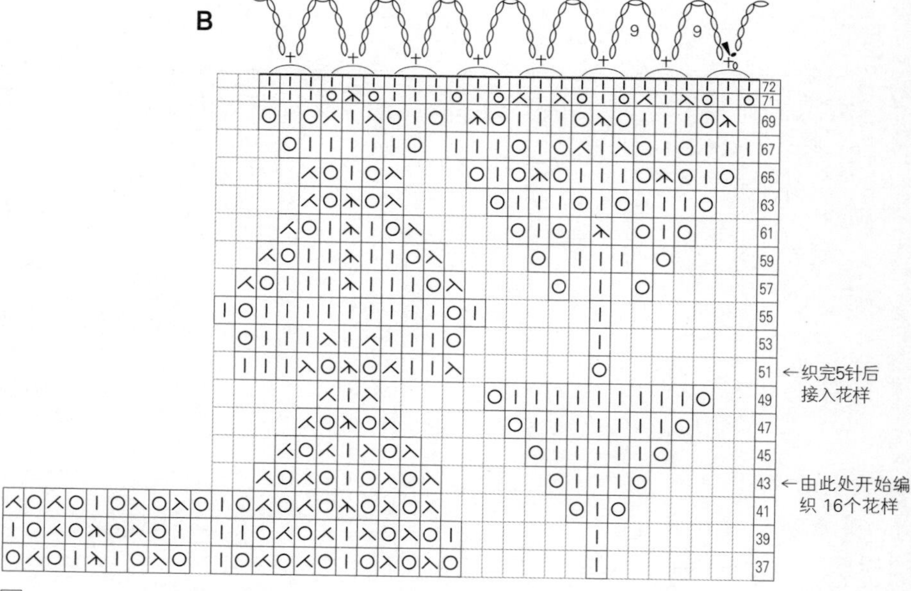

□、□ = 无针目部分 ※未标记的偶数圈一律编织下针 ※1～38圈的编织方法与A相同

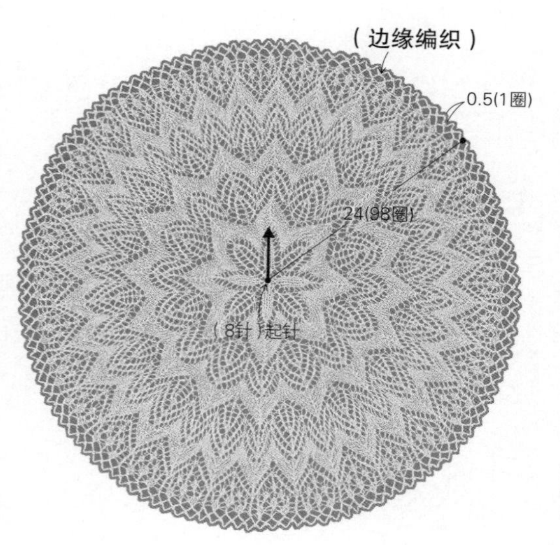

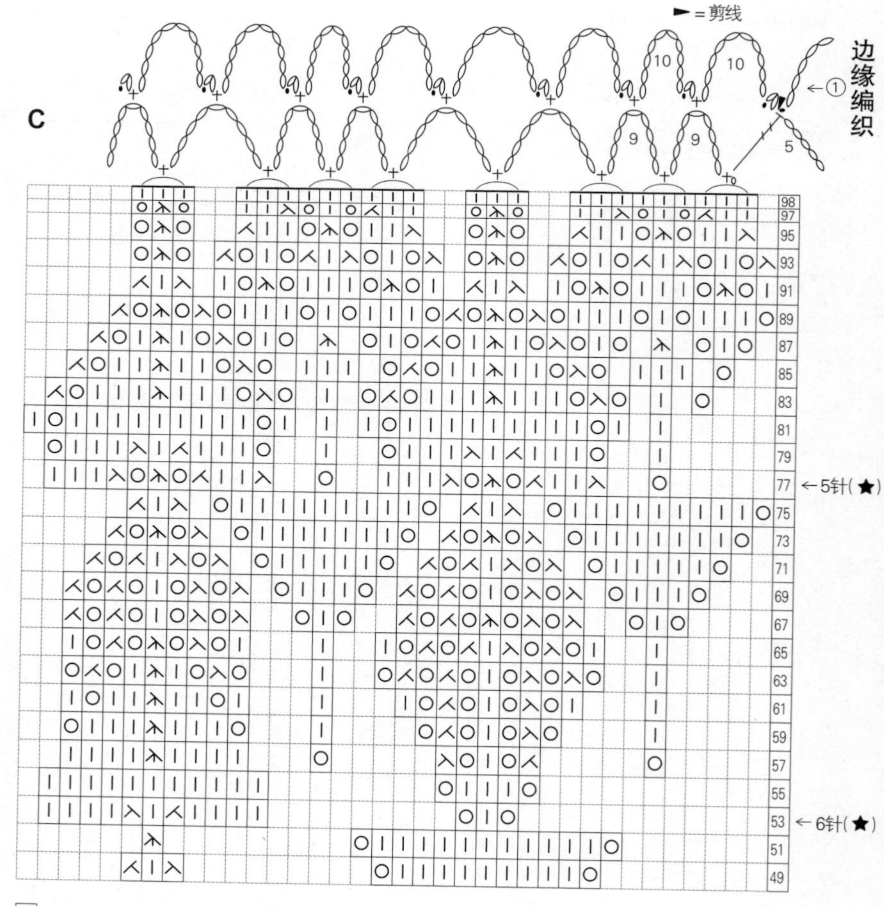

□、□ = 无针目部分 ※未标记的偶数圈一律编织下针

※1～38圈的编织方法与A相同，39~50圈的编织方法与B相同 ★ = 织完指定的针数后接入花样

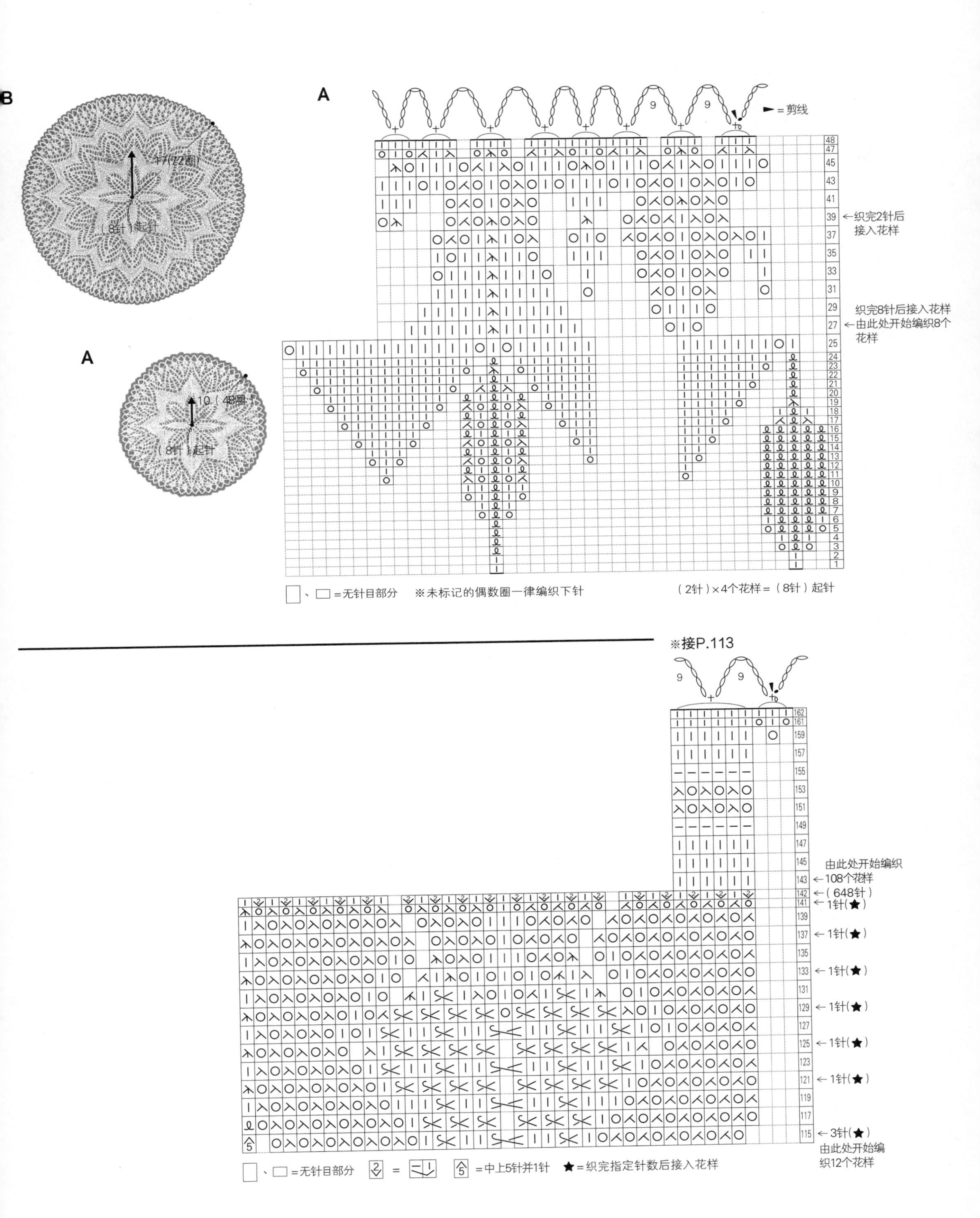
B
17（72圈）
（8针）起针
A
10（48圈）
（8针）起针
A
= 剪线
织完2针后接入花样
织完8针后接入花样
由此处开始编织8个花样
□、□ = 无针目部分　※未标记的偶数圈一律编织下针
（2针）×4个花样 =（8针）起针
※接P.113
由此处开始编织108个花样
（648针）
1针（★）
3针（★）
由此处开始编织12个花样
□、□ = 无针目部分
= 中上5针并1针
★ = 织完指定针数后接入花样

No.14

Page 30

材料及工具

线 DMC 粗丝线 SPECIAL#20 灰白色（BLANC）55 g

针 5 根 2 号棒针 蕾丝钩针 6 号

成品尺寸（直径） 67 cm

编织要点

从中心起针开始编织。起针 10 针，按 2 针、3 针、2 针、3 针的数目分到 4 根棒针上。起针圈算作 1 圈。从第 2 圈开始环形编织。符号图中标记的为奇数圈和部分偶数圈，未标记的偶数圈一律编织下针。第 3 圈按照“挂针、下针”的方法重复编织 10 次。之后，继续按符号图所示编织。2 针挂针在下一圈的对应处编织“下针、上针”。织到第 56 圈时为 10 个花样，从第 57 圈开始为 20 个花样。有★标记的圈在编织指定针数后，接入花样。第 55 圈从 1 针前面接入花样。织完 134 圈后，继续织 2 针，用蕾丝钩针收针。

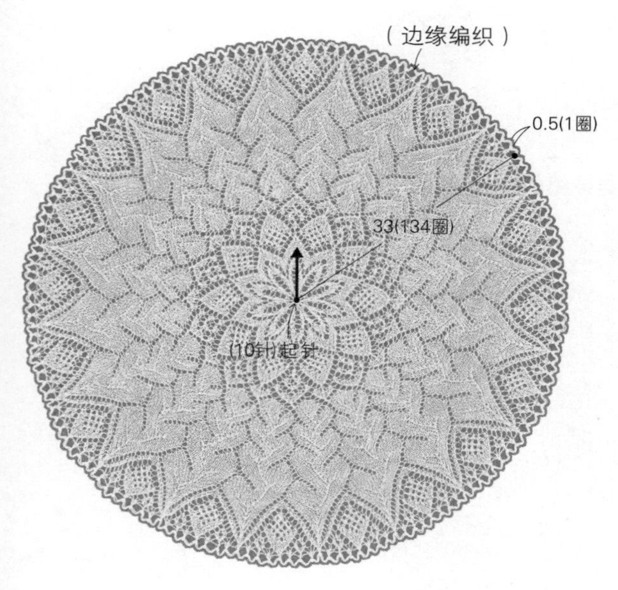

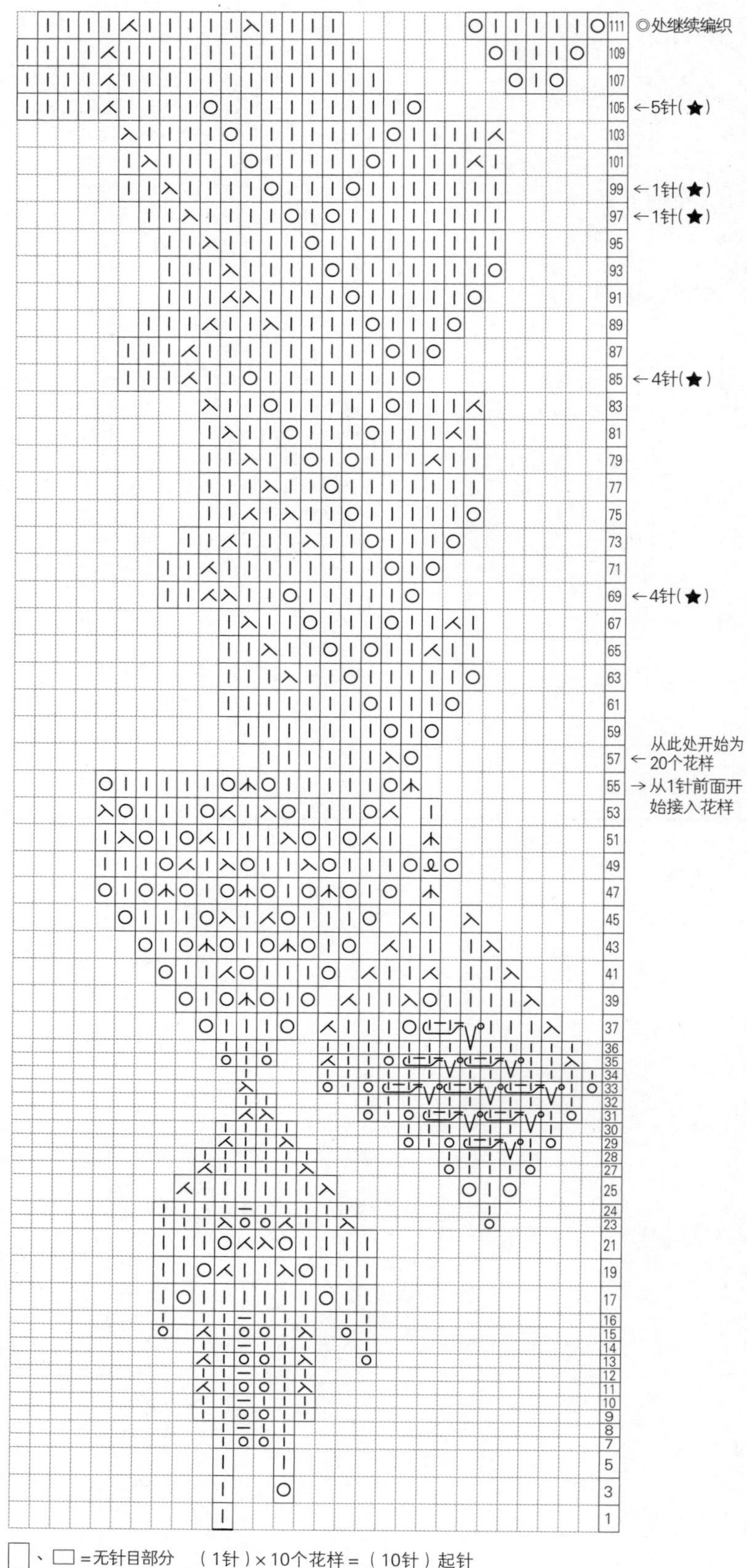

□、□=无针目部分 （1针）×10个花样=（10针）起针

※未标记的偶数圈一律编织下针 ★=织完指定的针数后接入花样

No.18

Page 39

材料及工具

线 OLYMPUS GOLD LABEL 蕾丝线 #40 灰白色（852）9 g

针 5 根 1 号棒针 蕾丝钩针 8 号

成品尺寸（外切圆直径） 25 cm

编织要点

从中心起针开始编织。起针 8 针，然后均分到 4 根棒针上。起针圈算作 1 圈。从第 2 圈开始环形编织。符号图中标记的为奇数圈和部分偶数圈，未标记的偶数圈一律编织下针。按照"2 针挂针、下针 1 针放 2 针"的方法重复编织 8 次织第 3 圈。之后，继续按符号图所示编织。共需织 8 个花样。按照"下针、上针"的方法织 2 针挂针处。第 7 圈从 1 针前面接入花样。有★标记的圈在编织指定针数后，接入花样。在上针 1 针放 5 针和上针 1 针放 13 针的编织过程中，要重复编织上针和挂针。编织完第 50 圈后，用蕾丝钩针收针。

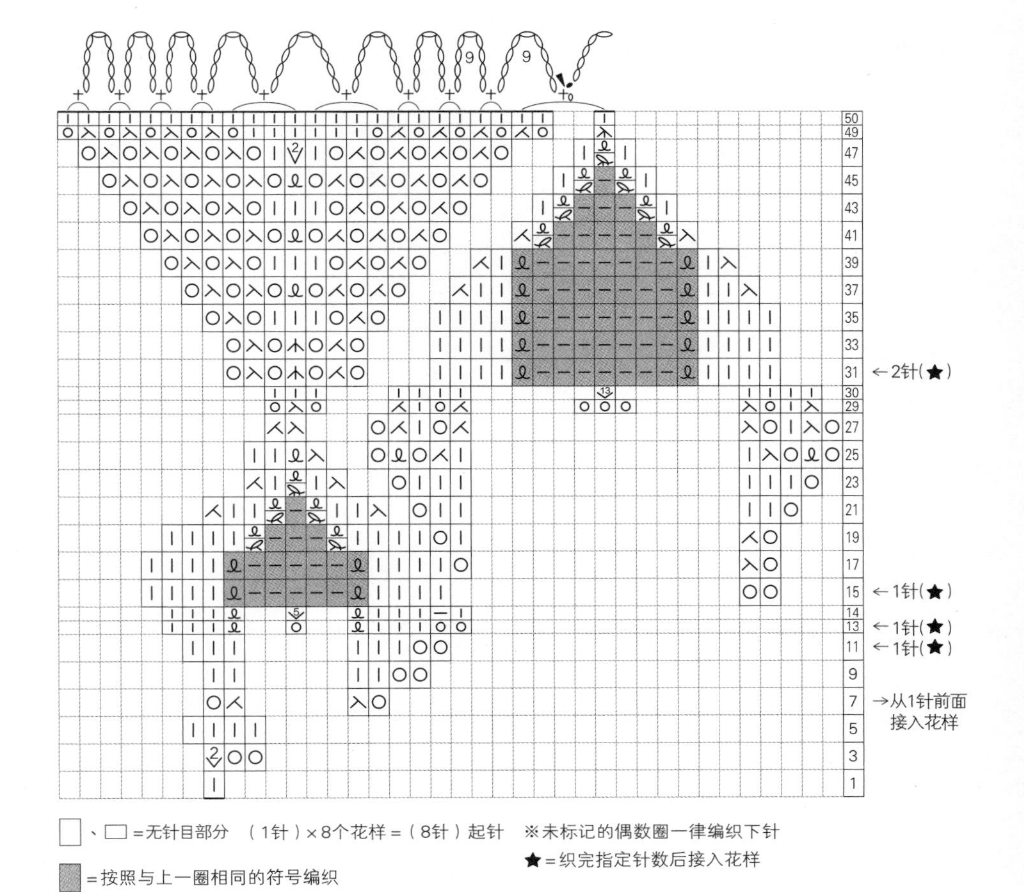

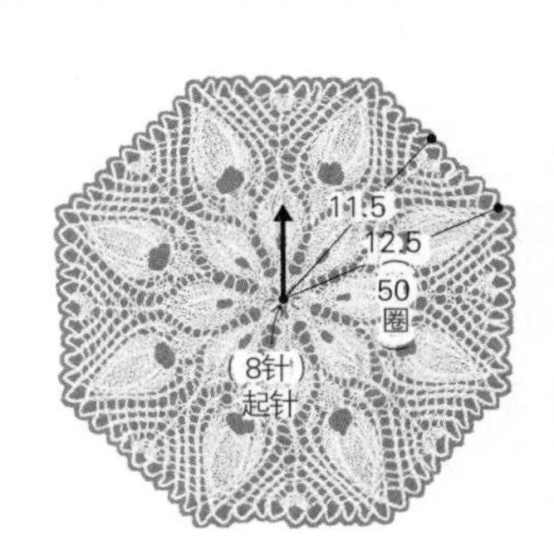

No.14

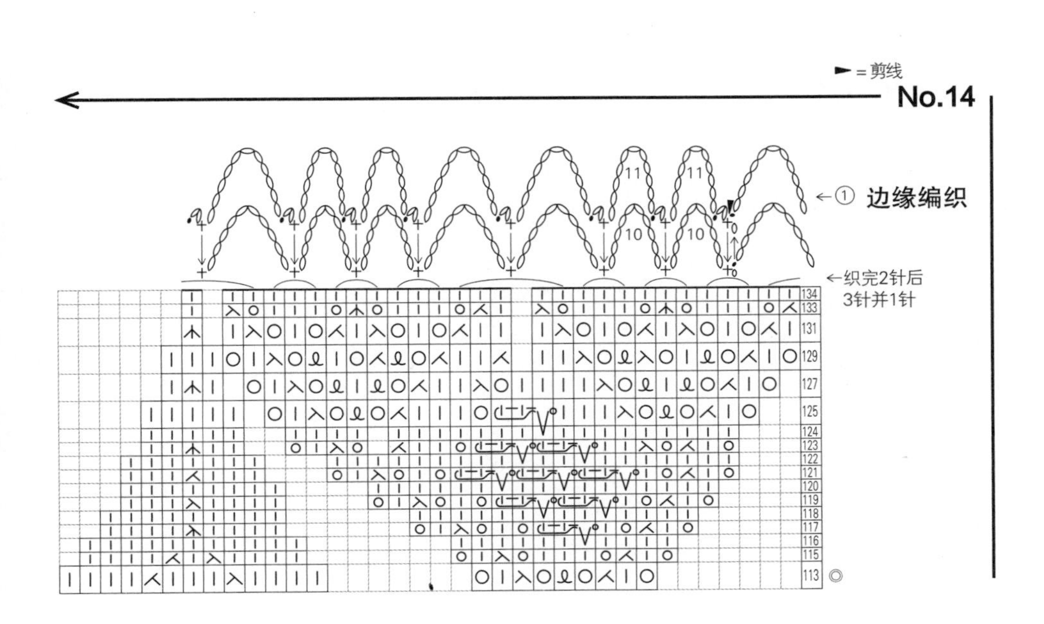

No.15

Page 33

材料及工具

线 OLYMPUS EMMY GRANDE 贵夫人系列 原白色（851）42 g

针 5 根 3 号棒针 蕾丝钩针 0 号

成品尺寸（直径） 46 cm

编织要点

从中心起针开始编织。起针10针， 按2针、3针、2针、3针的数目分到4根棒针上。起针圈算作1圈。从第2圈开始环形编织。符号图中标记的为奇数圈和部分偶数圈，未标记的偶数圈一律编织下针。第3圈按照“挂针、2针扭针”的方法重复编织5次。之后，继续按符号图所示编织。共需织5个花样。织到2针挂针在下一圈的对应处时织“下针、上针”。织完74圈后，从3针前面用蕾丝钩针收针。

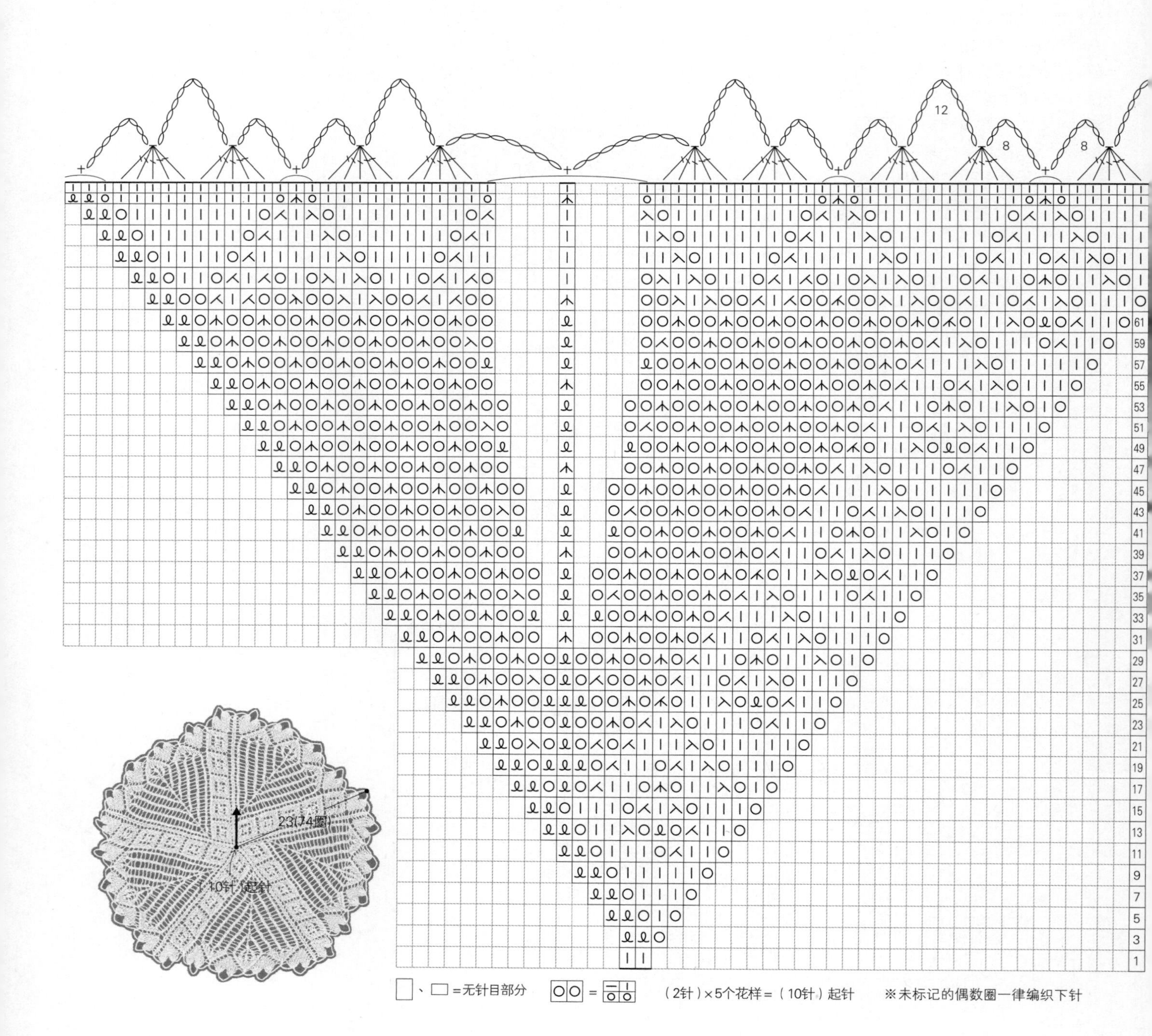

No.19

Page 41

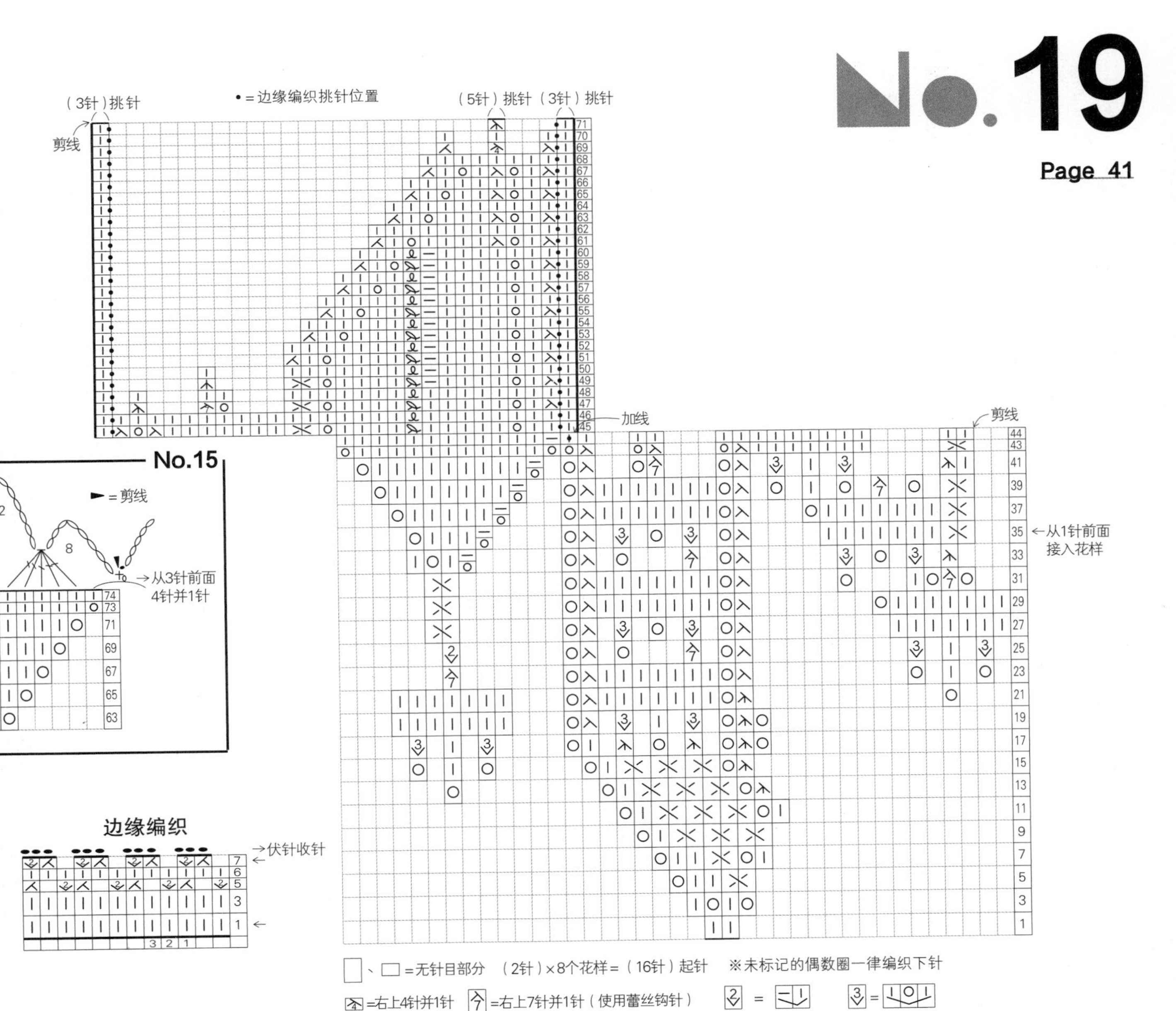

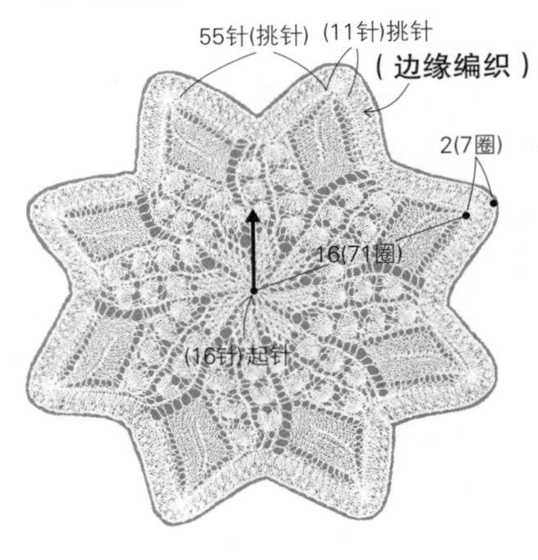

材料及工具

线 DMC 粗丝线 SPECIAL#30 灰白色(BLANC)16 g

针 5 根 1 号棒针 蕾丝钩针 2 号

成品尺寸(外切圆直径) 36 cm

编织要点

从中心起针开始编织。起针 16 针，然后均分到 4 根棒针上。起针圈算作 1 圈。从第 2 圈开始环形编织。符号图中标记的为奇数圈和部分偶数圈，未标记的偶数圈一律编织下针。第 3 圈按照“挂针、下针”的方法重复编织 16 次。之后，继续按符号图所示编织。共需织 8 个花样。在右上 7 针并 1 针的编织中，需将每一针改变方向后移至蕾丝钩针上，7 针全部移完后蕾丝钩针挂线引拔，改变针目方向，重新移回到棒针上。第 35 圈从 1 针前面接入花样。织完第 44 圈后剪线。待编织的山形轮廓以外的针目先休针，把线接入指定的位置后开始编织。编织终点休针。同样方法编织另外7个山形轮廓。再次加线从山形轮廓挑针，编织边缘编织。从加线处挑 1 针，从轮廓两边各挑 27 针，从休针处挑 3 针、5 针、3 针。编织终点从反面伏针收针。

No.16

Page 34

材料及工具

线 OLYMPUS EMMY GRANDE 贵夫人系列 浅橘色（810）165 g

针 5 根 4 号棒针 蕾丝钩针 0 号

成品尺寸（直径） 80 cm

编织要点

从中心起针开始编织。起针 12 针，按 2 针、4 针、2 针、4 针的数目分到 4 根棒针上。起针圈算作 1 圈。从第 2 圈开始环形编织。符号图中标记的为奇数圈和部分偶数圈，未标记的偶数圈一律编织下针。第 3 圈按照“下针、挂针、下针”的方法重复编织 6 次。之后，继续按符号图所示编织。有★标记的圈在编织指定针数后，接入花样。织到第 114 圈时为 6 个花样，第 115~142 圈为 12 个花样，从第 143 圈开始为 108 个花样。织完 162 圈后，用蕾丝钩针收针。

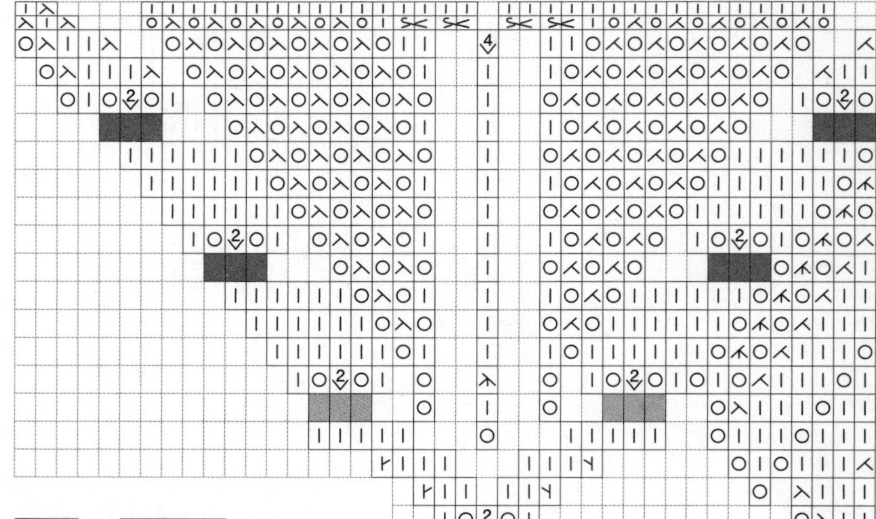

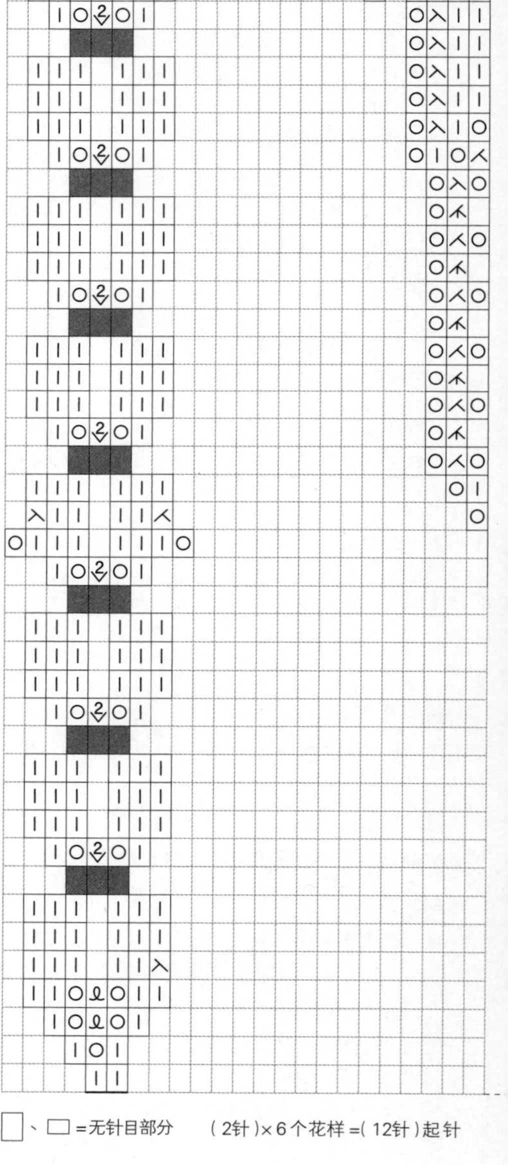

改变针目的方向把左棒针上的2针不编织直接移到右棒针上，织下3针
用左棒针将直接移至右棒针上的2针盖在编织的3针上

改变针目的方向把左棒针上的3针不编织直接移到右棒针上，织下3针
用左棒针将直接移至右棒针上的3针盖在编织的3针上

□、□ =无针目部分　（2针）×6 个花样 =（12针）起针

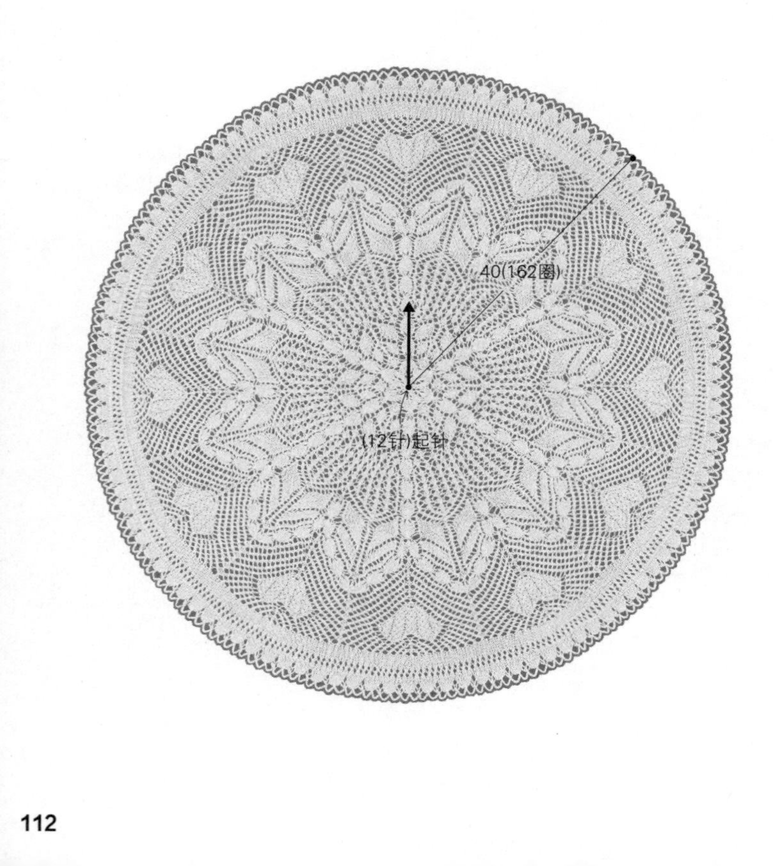

※接P.107

114 113 111 109 107 105 103 101 99 97 95 93 91 89 87 85 83 81 79 77 75 73 71 69 67 65 63 61 59 57 55 53 51 49 47 45 43 41 39 37 35 33 31 29 27 25 23 21 19 17 15 13 11 9 7 5 3 1

※未标记的偶数圈一律编织下针

No.17

Page 37

材料及工具

线 OLYMPUS EMMY GRANDE 贵夫人系列 淡粉色（111）80 g

针 5 根 4 号棒针 蕾丝钩针 0 号

成品尺寸（直径） 66 cm

编织要点

从中心起针开始编织。起针12针，按2针、4针、2针、4针的数目分到4根棒针上。不将起针圈算作1圈。符号图中标记的为奇数圈和部分偶数圈，未标记的偶数圈编织下针。从第1圈开始环形编织。第1圈按照“下针、挂针、下针”的方法重复编织6次。之后，继续按符号图所示编织。共需织6个花样。在上一圈的针目中

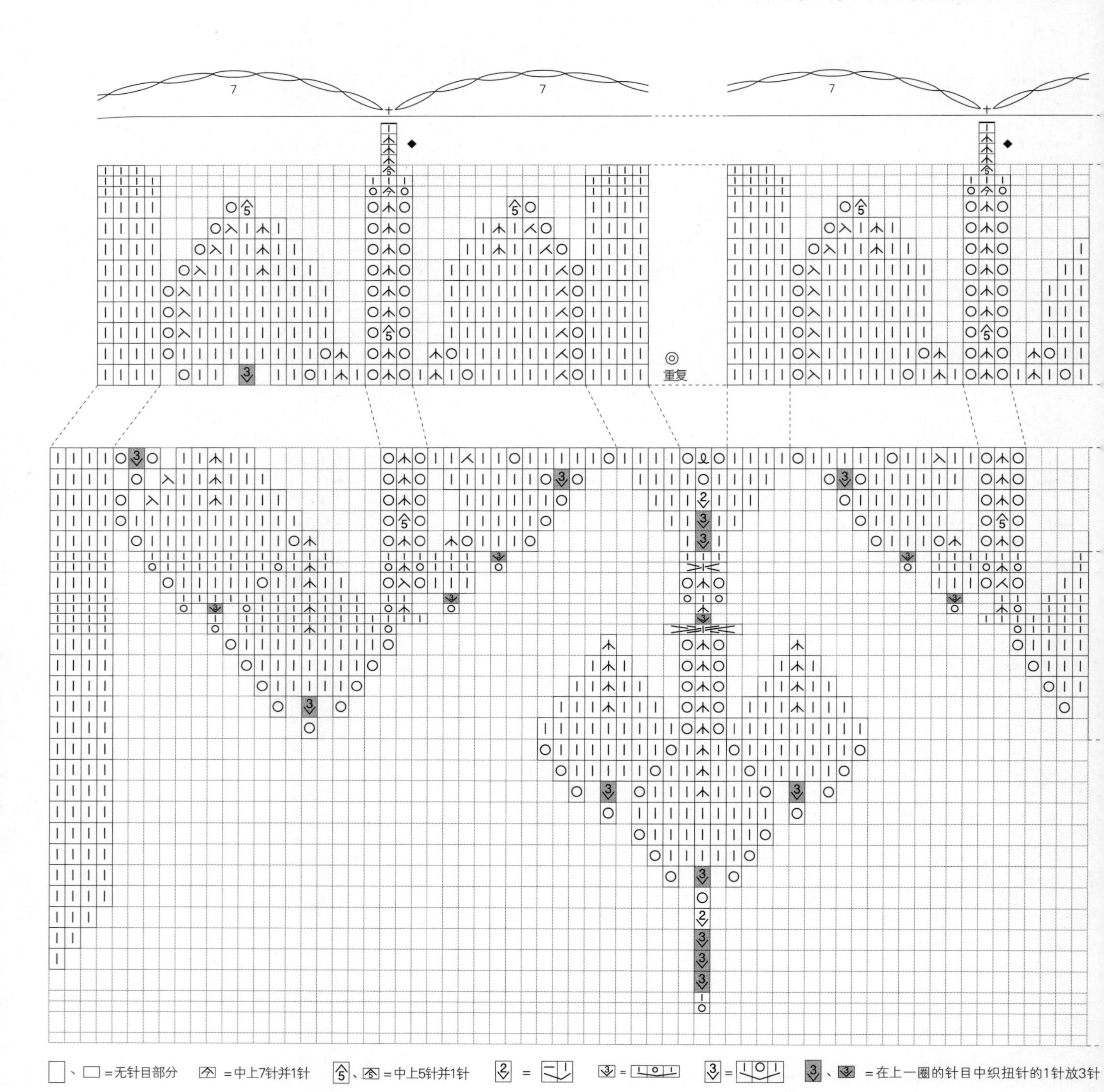

织扭针的1针放3针。用下针3针并1针、下针5针并1针的方法编织第77圈锯齿边的凹进去的部分。按照“把右棒针上的2针移到左棒针上，织中上3针并1针”的方法重复编织3次。11针减成1针。编织完第78圈后，用蕾丝钩针从1针前面开始收针。

编织终点的组合方法

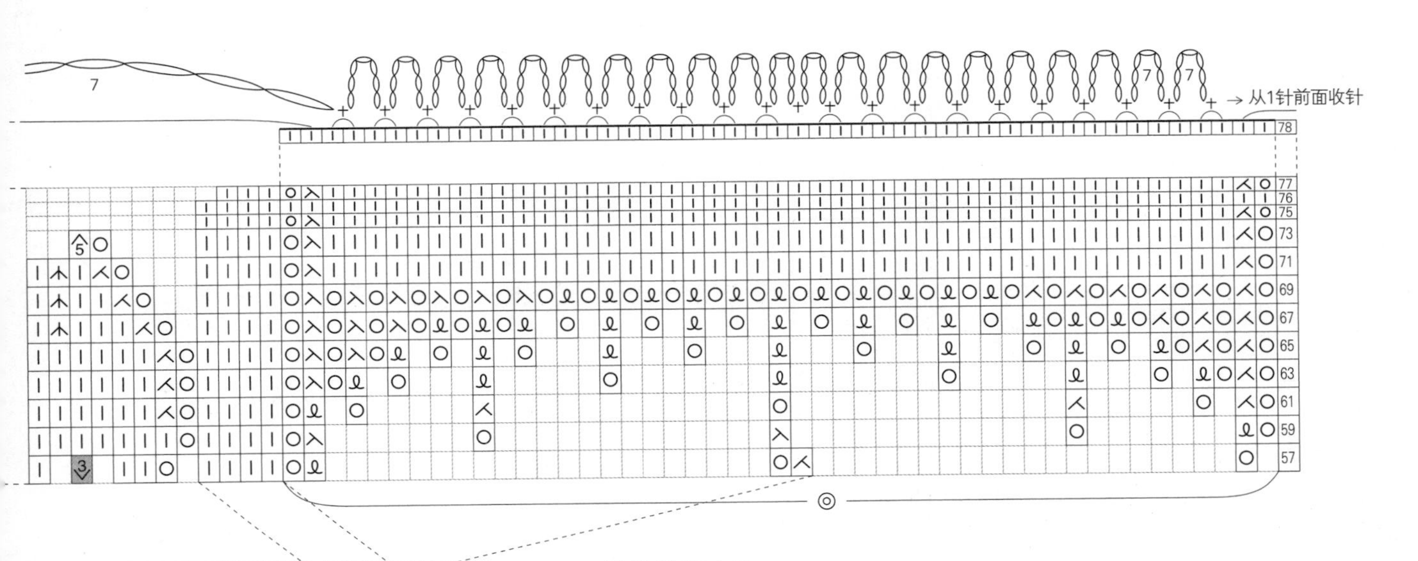

◆ 处的编织方法

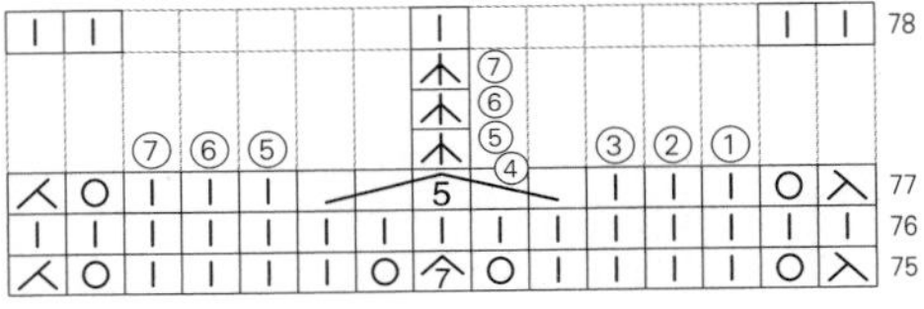

※ 从①开始按顺序编织至④（中上5针并1针），重复“把右棒针上的2针移到左棒针上，织中上3针并1针”的操作，编织⑤~⑦

※ 最终圈全部编织下针

←起针

（2针）×6个花样＝（12针）起针

※未标记的偶数圈一律编织下针

No.20

Page 42

材料及工具

线 DMC SIBERIA#40 灰白色（BLANC）
50 g

针 5 根 2 号棒针 蕾丝钩针 2 号

成品尺寸（直径） 61 cm

※接P.51

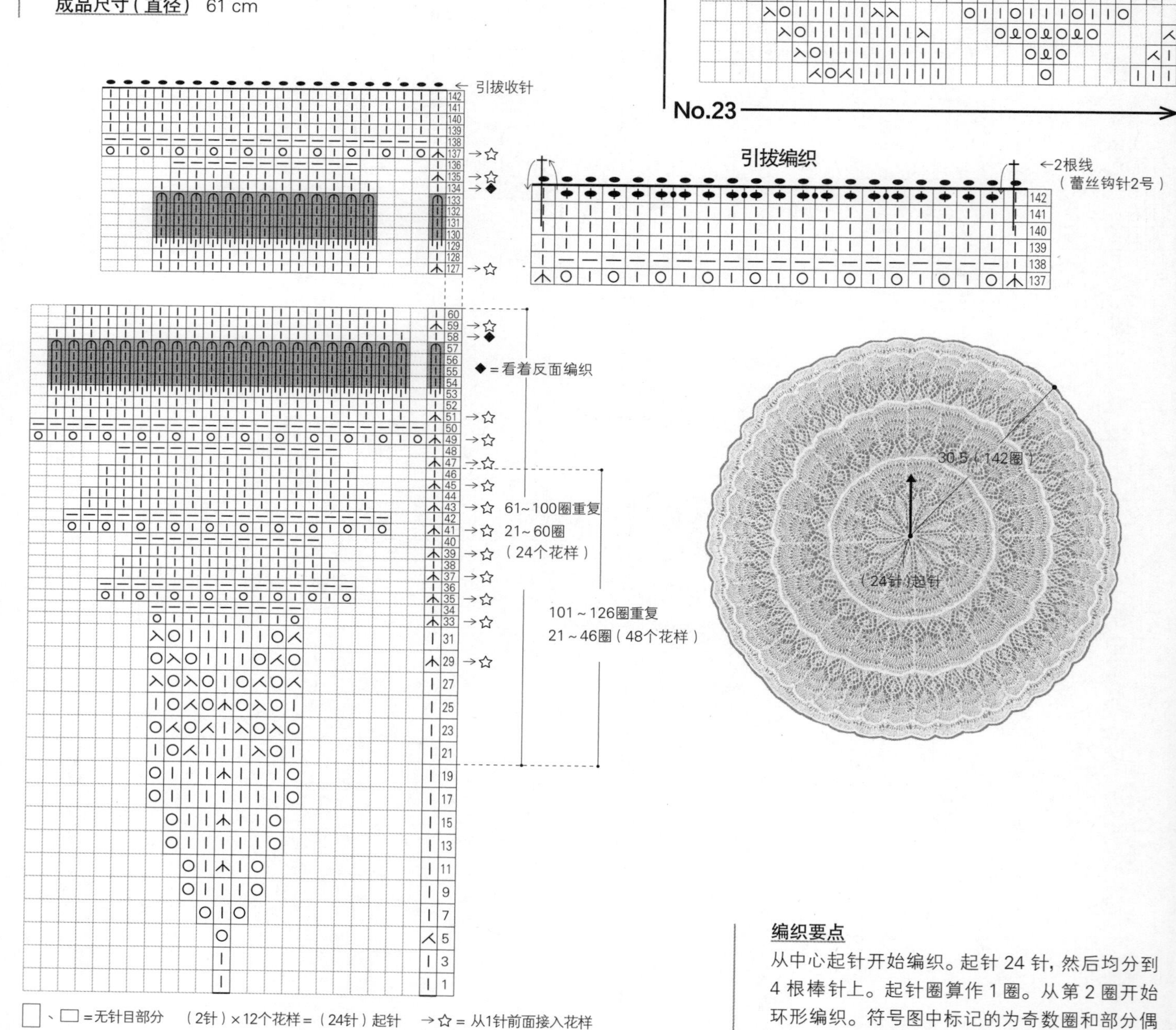

※未标记的偶数圈一律编织下针

编织要点

从中心起针开始编织。起针 24 针，然后均分到 4 根棒针上。起针圈算作 1 圈。从第 2 圈开始环形编织。符号图中标记的为奇数圈和部分偶数圈，未标记的偶数圈一律编织下针。第 5 圈按照“左上 2 针并 1 针、挂针”的方法重复编织 12 次。之后，继续按符号图所示编织。

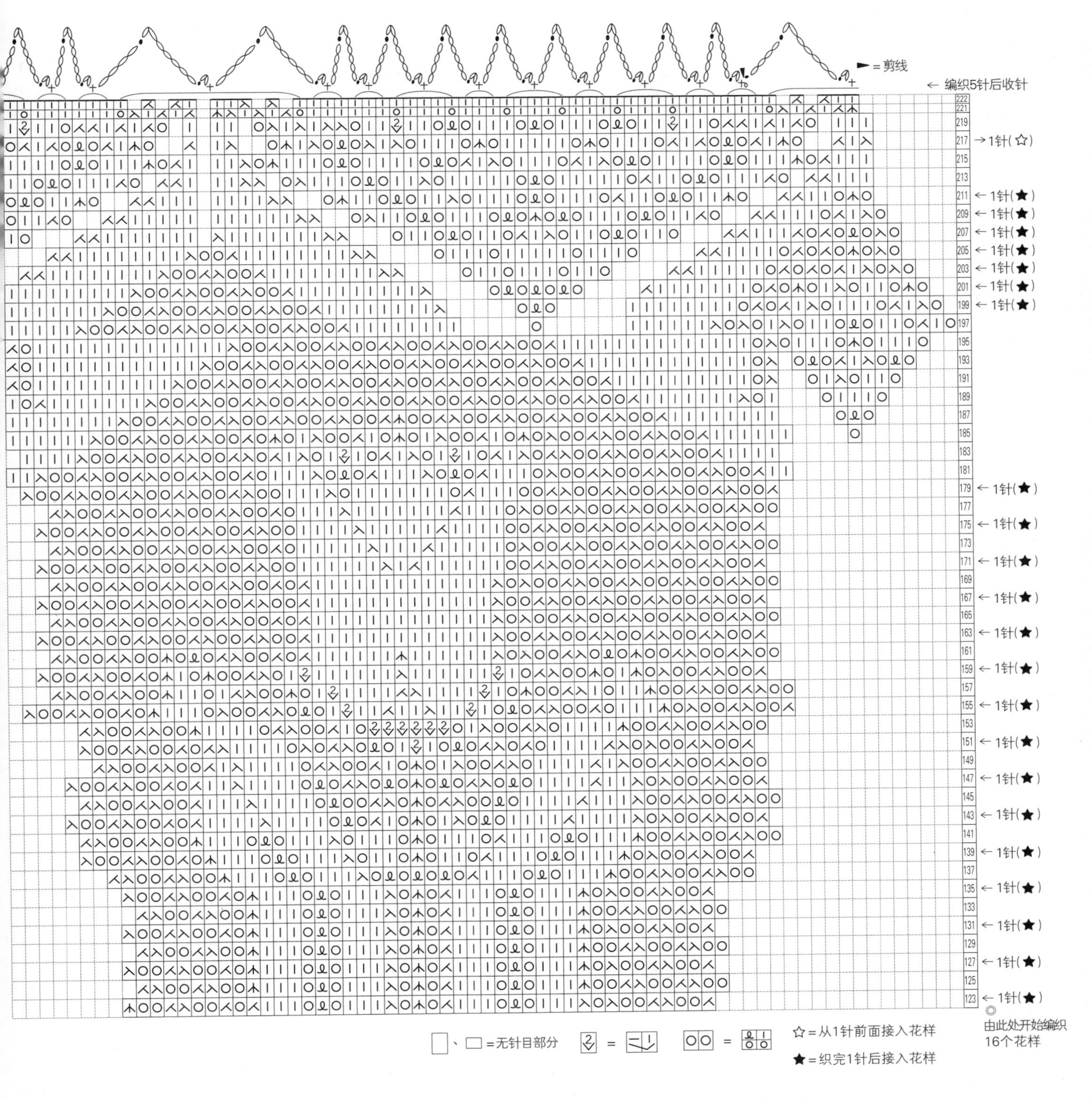

No.20

有☆标记的圈从1针前面接入花样。织到第60圈时为12个花样，第61~100圈为24个花样，从第101圈开始为48个花样。第58圈、第98圈、第134圈需改变编织物的拿法，看着反面编织拉针。挑起下面第5圈的对应针目和本圈的针目织2针并1针。从第59圈、第99圈、第135圈起恢复正面编织。编织完第142圈，引拔收针。换成2根线，在第142圈织引拔针，并且每隔20针在其对应的下3圈位置处织入短针。

No.21

Page 45

材料及工具

线 DMC SIBERIA#30 灰白色（BLANC）130 g

针 5根2号棒针 蕾丝钩针2号

成品尺寸（直径） 116 cm

编织要点

从中心起针开始编织。按照“下针、挂针”的方法重复编织6次，起针12针，按2针、4针、2针、4针的数目分到4根棒针上。起针圈算作1圈。从第2圈开始环形编织。符号图中标记的为奇数圈和部分偶数圈，未标记的偶数圈一律编织下针。第3圈按照“挂针、扭针”的方法重复编织12次。之后，继续按符号图所示编织。织到第10圈时为6个花样，第11~70圈为12个花样，从第71圈开始为36个花样。有★标记的圈在编织指定针数后，接入花样。有☆标记的圈，从指定针数前面接入花样。织完第196圈后，用蕾丝钩针收针。

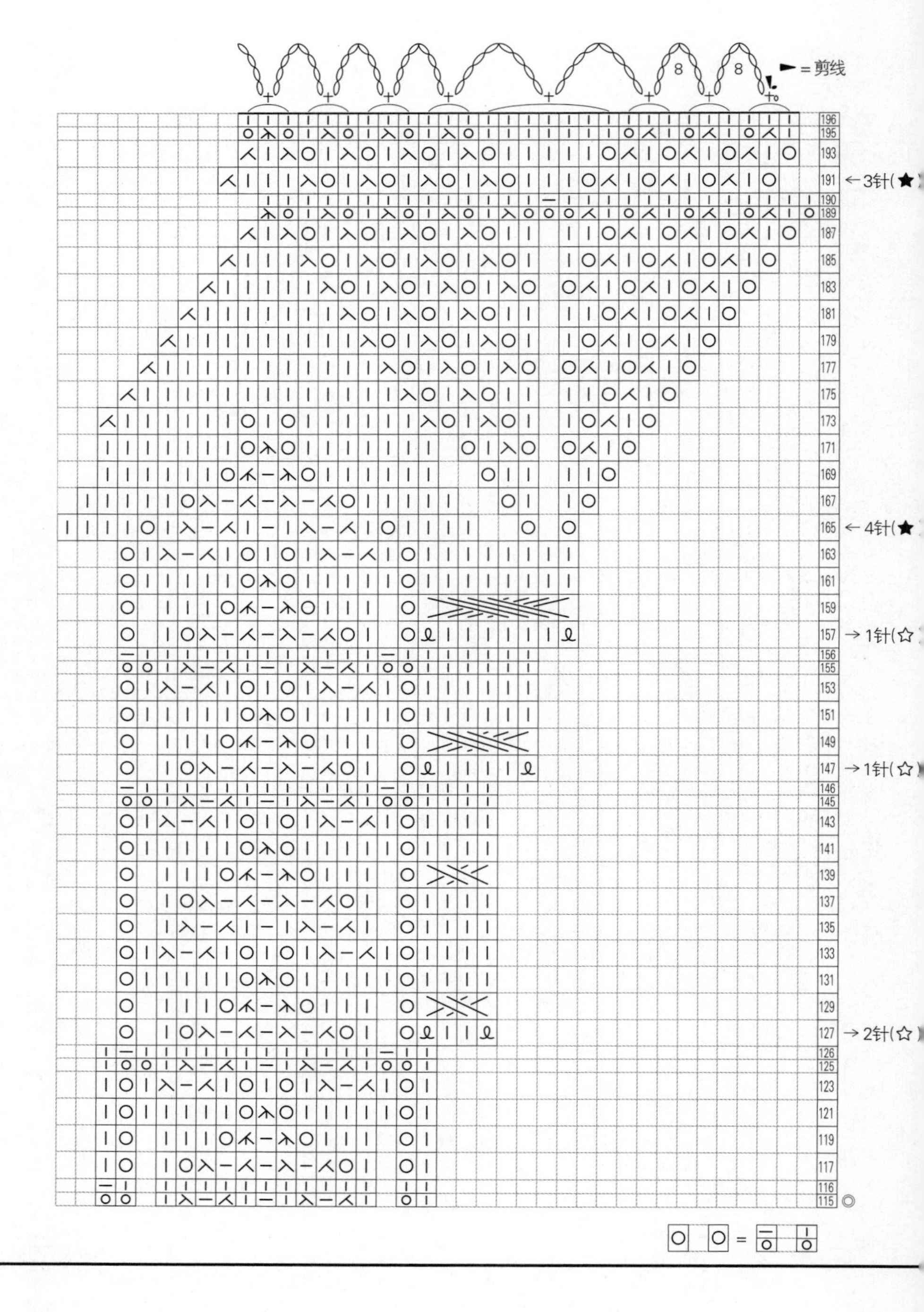

※接P.104

No.9

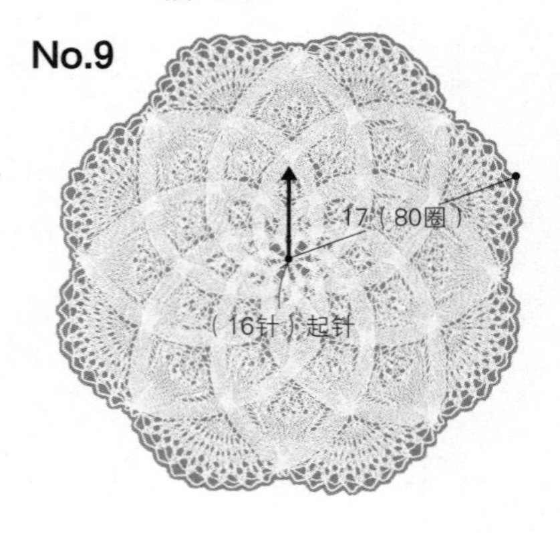

No.10

14（51圈）
（16针）起针

No.11

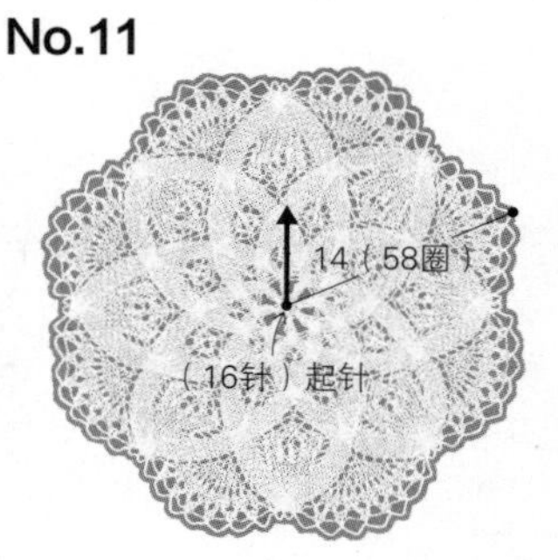

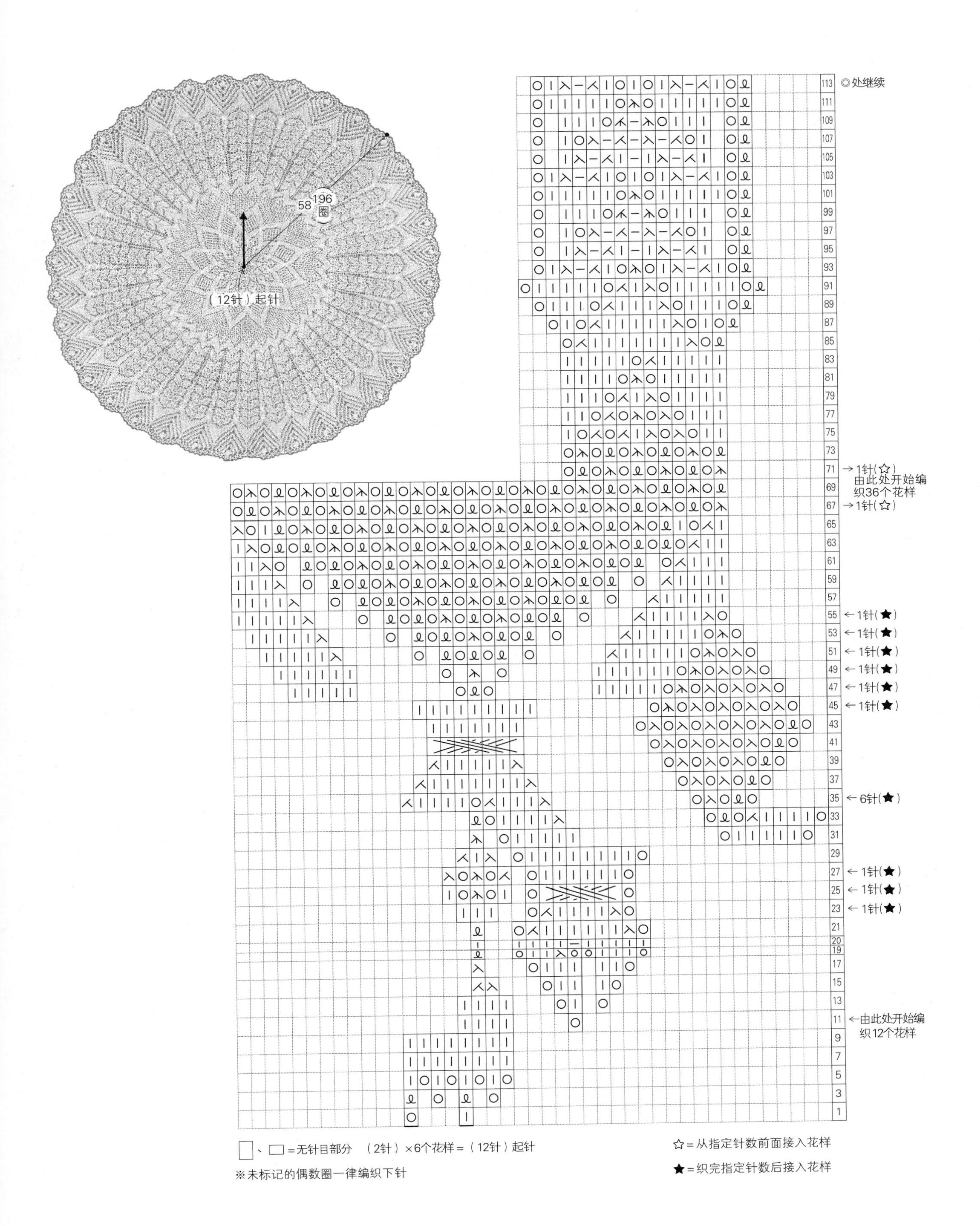

□、□=无针目部分　（2针）×6个花样=（12针）起针

※未标记的偶数圈一律编织下针

☆=从指定针数前面接入花样

★=织完指定针数后接入花样

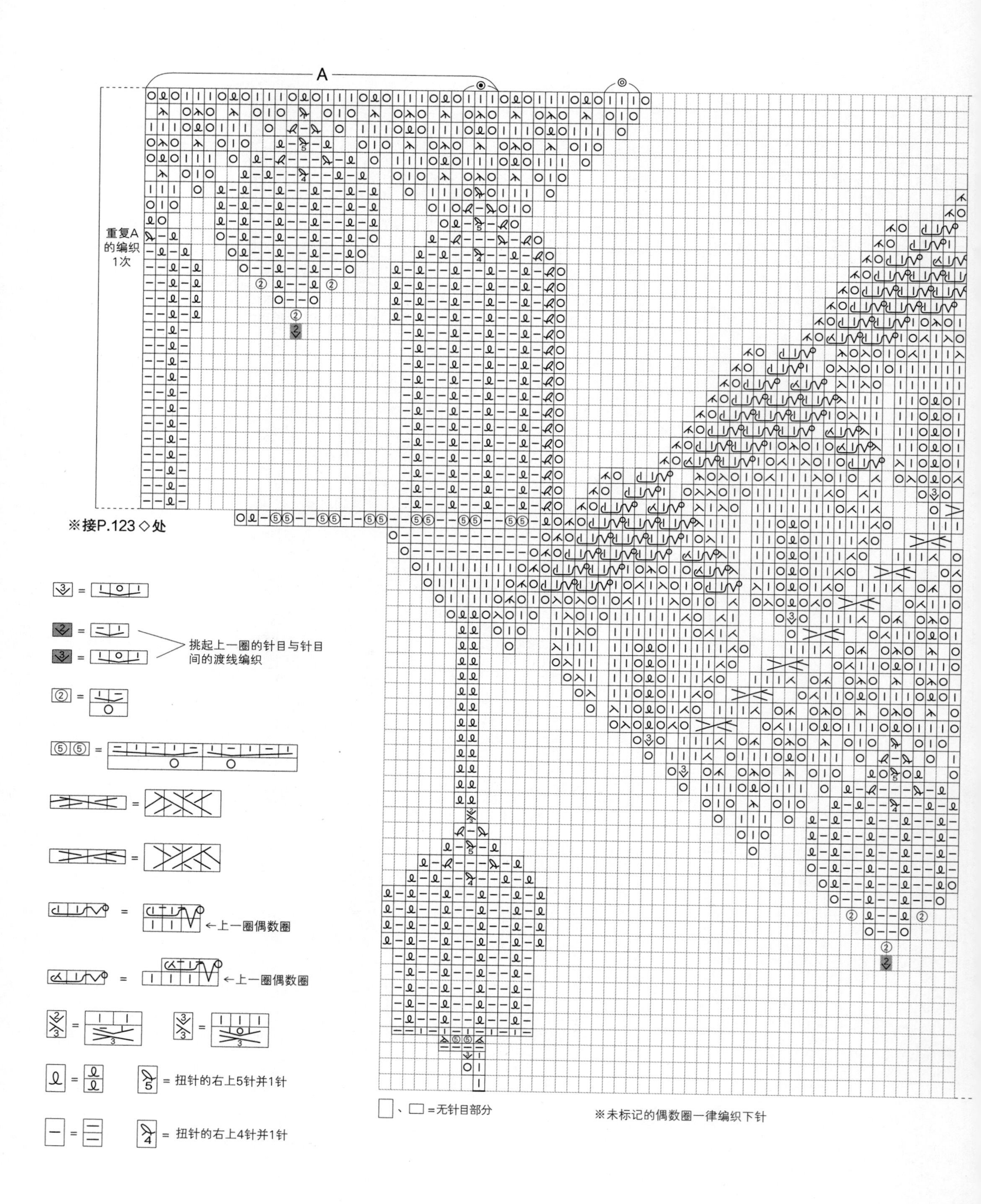

A
重复A
的编织
1次
※接P.123◇处
挑起上一圈的针目与针目
间的渡线编织
←上一圈偶数圈
←上一圈偶数圈
扭针的右上5针并1针
扭针的右上4针并1针
、 =无针目部分
※未标记的偶数圈一律编织下针

No.22

Page 47

※接P.123◆处

127 125 123 121 119 117 115 113 111 109 107 105 103 101 99 97 95 93 91

89 87 85 83 81 79 77 75 73 71 69 67 65 63 61 59 57 55 53 51 49 47 45 43 41 39 37 35 33 31 29 27 25 23 21 19 17 15 13 11 9 8 7 6 5 4 3 2 1

← ★

材料及工具

线 DMC SIBERIA#10 草绿色（911）300 g

针 5 根 3 号棒针 蕾丝钩针 0 号

成品尺寸 97 cm×97 cm

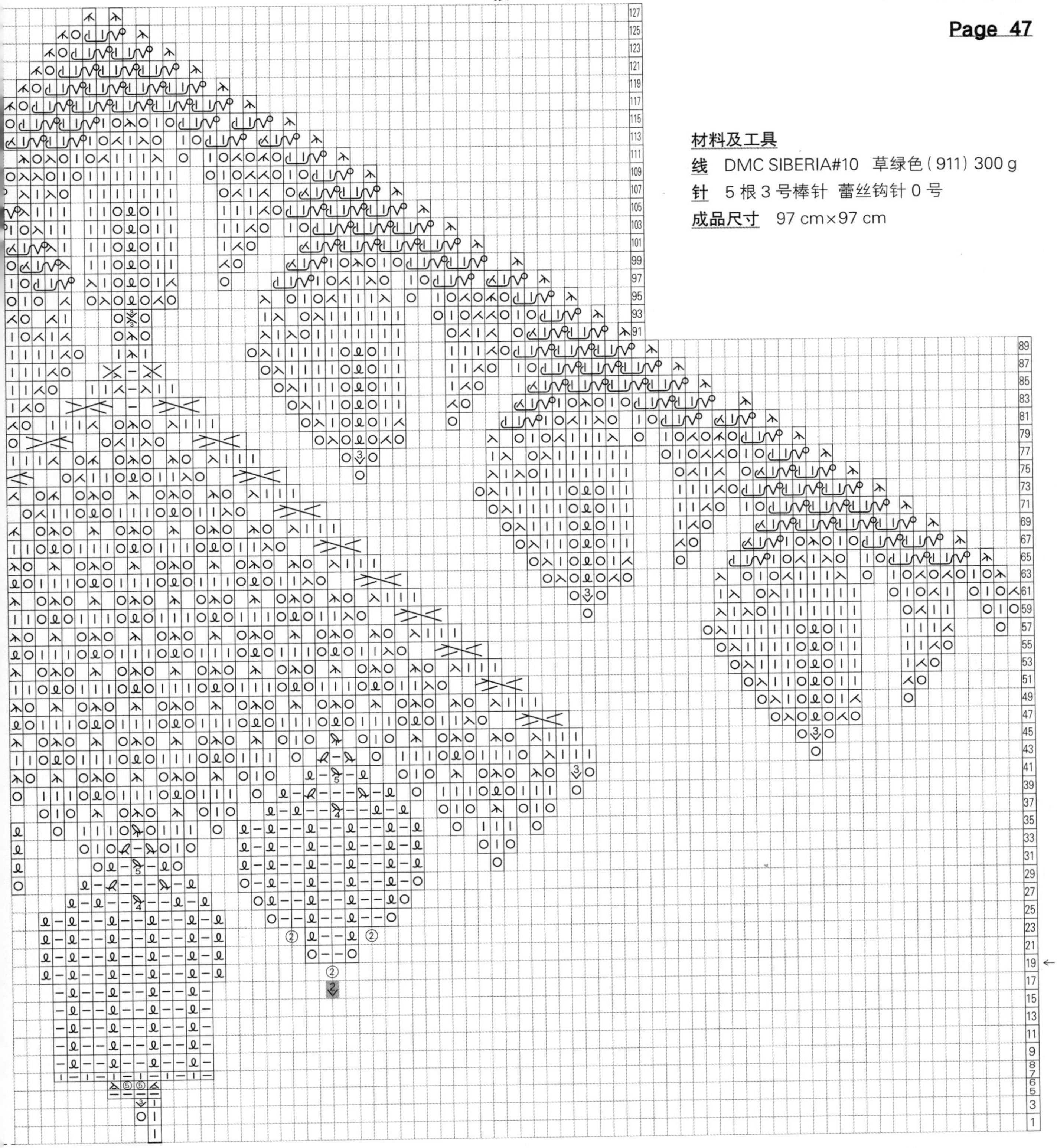

（2针）×4个花样 =（8针）起针

★ = 编织1针后接入花样

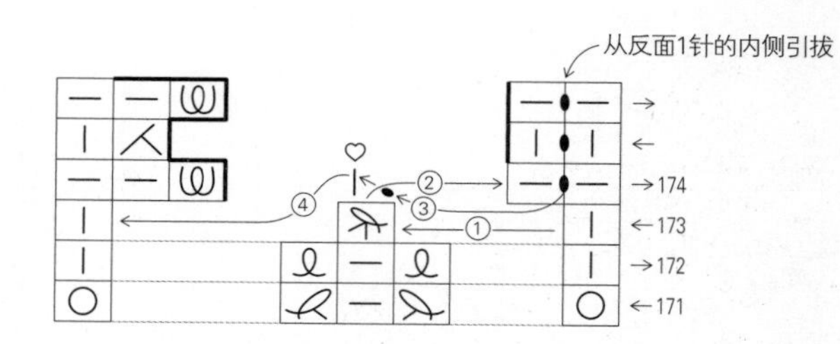

※把引拔的线在♡处收针（线团穿过针目），然后在♠处重新编织1针

重复B的编织3次

重复C的编织2次

C

次

※ 完成图在P.127

编织要点

从中心起针开始编织。起针 8 针，均分到 4 根棒针上。从第 2 圈开始环形编织。符号图中标记的为奇数圈和部分偶数圈，未标记的偶数圈一律编织下针。第 3 圈按照“下针、挂针”的方法重复编织 8 次。之后，继续按符号图所示编织。共编织 4 个花样。有★标记的圈在编织 1 针后，接入花样。有☆标记的圈从指定针数前面接入花样。第 7 圈、第 73 圈、第 143 圈的⑤，是编织完 1 针挂针后，在下一圈的对应处重复编织“下针、上针”，编织出 5 针。第 75 圈的 A 以后的编织方法显示在 P.123 的下图中。第 155 圈以后需编织叶子状花样，四边各编织 12 个花样，拐角处各编织 5 个花样。叶子状花样往返编织第 173 圈以后的圈，织到第 188 圈后，用蕾丝钩针把线按照引拔编织的方式拉到第 173 圈。参照符号图，继续编织第 2 个叶子状花样。

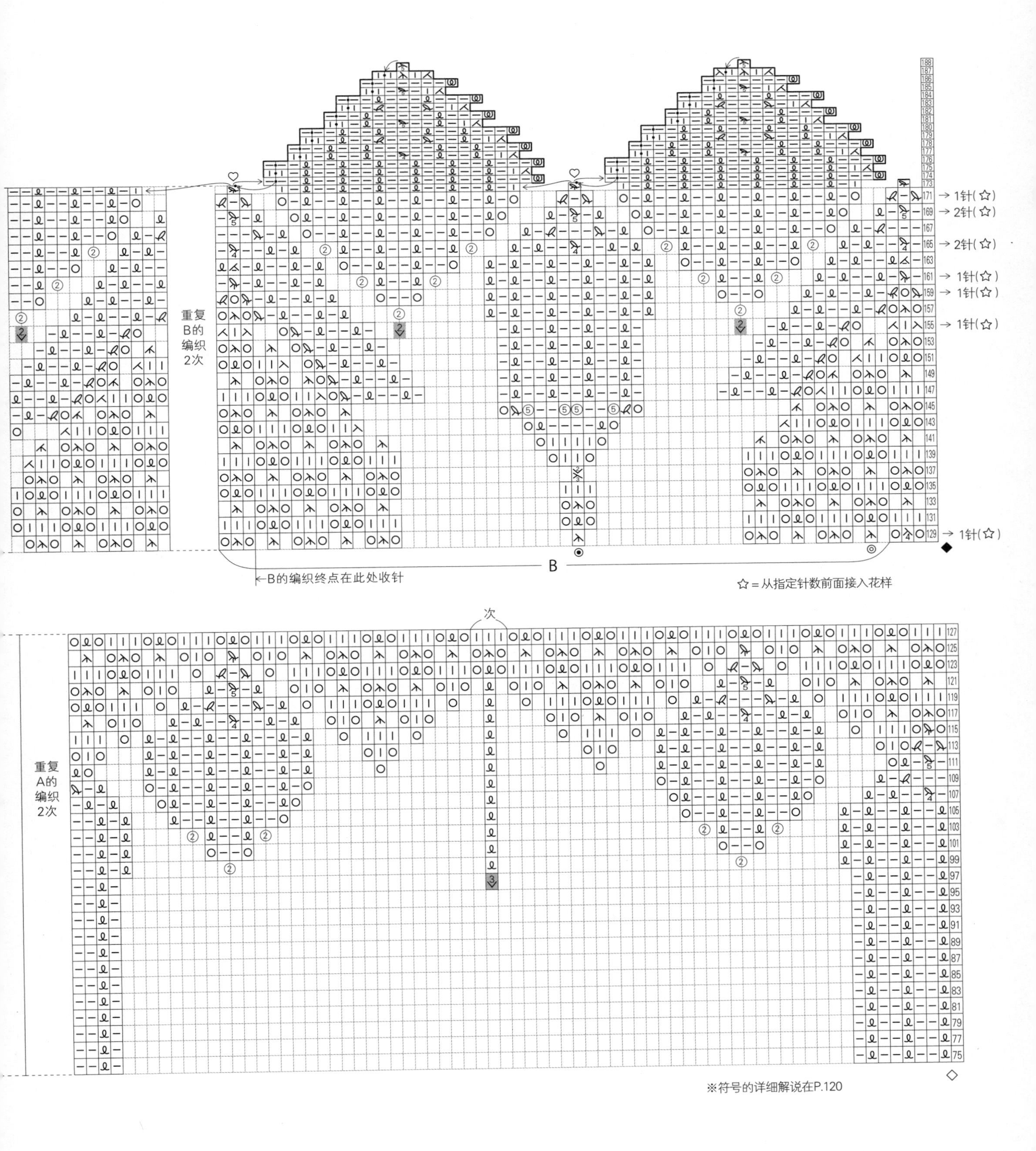
重复
B的
编织
2次
→ 1针(☆)
→ 2针(☆)
→ 2针(☆)
→ 1针(☆)
→ 1针(☆)
→ 1针(☆)
→ 1针(☆)
B
←B的编织终点在此处收针
☆＝从指定针数前面接入花样
次
重复
A的
编织
2次
※符号的详细解说在P.120

No.27

Page 61

材料及工具

线 DMC SIBERIA#30 灰白色（BLANC） 25 g

针 5 根 1 号棒针 蕾丝钩针 4 号

成品尺寸 30 cm×48 cm

编织要点

花片从中心起针开始编织。起针 16 针，均分到 4 根棒针上。起针圈算作 1 圈。从第 2 圈开始环形编织。符号图中标记的为奇数圈，未标记的偶数圈一律编织下针。第 3 圈按照“扭针、挂针、2 针下针、挂针、扭针”的方法重复编织 4 次。之后，继续按符号图所示编织。共编织 4 个花样。织完第 21 圈后，用蕾丝钩针收针。从第 2 枚花片以后边连接边收针。再编织 2 圈边缘编织。

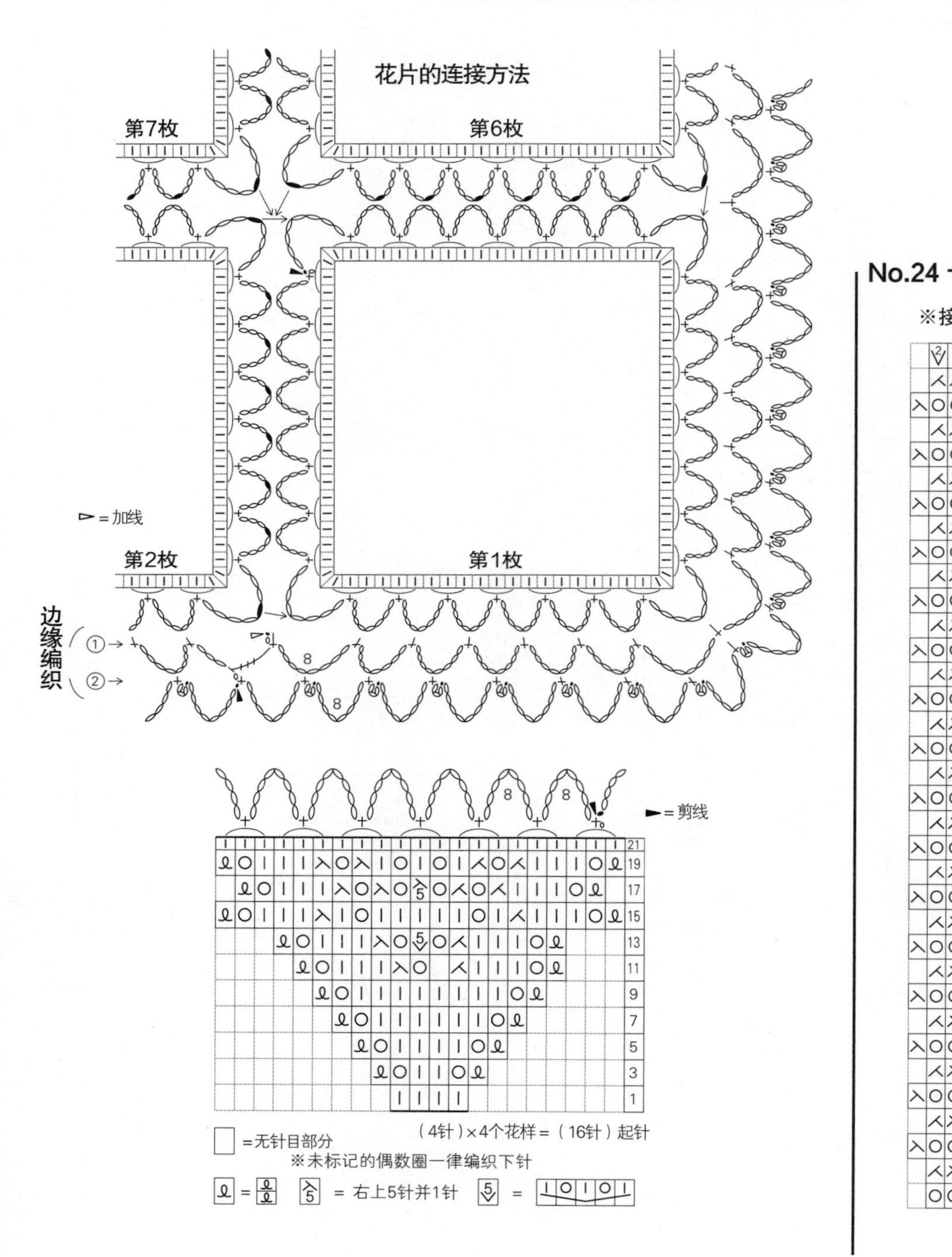

No.24

※接P.55

=无针目部分

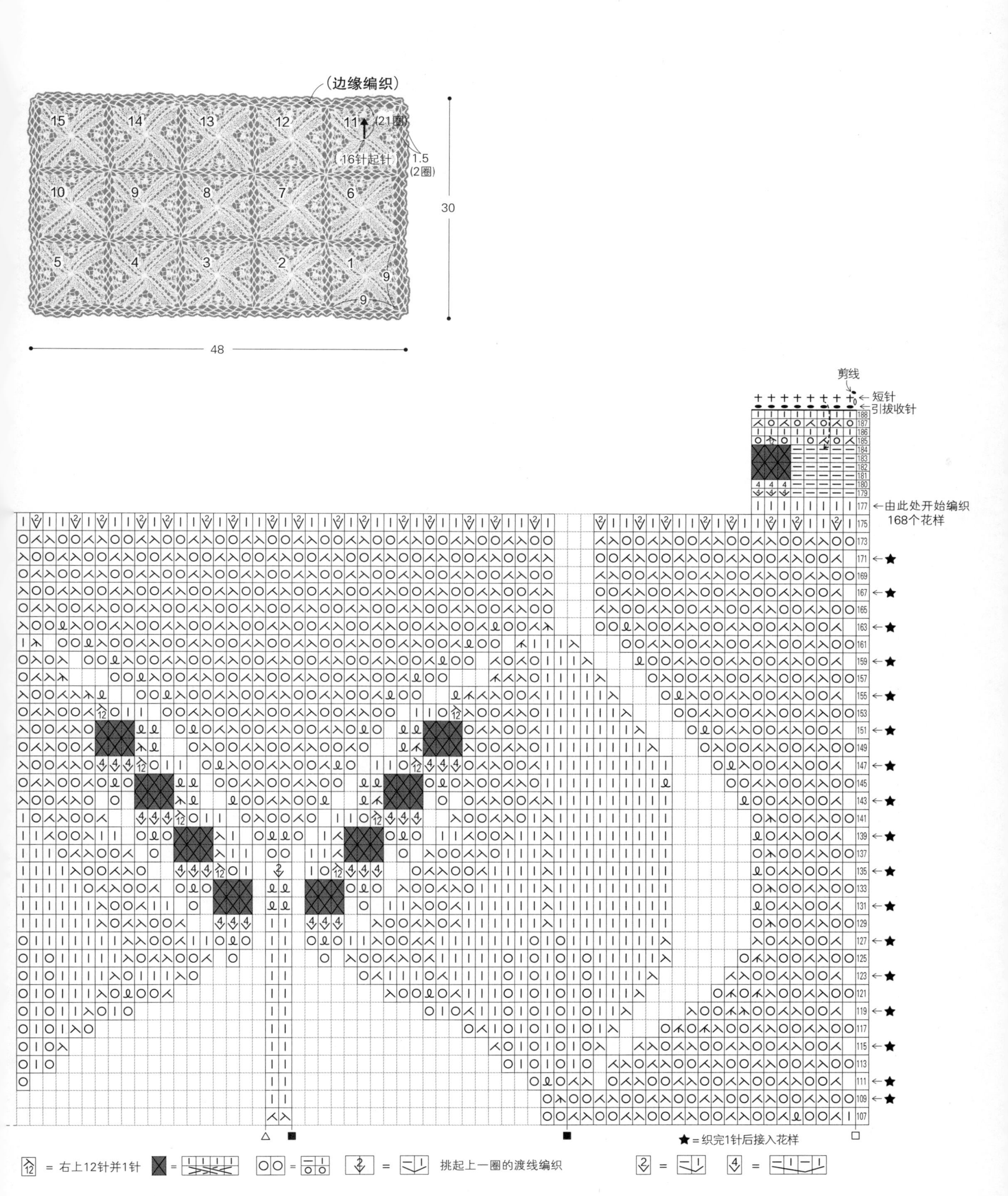

(边缘编织)
15
14
13
12
11
(21圈)
16针起针
1.5
(2圈)
10
9
8
7
6
5
4
3
2
1
9
9
30
48
剪线
短针
引拔收针
由此处开始编织
168个花样
★=织完1针后接入花样
= 右上12针并1针
挑起上一圈的渡线编织

No.33~No.36

Page 80

材料及工具

线 DMC HABIRO#10 原白色（ECRU）

针 2 根 3 号棒针 蕾丝钩针 0 号

成品尺寸 宽 33=6 cm 34=9 cm 35=9.5 cm 36=7 cm

编织要点

各边饰均为手指挂线起针，然后开始编织。

33 12行1个花样。第5行、第11行的交叉针在2针并1针的同时交叉。

34 16行1个花样。枣形针的部分往返编织。

35 14行1个花样。在编织每行时，奇数行是基础编织。上针面当作正面。

36 12 行 1 个花样。起针 7 针，斜着接入花样并编织成带状。枣形针用蕾丝钩针编织，并挑回到棒针上。山形部分往返编织，并通过钩织引拔针回到往返编织的开始处。然后再编织下一个花样。

No.36

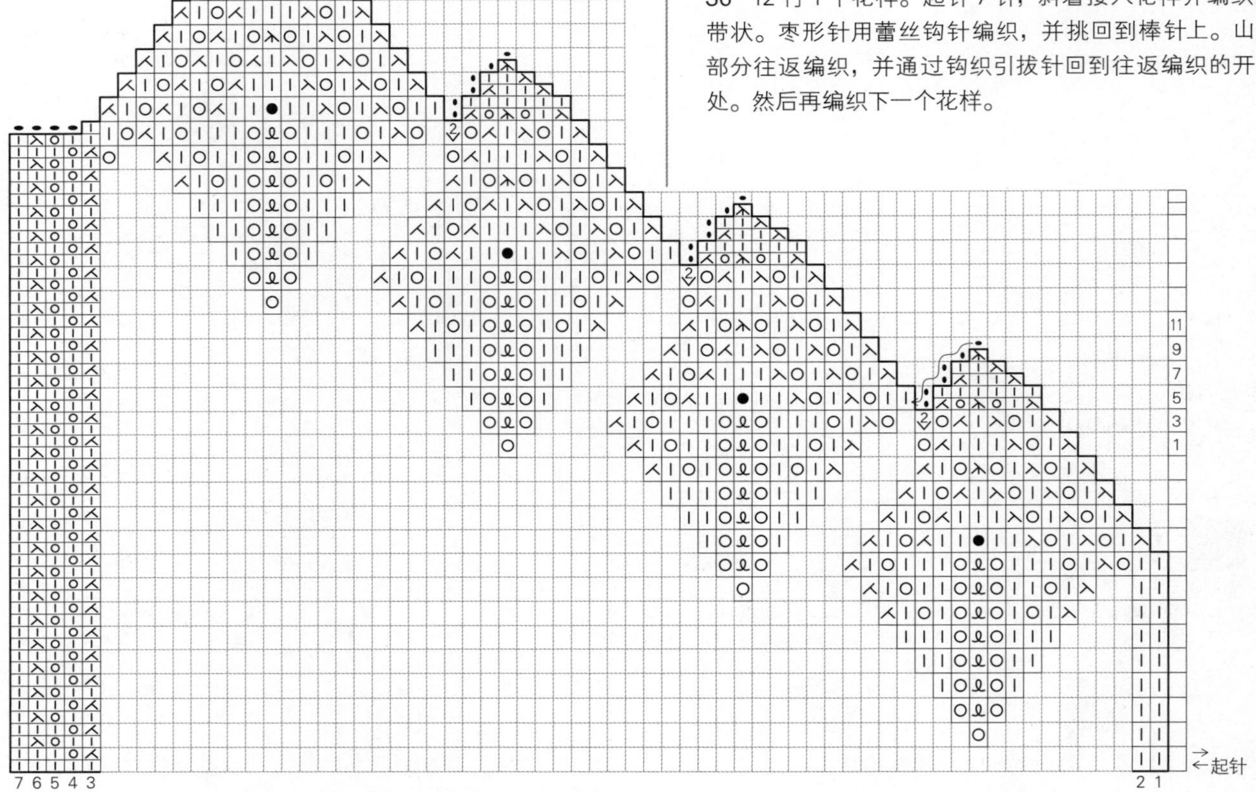

、 =无针目部分 ※未标记的偶数行一律编织下针

= 在上一行的挂针上编织扭针的1针放2针

No.34

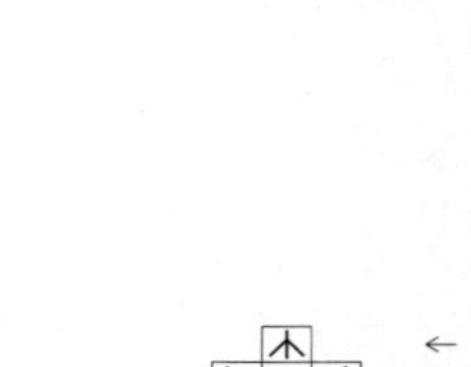

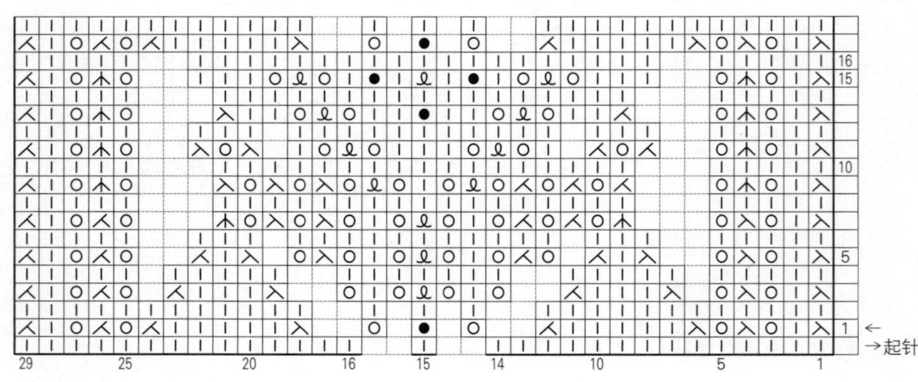

=无针目部分

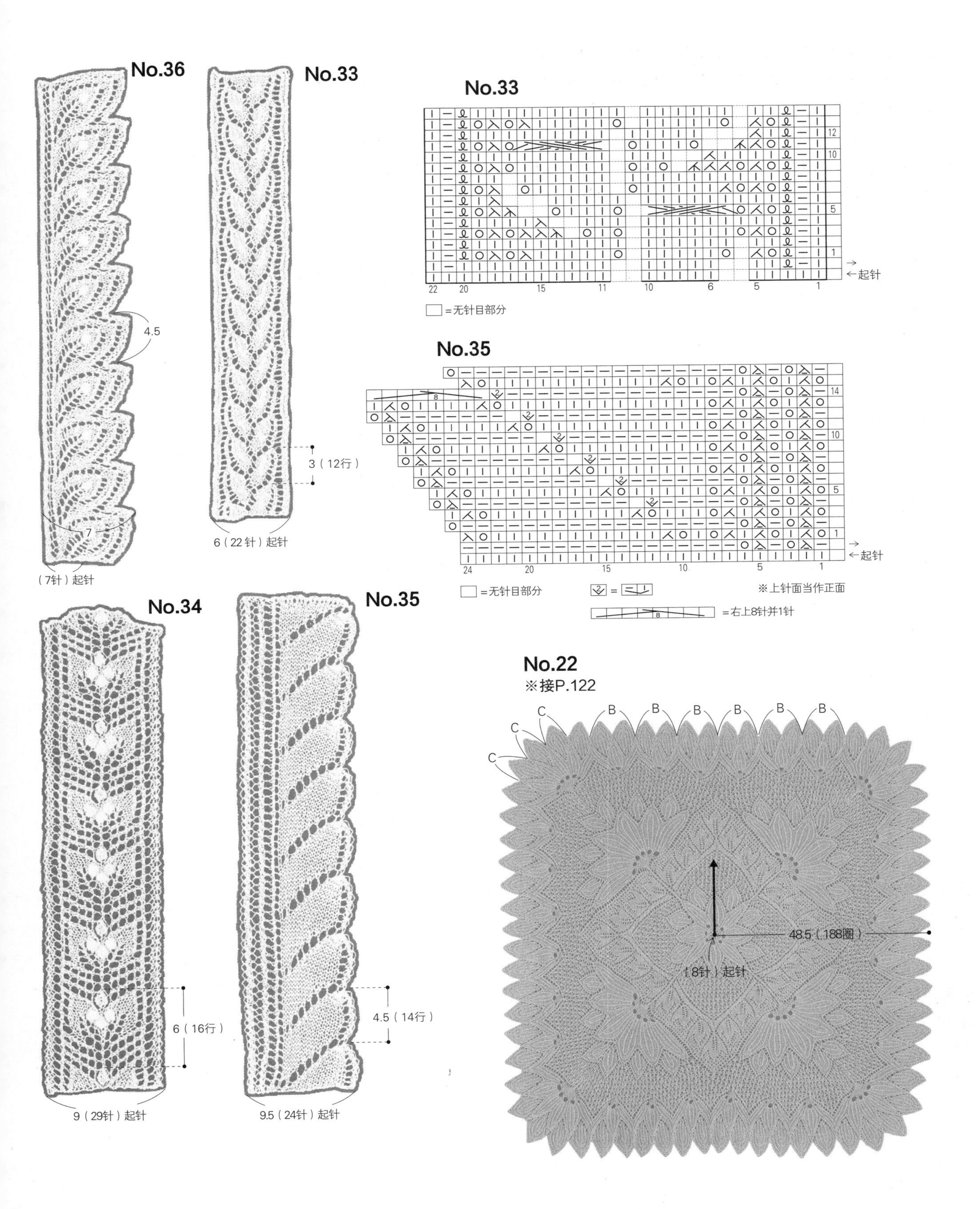
No.36
4.5
7
（7针）起针
No.33
3（12行）
6（22针）起针
No.33
起针
=无针目部分
No.35
起针
=无针目部分
※上针面当作正面
=右上8针并1针
No.34
6（16行）
9（29针）起针
No.35
4.5（14行）
9.5（24针）起针
No.22
※接P.122
C
B
48.5（188圈）
（8针）起针

图书在版编目（CIP）数据

孔斯特艺术蕾丝编织/（日）北尾惠以子著；陈新译．—郑州：河南科学技术出版社，2018.5（2023.5重印）
ISBN 978-7-5349-9133-2

Ⅰ.①孔… Ⅱ.①北… ②陈… Ⅲ.①钩针—编织—图集 Ⅳ.①TS935.521-64

中国版本图书馆CIP数据核字（2018）第025023号

出版发行：河南科学技术出版社
地址：郑州市郑东新区祥盛街27号 邮编：450016
电话：（0371）65737028 65788613
网址：www.hnstp.cn
策划编辑：刘 欣
责任编辑：梁 娟
责任校对：张小玲
封面设计：张 伟
责任印制：张艳芳
印 刷：河南新达彩印有限公司
经 销：全国新华书店
开 本：889 mm × 1194 mm 1/16 印张：8 字数：195千字
版 次：2018年5月第1版 2023年5月第3次印刷
定 价：59.00元